日英兵器産業とジーメンス事件

武器移転の国際経済史

奈倉文二・横井勝彦・小野塚知二

日本経済評論社

目次

凡例

1 年号は、史料・文献からの引用をのぞき、西暦を用いた。

2 史料・同時代文献からの引用は、原則として、ひらがな・カタカナは原文どおり、漢字は新字体に改め、適宜句読点・濁点を補った。

3 著者の注記・補記・説明は［ ］内に、原語・原綴は（ ）内に示した。

4 外国の固有名詞は、原則として現地音のカナ表記をこころがけたが、現在の日本で定着している表記についてはそれを尊重し、現地音カナ表記にしていないものもある。いずれも固有名詞の原綴は巻末索引に示してある。

5 外国の社名・団体名・官職名・その他普通名詞は、本文中で原語を表記しないと理解を妨げるもの以外は、原語・原綴はすべて巻末索引に示してある。

6 漢字表記された固有名詞などの読みで、必ずしも一般に定着しているとは思われないものについては、初出の場所で読み仮名をふってある。

7 本書中の英貨単位は以下のとおりである。

一ポンド（pound sterling）＝二〇シリング（shillings）、一シリング（shilling）＝一二ペンス（pence）。

なお、第一次大戦前までの国際金本位制下では、一ポンドはほぼ九・七円（一円≒£0.1024）である。

8 アームストロング社の社名変遷は以下のとおりであるが、本文および注では特に必要ない限り「アームストロング社」あるいは“Armstrong & Co. Ltd.”と表記する。注で簡略に表記する場合は“A”の略号を用いることもある。

一八四七年創業時から一八八二年まではW. G. Armstrong & Company、一八八二年にCharles Mitchell & Companyを吸収合併してSir W. G. Armstrong, Mitchell & Company Limitedとなり、C. Mitchellの没後一八九六年にSir W. G. Armstrong & Company Limitedに改称し、一八九七年にはSir Joseph Whitworth & Companyを合併してSir W. G. Armstrong, Whitworth & Company Limitedへ改組された。同社艦船・兵器部門は一九二八年にヴィッカーズ社に吸収されて「ヴィッカーズ＝アームストロング社（Vickers-Armstrongs Limited）」となった。

9　ヴィッカーズ社の社名変遷は以下のとおりであるが、本文および注では特に必要ない限り「ヴィッカーズ社」あるいは"Vickers Ltd."と表記する。注で簡略に表記する場合は"V"の略号を用いることもある。

一八六七年にG. Naylorらとのパートナーシップを解き、その債権債務資産を継承して、Vickers, Sons & Company Limitedとして創立され、一八九七年にNaval Construction & Armaments Company Limitedと、Maxim Nordenfelt Guns & Ammunition Company Limitedをそれぞれ買収して、Vickers, Sons & Maxim Limitedに改組され、Sir Hiram Maximの没後一九一一年にVickers Limitedに改称された。

10　史料の略号については、巻末の「史料解説および史料略号」に説明してある。

11　注では、「著・編者名（あるいは執筆者名）［刊行年］」をもって文献を表記するが、伝記および日記については書名をそのまま用いる。

序　章　武器移転の経済史

本書の主題は、イギリスおよび日本の兵器産業と日本海軍との関係である。[1] それを経済史・経営史の視点から考えようというのが本書の眼目である。軍事は、テロリズムや非正規軍を別にすれば、国家財政によってまかなわれてきたから、それは財政史のテーマたりうるし、その支出の不生産的な性格は、前近代の広壮な寺院建立に対して経済人類学者が抱くのと同様の関心から論ずることも可能であろう。兵員（頭数だけでなく、その練度と士気）、それを用いる戦術と戦略、兵器の質と量という三点を設定して軍事を捉えるなら、[2] 一九世紀中葉までは圧倒的に前二者が重要であったが、一九世紀後半以降、現在に至るまで、軍が調達する兵器の質と量は軍事の中でますます重要な位置を占めている。[3] したがって、近現代の軍事は、兵器の生産と取引という点で、特に経済史・経営史の研究対象となりうる。

1　日陰の軍事と兵器

むろん、研究対象になりうるということと、それが実際に研究されることとの間には大きな隔たりがある。なぜ、本書がこのような主題を扱うのかと問われれば、ひとことで言うなら、それが片隅に追いやられた日陰の存在だからである。隠れていたことを明らかにしたがるのは、歴史研究に携わる者の第二の本性といってもよいだろう。だが、ことが兵器の生産と取引に関わる限りでは、歴史家たちの本性は必ずしも発揮されていない。

兵器の生産・取引や武器移転に関する歴史研究を制約してきた第一の原因は史料の制約にある。軍事は国家が独占し、その多くを秘密の領域にとどめてきたし、兵器産業にも守秘義務を負わせてきた。さらに日本に関していうなら、旧軍の文書と兵事関係の文書は、敗戦時に大量に廃棄され、あるいは占領軍に押収されたほかに、残されたものでも非公開文書があり、近代日本の軍事史研究は史料的に大きく制約されてきたのである。

第二の、より大きな原因は、認識や関心の制約にある。軍事や兵器は、殊に第二次世界大戦後の日本では、日陰の存在である。むろん、現在の日本でも、軍事や兵器はたしかに存在しているし、われわれの生活にさまざまな仕方で否応なく関わっている。中東での戦争や、世界各地の内乱・テロ、某国のミサイルや核・生物・化学兵器の開発等々はときに関心を集めるが、そのときが過ぎれば、それらはどこかよそごとめいたことがらに戻っている。つまり、軍事や兵器が日陰の存在であるのは、軍事や兵器生産に携わる者たちがそれを秘匿しようとするからだけでなく、われわれ自身の感性や認識の枠組みがそれを知ろうとせず、また見ぬふりをしてきたからでもある。

軍事や兵器を無視し、それらに関心を払わないことを、ただ「平和ぼけ」と非難するのが乱暴な議論であることは言うまでもないが、現にあるものを知らずに、あるいは見ぬふりをする認識のあり方には、さまざまな陥穽が待ち構えている。現在のわれわれは軍事や兵器を、それ自体の特殊に閉じた世界のものごとと感じがちである。現在の日本でそうしたことを、強い関心をもって、調べているのは、一部の軍事関係者か、軍事や兵器を趣味として愛好する者に限られているといっても大過ないだろう。平和運動や反核運動は戦争——殊に過去の戦争——の悲惨や、軍事の暴力性・抑圧性を、被害者の立場から訴えることにより相当の広がりを見せてきたが、現実の軍事や兵器については素朴な認識にとどまるという構造的な弱点を見せている。平和運動や反核運動においてすら、軍事や兵器はどこか日陰の存在なのである。こうした状況では、軍事や兵器が世論の関心を集めることがあっても、提供された情報の質や真偽を確かめる術をもたないだけでなく、確かめようとする意欲も微弱であり、一方的に流される情報に誘導され、操作される危険性が強い。

2　流布してきた二つの議論――「死の商人」と「スピン・オフ」――

こうした傾向は歴史研究にも投影されている。しかも、たんに研究の蓄積が少ないだけでなく、そこでは、二つのことが、充分に検討されないままに信じられている。第一は、いわゆる「死の商人」論である。兵器の生産と取引に携わる企業は、国家間の対立を無理にも煽り、戦争の脅威を捏造することまでして、軍拡を導き、兵器を売り込もうとするという「死の商人」のイメージは広く流布している。現在でも、軍備管理が難しい要因の一つとして、兵器の生産と取引に携わる業者の特殊な性格は注目されている。兵器の需要者はほぼ国家に限られ、平和が続けば兵器需要も減退するであろうから、この説に何の根拠もないわけではないが、ザハーロフの謎めいた伝説の数々や、稀に露見する兵器調達がらみの贈収賄事件のスキャンダラスな内容を除けば、「死の商人」の実態はほとんど明らかにされていないといっても差し支えないだろう(4)。

第二は、軍事技術主導説あるいは「スピン・オフ」論である。先端技術は軍用から民生用へと、それゆえ兵器生産の先進国からそれ以外へ波及していくという説は、二〇世紀の産物である航空機、ジェットエンジン、核兵器・原子力、電子計算機など具体的なイメージを伴って流布している。第二次大戦後のアメリカ合衆国に典型的に見られる「軍産官学複合体」もこの説を補強する役割をはたしている。軍事目的の技術開発のために国家が巨額の支出をしてきたことは事実であるが、問題は軍用技術がいかに民生用に影響しているかという点にあり、これは充分に検証されているわけではない。非金属複合材料や精密工作などの分野では、逆に民生用に開発・実用化された技術が兵器生産に転用された例などもよく知られており、「スピン・オフ」は一義的に明瞭に論じうるわけではない。

しかも、これら二つの説は、しばしば相互に逆の向きで論じられている。すなわち、「死の商人」論は、兵器が殺傷し破壊する暴力の手段であるだけでなく、その生産と取引も悪徳にまみれていると難じて、兵器製造業を否定的にとらえようとするのに対して、「スピン・オフ」論は、兵器製造の社会的有用性を肯定的に主張しようとする含意をもっている。このように逆向きの二説が、相互の関係も問われないままに併存していることに、兵器の生産と取引に関する歴史研究の浅さが如実に表現されているといってもよいであろう。

いわゆる軍事史や戦史の研究の蓄積は決して薄いわけではないし、過去の兵器について書かれたものも毎年おびただしく出版されている。それらは、軍事・兵器に関心をもたぬ者の眼には入りにくいが、公共図書館であれ書店であれ虚心に眺めてみれば、それらがいかに多種多様かはただちに判明する。しかし、そこでは、「死の商人」論や「スピン・オフ」論は関心の外に放置された問題である。「兵器もの」の書籍や雑誌においても、その生産と取引が扱われることは非常に稀である。こうして、過去の軍事や兵器についてさまざまな叙述があるわりには、流布している両説の当否を検証するのに必要な材料は乏しい。兵器取引の実態は、現在のそれも、過去のそれも、光の当たらないところにあり、そのことがまた、われわれの認識と関心の制約を気付きにくくする一因となっている。

それゆえ、両説の当否を検討するためには、兵器の生産と取引に関する具体的な事実を明らかにし、過去を再構成する作業が必要なのである。本書はそうした作業の一つである。

3　日英間武器移転と「軍器独立」

本書が日本海軍とイギリス兵器製造業との関係に注目するのは、それが、国際的な兵器取引の実態を知る上でも、兵器生産と産業発展の関係を論ずるためにも、実に豊富な事例を提供してくれるからである。

日本海軍は創設からおよそ半世紀の間に、世界でも稀に見るほど急激に拡張した。その日本海軍に艦艇・兵器とそれらの製造技術を供給したのは圧倒的にイギリスの民間兵器製造企業・造船企業であり、イギリスと日本の間には、長い期間、きわめて濃密な武器移転の関係が維持されていた。この「武器移転（arms transfer）」とは、歴史研究の世界ではこれまであまりなじみはないが、国際政治学・国際関係論や平和研究の分野では欠かすことのできない語である。それは、もちろん兵器の貿易も含むが、より広く多面的な概念である。兵器がある国（地域、勢力）から他へ移る仕方には、貿易・有償供与のほかにも、等価交換（現物決済）、貸与、無償供与、鹵獲《ろかく》・略奪など、さまざまにある。また、武器移転という場合、単体の物としての兵器（weapon）の越境移動よりも、むしろ、システムとしての武力（arms）ないし軍備（armament）の移転を意味し、そこには兵器そのもの移転だけでなく、兵器の運用・修理能力の形成――つまり現地訓練、技術者の派遣、研修受入れなど――も含まれる。さらに、兵器の製造ライセンスの供与や兵器の国際共同開発も、兵器とその技術の所有権・使用権移転に当たるがゆえに、しばしば武器移転に含めて論じられる(5)。

武器移転現象として、日英兵器産業と日本海軍に注目すると、そこには興味深い特徴のあることがわかる。第一は、武器移転と日本資本主義（あるいは日本における近代産業）の確立との関係である。日本海軍はイギリスからの武器移転によって急速に拡張してきただけでなく、武器移転関係の中で、創設期から艦艇・兵器を国産する――当時の言い方では「軍器独立(6)」の――努力を重ねてきた。すでにたびたび論じられてきたように(7)、日本における近代産業、特に重化学工業の確立は、この「軍器独立」過程と重なっているのだが、そこには、「軍事ないし軍事関連工業が政府財政との密接な結びつきの下に突出した発展を示し、一般の重工業が遅れて展開するという『顚倒性』がみられたのである(8)」。「顚倒的矛盾」や軍事的転倒性こそは、たんに「軍器独立」の特徴をなすだけでなく、日本の資本主義・近代産業の確立を解明する鍵であると考えられてきたのである。[9]

では、この「顚倒的矛盾」をはらんだ日本の近代産業確立過程は、スピン・オフ論の例証となるのであろうか。たしかに、日本の兵器産業・重化学工業史を概観するなら、第Ⅰ部の各章に見られるとおり、最終製品（海軍兵器でいうなら艦艇）を設計・製造する能力は早くから英仏の影響下に――むろん艦種によって段階的にではあるが――確立し、それを構成する要素（たとえば機関、装甲板、砲、発射薬）やそれらに用いられる素材（たとえば特殊鋼）や工具・工作機械の製造能力は遅れて進むという特徴を発見できる。軍事的に転倒していたのである。さらに、この過程に、イギリス兵器産業から、日本の兵器産業（殊に軍工廠を通じて、特定の民間企業、たとえば日本製鋼所、長崎造船所、川崎造船所など）へ、さらに第一次大戦期・戦後軍縮期にはより広く民間諸企業へと波及していった新しい技術・知識・経験の事例を探すのもそれほど難しいことではあるまい。

ここから、ただちにスピン・オフを主張できるだろうか。より正確に問うなら、何がどこまでスピン・オフしたと言いうるのであろうか。本書はこの点を充分に検証することを目的としてはいないが、スピン・オフによって転倒性が克服された――一般の重工業が遅れてではあれ充分に展開した――わけではないと考える。

本論の各章の内容からはいささか離れてしまうが、この点を、第二次大戦直前の兵器製造に即して考えてみよう。「兵器もの」の書籍・雑誌には、日本の技術水準は高かったが物量において劣り、アメリカに敗れたという言説がしばしば現れるのだが、こうした説と、技術史・産業史の知見との間には無視できない隔たりがあるように思われる。戦間期を経て第二次大戦直前の日本は、たしかにひととおりどのような兵器でも国産できるようになっていた。軍用航空機を例にしよう。日本も一九三〇年代末までには最新の軍用機を開発設計する能力を蓄積していたし、機体も製造できた。その点では米英ソ独仏伊の諸国と同等なのだが、日本だけは特殊な弱点を抱えていた。他国では戦闘機用には液冷直列エンジンと空冷星形エンジンの両方が用意され、戦闘機の目的・用途に応じて設計段階で選択することができたのだが、日本はついに大出力の液冷直列エンジンの安定的な量産に成功しなかった。その原因は長いクランク軸を製造するのに必要な鍛造技術の低さにあり、また材料の品質にあった(10)。同様に、単座機用の無線電話機が満足に使えなかったのは、回路技術の低さよりも、むしろ真空管など電子部品の品質に主たる原因があったし、高空飛行用の排気タービン過給器を装備できなかったのも、過給器の設計開発能力ではなく、材料・部品の品質に規定されていた。

武器移転の長い過程は、兵器そのものとその運用・修理・製造能力の移転・形成は意味したかもしれないが、それらのすそ野にある広範な基礎的・一般的な技術を保証したわけではなかった。「大和・零戦」の基盤には技術的な脆弱性が潜んでいた。スピン・オフはこの脆弱性を完全には解消できず、むしろ、軍事的転倒性は、人材・資金・その他諸資源の選択的な配分や政策的な裏付けをともなって、むしろ基礎的・一般的な技術基盤の形成を阻害したとすら考えられるのである。

4　イギリス側の要因

日英間の武器移転現象に見られる第二の特徴は、そこに送り手側国家の一貫した政策的関与を、殊に日英間武器移転のピークをなした一八八〇～一九一四年の時期については、明瞭には検出できないことである。通常、武器移転とは、貿易・有償供与の場合でも、たんなる物財の売買ではなく、高度に政治的・外交的・軍事的な現象であり、その現象の第一のアクターは国家であると考えられてきた。ところが、第一次大戦前三五年間の日英間武器移転の場合、受け手側のアクターが日本政府・海軍であることは明瞭であるが、送り手側はイギリス政府が、たとえば帝国政策の中に位置づけて、武器移転関係を進めてきたと言うのは難しい。日露戦争における日本海軍の主たる艦艇は、ほとんどが日英同盟締結（一九〇二年一月）以前の時期にイギリスへ発注されたものであり、それらは極東・太平洋地域の軍事情勢を根本的に変える性格を有したが、イギリス政府・海軍が兵器取引に何らかの、促進的であれ抑制的であれ、関与をし続けた証拠は乏しい。むしろ、積み重ねられてきた武器移転が同盟関係の重要な基礎となったようにすら思われる。日英同盟締結後も、イギリス外務省や海軍省は、日英間武器移転に抑制的ではなかったものの、何らかの目的・手段を伴って、それを特に積極的に推進しようとする一貫した政策を保持していたわけではない。

つまり、この時期の日英間武器移転において送り手側の第一のアクターは、民間造船企業・兵器製造企業であり、送り手側を規定した第一の要因はそれら企業の利害と経営戦略だったのである。イギリス兵器製造業・造船業は一九世紀後半から二〇世紀初頭には圧倒的な供給力を誇ったが、日本に兵器・艦艇を輸出したのはその中でもいくつかの企業に限られている。それゆえ、送り手側の要因を知るためには、それらの企業がイギリスの兵器製造業・造船業の中でいかなる位置にあり、相互にどのような関係を結んでいたのか、また、日本はきわめて大口の顧客であったから、それらの企業にとって日本向けの供給や投資がいかなる意味をもっていたのかを問うことが必要だし、戦間期の武器輸出をめぐる諸問題に、それらの企業がいかなる姿勢をとったのかを知らねばならないのである。

本書の第Ⅰ部は、日英間の武器移転と日本海軍の「軍器独立」を扱う。従来、概ね、日露戦争後が日本で兵器国産が達成された時期と考えられてきたが、第Ⅰ部の三つの章は、事実を詳細に見るなら、国産化はそれほど明瞭に達成されたわけではないことを明らかにするであろう。第1章ではおもに艦艇建造の国産化をイギリス民間造船企業との関係において跡付け、第2章は艦艇に搭載される砲と発射薬の製造能力がイギリス企業の対日投資を通じてどのように形成されたかを明らかにする。これら二つの章は、これまで「軍器独立」期と考えられてきた時期およびその直後までを扱うが、そこでは日本の兵器国産の脆さや不安定性といった側面も言及されるであろう。第3章は日本が「一等国」となった後を扱うが、この時期にも、たとえば航空機や、航空機搭載用・対空用の機関銃、潜水艦関係などの兵器輸入は途絶えることなく続き、潜水艦と航空機が海軍の中心となる時代への転換が、「軍器独立」の状態では進展していないことが示唆されよう。

5　ヴィッカーズ・金剛事件

第Ⅰ部では、一八七〇年代から一九三〇年代に至るイギリスの兵器製造企業と日本海軍との間の濃密な武器移転関係がさまざまな面から論じられるが、「死の商人」論が示唆してきたように、それは贈収賄や癒着の関係から決して自由ではなかった。この過程に発生した最大のスキャンダラスなできごとが、かのジーメンス事件であり[11]、本書の第Ⅱ部はこの事件を、新発見の史料も用いて、日英兵器産業と日本海軍の関係という視点から、再構成・再検討しようとする試みである。

ジーメンス事件ないしジーメンス・ヴィッカーズ事件[12]とは、日本海軍への軍艦・軍用品納入に絡んで発生した国際的贈収賄事件で、一九一四年一月に外電報道から発覚し、同年三月には山本権兵衛内閣を崩壊に至らしめた。内容的にはジーメンス・リヒテル事件とヴィッカーズ・金剛事件とに二分できる。前者はドイツの電機電器企業ジーメンス・シュッケルト社東京支店勤務のカール・リヒテルの恐喝未遂から露見した同社社員と日本海軍高官との間の贈収賄事件である。この事件の捜査過程で明るみに出たのが後者で、巡洋戦艦金剛[13]の入札とヴィッカーズ社受注をめぐる贈収賄事件である。贈収賄額、契約額、関与した者の数など、どの点でも事件の規模は後者の方が大きかったが、露見の発端となったのが前者であるため、事件全体[14]がジーメンス事件と総称されることが多く、その名で通用している。本書の書名にはジーメンス事件の語が含まれているが、本書第Ⅱ部が論じるのは、そのうちヴィッカーズ・金剛事件の方である。

兵器取引がらみの贈収賄事件でこれほど大々的に露見した例は、戦後のロッキード事件とともに数少なく、それゆえ、ヴィッカーズ・金剛事件は散々論じ尽くされた感もある。これまで、この事件を素材にして、一方では、「死の商人」と軍との癒着関係が、あるいは日本の高官たちの収賄体質や「日本の汚職の風土」が、さまざまに論じられてきた。また他方では、この事件の本質は、山本権兵衛・薩摩閥と政友会を陥れる政治的陰謀であるとして、海軍軍人の側の悪徳を薄めようとする試みもなされてきた。しかし、多く語られ、書かれてきたわりには、意外なほど多くの謎に満ちている。

むろん、一方では兵器の製造取引業者が、他方では調達側（政府・軍）がそれぞれに維持してきた秘密の厚いヴェールがあり、いかに有名な事件とはいえ、明らかにされたのは事実の一端に過ぎないのである。しかも、この事件は第一次世界大戦の直前に露見したため、その錯綜した捜査と裁判は開戦後まで続いたが、兵器の製造・取引業者と軍に決定的な傷を付けることが戦時に許されなかったであろうことは想像に難くない。当時、日本の司法関係者だけでなく一般世論においても、兵器業者との腐敗癒着の関係は松本和や藤井光五郎といった個人にとどまらず、より広く海軍内部にはびこっていたとの言説はあったが、実際に処断された海軍軍人はごく少数にとどまった。

多くが解明されずにいるのは、意図的に隠されてきたからでもあるのだ。では、何が謎なのだろうか。第一の謎は、意外に思われるかもしれないが、ヴィッカーズ社から日本側への賄賂と手数料の流れ自体にある。従来、ヴィッカーズ社日本代理店三井物産から松本和（金剛の計画・入札・契約当時は艦政本部長として建艦の直接的な責任者であった人物）へ支払われた賄賂については、日本の司直の手が及んだこともあって、特に三井物産関係者の関与の仕方についてはいろいろなことが知られているが、それ以外の賄賂・手数料のルートについては具体的なことはほとんど明らかにされていない。藤井光五郎（金剛の入札に際して、派英されて造船監督官として現地審査に携わった機関大佐）が三井物産を介さずに賄賂を受け取ったことと、日本製鋼所がヴィッカーズ社に対して事後的に手数料を要求し、後者がいったんは拒否したものの結局は支払うことになったこと自体はこれまでも――日本製鋼所の手数料取得については、かろうじて、山内万寿治や松方五郎の聴取書や奈倉［一九九八］によって――知られてはいた。とはいえ、いずれについても、当事者たちが支払い、受け取ることになった理由・経緯や、具体的な送金の経路については、ほとんど未解明の状態にあった。この点を克明に跡付ける作業は第4章でなされる。「死の商人」の代名詞としてつとに有名なザハーロフは日本とは無関係であるとこれまで信じられてきたが、第4章では、彼が日本向け営業活動においていかなる役割を秘密裏に演じたのかという点も解明されるであろう。

第二の謎は、ヴィッカーズ社がこれほどさまざまなルートで、巨額の賄賂・手数料を支払わなければならなかった事情である。常識的には、ヴィッカーズ社が受注のために巨額の支出を行うのは武器取引においては当然のことで、そこに重大な謎が潜んでいるとは思われないであろう。ヴィッカーズ・金剛事件に関するこれまでの著述においても、アームストロング社とヴィッカーズ社は、日本海軍の新型装甲巡洋艦（のちの巡洋戦艦金剛）の計画に際して競争関係にあったと考えられてきたし、一般論として平時に、「死の商人」は限られた注文を熾烈に争う状態にあると思われてきた。これまでほとんど知られてこなかったことだが、実は、日本向け入札で両社の間には競争を制限し、受注結果を調整する取決めがあった(15)。その取決めがあったにもかかわらず、なぜヴィッカーズ社は何のためにあれほどの支出をしたのか、上述の「常識」で簡単に説明できることではない。第5章は、第一次世界大戦前後およそ二〇年間の両社間の結託関係を整理・概観した上で、ヴィッカーズ・金剛事件の隠されてきた面とその背景を探る。そこでは、アームストロング社、ヴィッカーズ社、および日本海軍それぞれの事情と思惑がいかに複雑に絡み合っていたかが描かれるであろう。

第三に、これほど有名な事件で、発生当時から現在に至るまで、しばしば注目されてきたのに、これほど多くの、しかも重要な点が未解明のままに残されてきたこと自体が、また謎であるといえよう。たとえば、第6章が詳細に分析するように、戦間期の軍縮と軍備管理を求める国際的な世論の高まりの中で、この事件はふたたびイギリスで注目され、公的な調査の場に登場するのだが、またしても「死の商人」批判が腰砕けに終わっただけでなく、兵器取引過程の癒着や贈収賄の事実が全体として封印されたのであった。「死の商人」については、そのスキャンダラスなイメージと断片的な情報ばかりが一人歩きして、実像が不鮮明なままに放置されてきた事情の少なくとも一端は第6章によって明らかにされるであろう。

くりかえしになるが、このヴィッカーズ・金剛事件は日英両国で何重にも封印されてきたし、現在も史料上の制約は非常に大きい。それゆえ、本書が上述の謎をすべて完璧に解明することができるわけではないが、従来よりいくらかは多くのことを明らかにし、いくらかは説得的な像を提示しうるであろう。この点での本書の成果は、しかし、ただ事件として現れた部分のみを追いかけることによって得られたのではない。本書は、元来、兵器産業と海軍との関係に注目して、日英間の武器移転、技術移転、海外投資、外交・軍事政策などを扱った共同研究（これについては、「あとがき」を参照されたい）の成果の一部であって、その過程で、われわれ（本書の著者を含む共同研究のメンバー全員）は、日英両国に「眠っている」実にさまざまな史料を発掘し、再検討する共同作業を行ってきた。本書第II部は、ヴィッカーズ・金剛事件を再訪し、多くのことを解き明かすが、それは、上述のような地道で迂回的な作業の結果、初めて可能になったことなのである。

本書は「スピン・オフ」あるいは産業発展の軍事的転倒性や、「死の商人」批判に関心はもつが、それらをそのものとして検証する仕事ではない。本書のささやかな目標は、懐古的・尚古的な軍事史・兵器（産業）史ではなく、批判的で発見的なそれである。そのためには、隠され、ねじ曲げられてきたことも含めて、日英関係の中での兵器の生産と取引に関する事実を明らかにして過去を再構成し、それをめぐる同時代の言説を批判的に検討することが必要である。朽ち果て埋もれたことを掘り直すのに多大の労力と時間が投入されているのだが、「戦争を知らない子供たち」の歴史家が、自らの業のなかに軍事や兵器を位置づけようとするなら、まずはそうした基礎的な作業から着手すべきであろうというのが、本書の著者たちの共通の考えである。

注

(1) 兵器産業（武器製造業）は「軍需産業」と同義ではない。軍の需要、あるいは軍事的に需要されるものは兵器に限定されず、ほとんどあらゆる種類の財・サーヴィスにおよぶからである。

(2) 本書では「兵器」の語を用いるが、それは「武器」あるいは「軍器」とほぼ同義である。なお、「武器移転」と「武器輸出」については「武器」を用いた語として定着しているので、そちらを用いる。

(3) もちろん一九世紀前半まででも兵器の質と量、たとえば火砲の登場は、軍事のみならず国家のあり方まで変える要因でありえたのだが（Parker［1988］参照）、それでもやはり、一方にナポレオン戦争を、他方に第二次世界大戦や朝鮮戦争を置いてみるなら、両者の間には隔絶があると言わざるをえない。軍事において兵器の質と量の占める位置が決定的に大きくなる転換点に日露戦争や第一次世界大戦があったと考えられよう。

(4) 「死の商人」論についての最良のガイドが横井［一九九七］である。

(5) 「武器移転」の概念については、川田侃・大島秀樹［一九九三］、および志鳥［一九九五］を参照されたい。

(6) 「軍器独立」とは「兵器国産」とほぼ同義である。ただし、当時の語感では、たんに日本国内で兵器が製造できるようになるということだけでなく、外国人技術者への依存からの脱却と、外国資本からの独立も含まれていたであろう。殊に、通説的に「軍器独立」の画期と考えられてきた日露戦争後に、イギリス側半額出資で日本製鋼所が設立され、またイギリス法人 The Japanese Explosives Company Limited（日本爆発物会社）の平塚工場が設立されているから、資本面の独立は特別な重さをもっていた。詳しくは本書第2章を参照されたい。

(7) 山田［一九三四］、小山［一九四二］、小山［一九七二］。

(8) 石井［一九九一］、二二五頁。

(9) 「軍器独立」論については長谷部［一九八五］が、最も立ち入った分析と展望を提示している。

(10) その結果、陸軍三式戦飛燕(キ六一)は液冷エンジン(八四〇、ダイムラーベンツ社DB601のコピー)の付かない「首なし」機体が大量に発生し、急場しのぎにクランク軸五〇〇本を潜水艦でドイツから輸入しようとさえした(それでも間に合わず、細いキ六一の機体に太い空冷星形エンジンを装備した五式戦が大戦末期に急造された)。同様に、中立国スウェーデンに駐在した陸軍武官によって、SKF社製のボールベアリングが大量に買い付けられ、ドイツ経由で潜水艦輸送された。こうした数々の泥縄は、基礎的・一般的な技術の弱点を如実に示している。

(11) 現在までのところ、ジーメンス事件に関する最良の概説書は盛［一九七六］であろう。

(12) これまで、「シーメンス事件」、「ビッカース社」などの表記がしばしば用いられてきたが、Siemensはドイツ語読みでは「ズィーメンス」ないし「ジーメンス」が、英語読みでは「スィーメンズ」ないし「シーメンズ」が原語発音に近いカナ表記であり、Vickersは「ヴィッカーズ」が原語発音に近いから、本書では引用箇所をのぞき、すべて「ジーメンス」、「ヴィッカーズ」の表記に統一する。

(13) 巡洋戦艦金剛は、一九一〇年七月三〇日の入札を経てヴィッカーズ社が日本政府から受注し(同年一一月一七日)、起工(一九一一年一月一七日)、進水(一九一二年五月一八日)にいたる過程では、「装甲巡洋艦(armoured cruiser)」、あるいは「日本向け巡洋艦(Japanese cruiser)」であって、「金剛」と命名されたのは進水時である。ヴィッカーズ社側ではその時点ですでに「巡洋戦艦(Battlecruiser)」と称していたが、日本海軍がこれを巡洋戦艦に類別したのは竣工・引き渡しの一九一三年八月のことである。それゆえ、「巡洋戦艦金剛の入札」という表記はいささか不適切だが、贈収賄事件の露見以来、常に「金剛」の名を伴って表記されてきたので、ここではそれに従うことにする。

(14) このほかに、ヤーロウ、ウィアなどいくつかのイギリス企業から海軍高官への贈収賄も派生的に発覚しており、ジーメンス事件はそれらも含み、海軍の組織的・構造的な腐敗を指して「海軍汚職事件」とか「海軍廓清問題」などと呼ばれたこともある。

(15) 日本向けの取決めに言及した、おそらく唯一の例外は、Trebilcock［1977］pp. 95-97だが、そこでも、ヴィッカーズ・金剛事件との関係は視野の外にあるし、アームストロング社とヴィッカーズ社を中心にした、さまざまな結託協定の実像はほとんど論じていない。

第Ⅰ部　イギリス兵器産業の対日輸出——武器移転と軍器独立——

第1章　イギリス民間企業の艦艇輸出と日本——一八七〇～一九一〇年代——

1　本章の課題

日本海軍がイギリスから多くを得たことはよく知られている。すなわち、幕末期の幕府および西南諸藩海軍の艦船購入や操練に始まり、創設期の海軍教育におけるダグラス教育使節団、[1]甲鉄艦扶桑（初代、一八七八年竣工）から巡洋戦艦金剛（Ⅱ）[2]（一九一三年竣工）、駆逐艦浦風（一九一五年竣工）[3]にいたる大量のイギリス製艦艇および機関・装備等の購入、艦艇用資材の生産を目的としたイギリスからの資本・技術供与——日本爆発物製造（のちの海軍火薬廠）と日本製鋼所の設立（第2章参照）——、日英同盟と日露戦争などである。

他方で、日本海軍が草創期から艦艇・機関・装備を国産する努力を続けてきたことも知られている。[4]つまり、兵器輸入と国産化努力は半世紀以上の長きにわたって併存したのである。国産化が失敗し続けたために、半世紀の間、輸入に依存してきたわけではない。

本章の第一の課題は、艦艇国産化の努力と輸入とがなぜ、またいかにして、半世紀以上併存してきたのかを明らかにすることである。国産化と輸入の最後の過程は、日露戦後に主力艦八隻の国産に着手しながら、その後にあえて金剛（Ⅱ）をイギリスから輸入し、同型艦三隻を輸入図面にしたがって国産したことである。第Ⅱ部で詳論されるヴィッカーズ・金剛事件はこの過程に発生したできごとで、そこから、当時の巨大兵器企業の間の特異な関係をうかがい知ることができるだろう。

本章の第二の課題は、こうした日本海軍艦艇の輸入と国産化の意味をイギリスの兵器製造業の側から見ることである。日本海軍がイギリスから多くを得たことはこれまでの研究の一致するところだが、「教えられ、与えられる」とは両者の関係において成り立つことであり、殊に日本に艦艇・機関・装備やその製造技術を供給したのがイギリス民間造船企業であることを考えるならば、それら民間企業がなぜ日本海軍からの発注を受け、そのことが企業にいかなる意味を有していたのかを問う必要があるだろう。しかも、日本海軍は創設から半世紀でゼロから世界第三位の戦力にまで急激に拡大したのだから、イギリス民間企業にとって、この期間の日本に大量の艦艇を供給し続け、第一次大戦までには日本からの受注がほぼ途絶えてしまったことの意味は、決して小さいはずはないであろう。

2　日露戦争までの輸入と国産化

(1)　一様には進まなかった国産化

創設直後から第一次世界大戦期まで日本海軍の戦力強化に艦艇建造と技術供与の面から最も貢献したのはイギリス民間造船業であった。このことは図1－1からも確認できよう。一八七〇年から一九〇九年までの四〇年間に日本海軍が獲得した新造艦の排水量合計は三八万トンあまりだが、その半分強一九万二千トンがイギリス製であったし[(5)]、イギリスからの輸入量はこの時期に一貫して増加している。むろん、この同じ時期に国産の努力も続けられたのだが、

図1-1　日本海軍艦艇の建造国

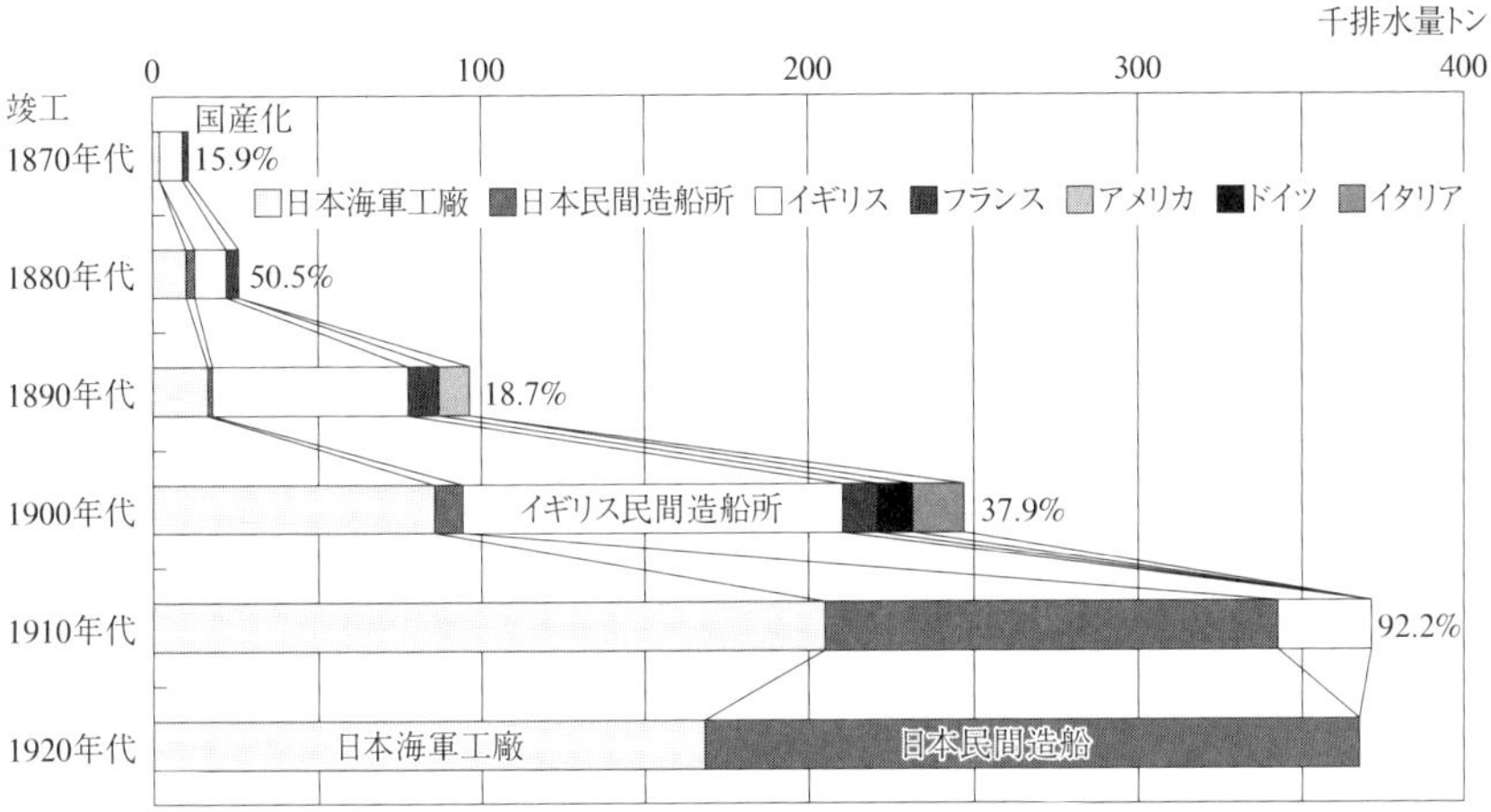

出典：福井［1994］別冊［資料篇］より算出。

注：(1)日本海軍が購入した新造艦艇を建造国別・竣工年代別に示した。幕府および薩摩・山口・佐賀・熊本の各藩からの献納艦、既存艦の購入・移籍分、戦闘能力をもたない練習艦・輸送艦・特務艦等は除外した。

(2)船体を製造した造船所の所在する国を建造国とした。したがって外国で製造し、日本で組み立てた場合は外国製となるが、原材料・機関・装備等が外国製でも船体を日本で建造したものは日本製とした。それゆえ、殊に1900年代までは、実質的な外国製比率はここに示されているよりかなり高い。

(3)日本海軍工廠製には初期の官営工場製を含む。

国産化と輸入代替は一様に進行したわけではなかった。一八七〇年代の新造艦のうち、国産は一五・九％であるが、図1-1から明らかなように、一八八〇年代には国産化率がいったん半分を超え、イギリス製の比率は七〇年代の七二％から三五％へと半減する（フランス製は一四％ほどで変わらない）。一八九〇年代には国産は一九％弱に低下し、イギリス製が六一％へと増加している。明らかに輸入依存度は上昇し、国産化が停滞したように見える。

二〇世紀初頭に国産化はふたたび進展し主力艦も手掛けたが、一九一〇年代に入ってなおイギリスからの艦艇輸入はとまらなかった。量的には一九一〇年代の新造艦のわずか七・八％であるが、日本海軍にとってのイギリスの意味は、後述するようにこの数字以上に大きかった。

(2)　世界艦艇史の時期区分

こうした国産化と輸入の二度にわたる趨勢交替の背景には、世界の艦艇の用兵・設計思想の変化と艦艇建造技術の革新とが作用している。一九世紀後半から二〇世紀の一世紀半の世界海軍史は、この点に注目するなら四期に区分することができる。一八七〇年代までの世界の海軍は帆船と機帆船に支配されており、機帆船軍艦の新造は二〇世紀初頭まで続けられた。幕末の日本を訪れたペリーの艦隊（「黒船」）は、機帆船（外輪付きフリゲイト）と純帆船の混成であったし、商船の分野では一八八〇年においてなお七割以上を帆船が占めていた。(6) 機帆船は無風でも航行できるが、機走時の速力は低い。しかも機帆船は帆装のために重心は高くなりがちで、甲板上は帆や帆柱、諸種のロープ・滑車・留め具などで錯綜しており、火砲の配置も大きく制約されるから、帆船時代の用兵・設計思想に強く縛られざるをえない。

これまでの造船史・海軍史はしばしば、①竜骨の有無、すなわち西洋型船か和船（大和型船）か、②主要材質（木造、鉄骨木皮から鉄製、鋼骨鉄皮を経て、全鋼製へ）、③機関の有無、すなわち「汽船か、帆船か」、の三点に注目して時期や発展段階を区分して論じてきた。本章は①と②については異論を唱えるものではないが、③は以下の理由から、海軍史としては不適切な区分と考える。第一に、純帆船から直ちに純汽船に移行したわけではなく、一九世紀後半は概括すれば機帆船の時代である。機帆船は運用上は機関を備えた帆船であって、(7) 燃料節約のためにも可能な限り帆走したし、乗組員の大多数も帆船の操船技能を備えた航海士・水夫であって、機関士・火夫は機関と同様に補助的な存在であった。第二に、殊に軍用艦艇の場合、純帆船と機帆船の間には用兵上大きな差違はなく、どちらも小口径砲を舷側に多数並べた、接近戦用の艦艇である。砲撃の威力は大きくなく、被弾して撃沈されることもまずありえなかったから、装甲もそれほど重視されなかった。衝角（ram）で敵艦に激突したり、接舷して斬り込み隊が白兵戦を繰り広げたりといった古い戦法は機帆船軍艦の登場によって直ちに消滅したわけではない。帆船／機帆船期と純汽船が主体となった前ド級期との間に本質的な差が存在するのである。

これを第一期（帆船・機帆船期）とするなら、一八八〇年代を過渡期として一八九〇年代からは第二期（純汽船・

前ド級期）に入る。前ド級期の軍艦は、純粋に機走で帆船の最高速度（一五ノット程度）を達成するために大出力の機関を備え、推進器も外輪形式は姿を消し、スクリューに収斂する。帆装から解放された甲板上には大口径・長砲身の砲を備えることができるようになり、それを砲塔に搭載することで、射界も従来の舷側配置の九〇～一二〇度から二四〇～三〇〇度へと飛躍的に拡大して、巨砲の有効利用が可能になった。巨砲が標準装備となれば、敵艦も同等の砲を装備するはずだから、より堅固な装甲が必要となる。こうして巨砲と厚い装甲を備えた戦艦という艦種や、それに対応して登場した水雷艇、駆逐艦、装甲巡洋艦などの艦種は純汽船期の産物なのである（後述）。

帆船から、強力な火砲と装甲を有する汽船への、こうした革新を始めたのは、一八六〇年代にイギリス海軍省主任造船官を務めたE・J・リードで、一八六八年に設計した砲塔艦デヴァステイション（一八七三年竣工）は帆装を全廃したため、戦闘檣楼が一本だけ立ち上がった特異な姿と一二インチ連装砲塔二基の強力武装は論争の的となった。その後、十数年間の紆余曲折はあったものの、元込め砲の採用、鋼と鉄の混成装甲板、全鋼製船体などの革新を実現したコロッサス（一八八六年竣工）を経て、前ド級戦艦の標準は、一八八九年海軍国防法下の計画で建造されたロイアル・ソヴリン（一八九二年竣工）により確定した。それまでの主力艦は、甲鉄衝角艦（ironclad ram）、砲塔艦（turret ship）、あるいは露砲塔艦（barbette ship）などとさまざまに類別されていたのだが、このロイアル・ソヴリンが初めて戦艦（battleship）の名で類別されることになった。以後、イギリス海軍ではエドワード七世型を経てロード・ネルスン型（一九〇八年竣工）にいたる五〇隻の戦艦が、日本海軍では富士・八島から三笠を経て香取・鹿島（一九〇六年竣工）にいたる八隻がすべて前ド級戦艦である。

第三の時期はド級・超ド級期で、イギリス戦艦ドレッドノートの竣工した一九〇六年に始まり、一九一〇年代に本格化した。第四期は、ワシントン海軍軍縮条約（一九二二年二月調印、一九二三年八月発効）以降の時期で、海軍の主要兵力は事実上、戦艦から空母と潜水艦に移行した。第四期は第二次大戦を経て戦後も継続している。これら二つの時期については次節以降であらためて論ずることにして、ここでは、日露戦争前の輸入と国産化に話を戻そう。

(3) 機帆船の国産化——一八七〇～八〇年代——

日本海軍はこの時期区分では第一期に創設された。そのことは海軍省設置時（一八七二年二月）の保有艦艇一七隻がいずれもブリグ、スループ、スクーナなどの艦型に分類される小型の帆船・機帆船であったことを見てもわかる。日本海軍として初めて獲得した新造軍艦[8]は明治六年度計画の清輝（八九七トン、一八七六年竣工）、二番目は天城（九一一トン、一八七八年竣工）で、いずれも横須賀で建造された。小栗上野介らによって始められた幕末以来の国産化努力の成果であるが、両方とも当時の造艦能力に規定されて、木造・非装甲の機帆船（screw sloop. スクリュー付き帆装小型軍艦、帆装は三本マスト・バーク型式）であった。設計は幕末から横須賀製鉄所を率いてきたヴェルニーらフランス人技師によってなされ、火器はクルップ社とノルデンフェルト社から輸入され、その他装備品や原材料の多くも外国に依存していた。

より強力な軍艦を保有したい海軍の願望がとりあえずは満たされたのは、明治八年度計画の三隻——小型の甲鉄艦(ironclad）扶桑三七一七トン、鉄骨木皮の装甲コルヴェット金剛・比叡各二二五〇トン、三隻とも同名艦の初代——が就役した一八七八年であった。これらは日本政府としてイギリスに発注した最初の軍艦で、その設計と工事監督を任されたのは、主任造船官を退任したばかりのリードであった。純汽船軍艦への革新を始めたリードの設計ではあるが、これら三隻は当時の小型軍艦の標準ともいうべき三本マスト・バーク型式の機帆船で、機走時の速力は一二ノット程度と鈍足であった[9]。

このように、一八七〇年代の日本海軍は新造艦も含めて完全に帆船・機帆船時代の海軍であったが、一八八〇年代は上述のように第二期の純汽船軍艦への過渡期で、これは日本海軍にもあてはまる。つまり第一期の艦艇と第二期

表1-1 機帆船から汽船への転換（日本海軍新造艦1870～99年）

（単位：隻数／排水量トン）

	1870年代		1880年代		1890年代	
	機帆船	純汽船	機帆船	純汽船	機帆船	純汽船
国産 工廠	2／1808	0／0	7／8568	1／ 1750	0／ 0	18／16791
民間造船所	0／ 0	0／0	3／2700	0／ 0	2／1242	0／ 0
輸入	4／9539	0／0	0／ 0	11／12736	0／ 0	30／78449

出典：福井［1994］別冊〔資料篇〕、造船協会［1911］、Conway's［1979］より算出。

の艦艇がどちらも新造されているのである。一八八〇年代の新造国産艦一一隻のうち一〇隻が機帆船である。これがこの時期の国産化率を高めた要因であるが、設計や火砲、資材の点で外国――殊にフランスとドイツ――に大きく依存していたのはそれまでの国産艦と同様である。機帆船国産化の到達点がコルヴェット大和（初代、一四七六トン、一八八七年竣工）であるが、それは推進器が外輪からスクリューへ変わり、船体は木造から鉄骨木皮へと、従来の国産艦よりはるかに進んだ構造を有していた。その建造に当たったのはイギリス人カービー（Edward Charles Kirby, キルビー）らによって設立された神戸鉄工所（一八八四年に海軍省に移管されて小野浜造船所）で、その後、国産初の鉄製帆装砲艦摩耶（六一二トン、一八八七年竣工）が小野浜で、その二番艦鳥海が平野富二の石川島造船所で、国産初の全鋼製艦赤城（一八九〇年竣工、摩耶型四番艦）がやはり小野浜で建造されたことに表されているように、イギリス人技師を擁する造船所が木から鉄・鋼への転換の過程で先行したことは注目に値する。木造・鉄骨木皮の機帆船時代に設立された横須賀ではこの転換はやや遅れ、一八八九年竣工の愛宕（摩耶型三番艦）の鋼骨鉄皮をステップとして、九二年に全鋼製の非防護巡洋艦八重山（一五八四トン）を竣工させた。このように、一八八〇年代後半には木製から鉄骨木皮を経て全鋼製へと急激に建造技術が進展したとはいえ、それは外国人技術者へ強く依存した状態で進められたのである。

表1－2　日本海軍の中核を成した艦の建造者

	Ⅰ：1878～95年竣工			Ⅱ：1896～1906年竣工			Ⅲ：1907～21年竣工		
	隻	排水量計	比率	隻	排水量計	比率	隻	排水量計	比率
国産独自設計	－	－	－	－	－	－	14	332,224	75.1%
国産外国設計	2	7,428	20.1	－	－	－	3	82,500	18.7
イギリス製	7	21,024	56.8	12	156,339	81.9	1	27,500	6.2
フランス製	2	8,556	23.1	1	9,326	4.9	－	－	－
イタリア製	－	－	－	2	15,400	8.1	－	－	－
ドイツ製	－	－	－	1	9,695	5.1	－	－	－
合　　　計	11	37,008	100.0	16	190,760	100.0	18	442,224	100.0

出典：福井［1994］別冊〔資料篇〕、Conway's［1979］，［1985］より算出。

(4)　純汽船軍艦の輸入と外国技術

　こうした国産機帆船に対して一八八〇年代の輸入艦艇はすべて純汽船であった。[10]輸入一一隻のうち水雷艇を除く四隻はいずれも巡洋艦で、アームストロング社から非防護巡洋艦[11]筑紫と防護巡洋艦の浪速・高千穂が、ベルタンの設計した防護巡洋艦畝傍《うねび》がフランスのル・アーヴル鋳造所から購入された。これら四隻の後に、ようやく非防護巡洋艦高雄（Ⅱ）が国産初の純汽船軍艦となったが、これもベルタンの設計、クルップ砲の装備など外国への依存性の高い国産であった。日本は、一八八〇年代には機帆船を国産できるようになっていたが、第二期の純汽船軍艦の導入にあらためて輸入で臨んだのであった。

　純汽船軍艦の導入は一八九〇年代にはさらに本格化し、輸入量も八〇年代の六倍以上に激増するが、国産建造量は微増にとどまった。一八八〇年代後半以降の日本海軍にとって仮想敵は清国北洋艦隊であったが、その定遠・鎮遠など巨砲艦に対抗しうる軍艦を入手する最も効率的な方法は輸入であった。表1－2に見られる通り、日清戦争期の日本海軍の主たる戦力となった艦船（表中Ⅰ欄）のほとんどが輸入で、国産二隻（防護巡洋艦の橋立と秋津洲《あきつしま》）も外国人の設計と工事監督のもとに、輸入資材を用いての建造であった。

　設計面でも同じ時期に日本人造船官は着実に経験を積んだ。機帆船では一八七〇年代中葉には磐城《ばんじょう》の設計を赤松則良が手掛け、純汽船では佐双佐仲《さそうさちゅう》が八〇年代末に秋津州の設計に関与し、九〇年代初頭には須磨を独力で設計している。この過程で興味深いのは、軍艦輸入ではイギリスが一貫して最大の供給国であったのに対し、設計と建造技術の面ではフランスの影響が強かったことである。陸海軍の創設直後に「海軍ハ英吉利式、陸軍ハ仏蘭式ヲ斟酌御編相成候条」と定めていたことからすれば奇妙だが、日本海軍は、幕末・明治初期のヴェルニーに代表されるフランス人技術者と職工の影響下に機帆船と鉄骨木皮艦の建造・設計の技術を獲得した。早くからイギリス人技術者の影響下にあったのは小野浜や石川島のような民間造船所であって、一八八〇年代まで日本海軍の造船官のうちではフランス派は無視しえぬ勢力で、シェルブールのフランス海軍造船学校へ留学した者も少なくなかった。これに対してグリニッジのイギリス海軍大学校造船官コースに留学し、リードやバーナビーを師と仰ぐイギリス派も存在しており、両勢力は拮抗していた。機帆船だけでなく、純汽船の鉄製・鋼製艦も最初は高雄（Ⅱ）、八重山、橋立のようにフランス人の設計と監督のもとに建造された。秋津州の最終的な基本設計は、アームストロング社軍艦設計部長から海軍に転出したホワイト（主任造船官）によるものであったが、元来はベルタンの設計案が用意されていた。ところが、同じくベルタンが設計し、一八八六年にル・アーヴルで完成した畝傍が日本への回航途中に消息を絶った事故以来、海軍内部ではフランスの技術への不信感が強まり、それはイギリス派造船官の巻き返しという形をとって現れ、佐双らが秋津州の設計を強引に変更させたのであった。畝傍の保険金で建造された小型の装甲巡洋艦千代田は、ベルタンの基本計画に基づきながら、詳細設計と工事はイギリスのジョン・ブラウン社に発注されたし、三景艦の一二センチ副砲も当初は主砲と同じフランス・シュネーデル＝カネーの予定であったが、アームストロング社製に変更するなど、一八九〇年前後に、日本海軍の技術面での参照基軸はフランスからイギリスへと急速に交代し、純汽船・鋼製艦の技術は最終的にはイギリスの影響下に確立した。

(5) 純汽船期の新艦種

機帆船期にもすでに砲の強力化傾向は見られたのだが、それは防御力の強化を呼び起こし、装甲板も徐々に厚くなり、装甲が覆う面積も広くなりつつあった。こうなると砲撃で敵艦に致命的な打撃を与える可能性は低下する。こうした事態を打開する妙案として注目されたのが諸種の水雷であった。殊に、自走能力を有する魚形水雷（魚雷、torpedo）は、オーストリア＝ハンガリー帝国領フィウメ（現在はクロアチア共和国リエカ市）に移住したイギリス人技術者ホワイトヘッドによって一八六六年に開発されてから、急速に進歩して、新種の海軍兵器として定着した。

砲弾は水中では急激に威力を減ずるから、舷側の装甲は水線部付近に厚く施せば充分であった。魚雷は、水線部装甲より下部の非装甲船殻に大きな穴を穿ち、大規模な浸水を引き起こすとともに、船体内部を破壊することにより、装甲艦にも大きな打撃を与える。水雷艇は元来、夜陰や海霧を利用して敵艦に近付き、長い棹の先に取り付けた水雷で攻撃していたが、一八七〇年代には魚雷が実用の域に達し、それを装備する新種の水雷艇（魚雷艇）が登場した。これを大量に配備したのはフランスとドイツで、装甲巨艦を多数有するイギリス海軍に対する劣位を補った。この新艦種を日本は早くも一八八〇年代から配備している。フランス（シュネーデル社）から一八八〇年代に二艇、九〇年代に六艇、ドイツからは九〇年代に三艇を輸入したのに対し、イギリス（ヤーロウ社）からの輸入が五艇にとどまったのはこの艦種の成り立ちを反映している。輸入艇の組み立てを担当した呉工廠では、九〇年代にフランス式のデッドコピー一〇艇を建造して、日清戦争に投入した。

仏独が大量に配備した水雷艇に、イギリスは当初、快速の水雷砲艦（torpedo gunboat）を開発して対抗し（一八八七〜九五年）、水雷艇の航洋性が高まり高速化するのに対応して一八九四年以降、水雷砲艦より軽便な船体で高速な駆逐艦（torpedo boat destroyer）[12]を開発した。水雷砲艦と駆逐艦は速射砲や機関銃で水雷艇を攻撃するだけでなく、自ら魚雷を装備し、高速性を利して雷撃も可能であった。日清戦争で水雷艇を活用した日本海軍は、同時に水雷砲艦（通報艦）も英仏から一隻ずつ輸入し、戦後は横須賀で千早（Ⅱ）の国産も試みたが、その後は駆逐艦に重心を移した。駆逐艦の導入も輸入で始まり、一八九九年から一九〇二年にかけてイギリスから一六隻を輸入し、直ちに改良型を大量に国産して日露戦争に投入した。ド級戦艦の登場と同時にイギリスで開発された大型駆逐艦は航洋性を増し、艦隊に随伴して遠洋へ進出するようになった。日本海軍はこの航洋駆逐艦に国産で着手したが（海風型、一九一一年竣工）、当時としてはやや大型で高価に過ぎたため、この分野の実用艦を試用し、またタービン機とディーゼル機の混用や五三㎝魚雷発射管など新技術を獲得するために、一九一三年に二隻をヤーロウ社に発注した。このうち、江風《かわかぜ》はイタリアに譲渡したため、浦風（一九一五年竣工）が、戦闘能力を有する艦船としては日本海軍最後の輸入となった。(13)

潜水艦はド級／超ド級期に定着した艦種だが、ここで簡単に触れておこう。駆逐艦によって水雷艇の効果が限定されるようになると、今度は水雷艇を水面下に潜らせる発想が登場した。速力こそ水上艦に劣っても、夜陰や霧に頼らずに水面下に潜むことのできる潜水艦は二〇世紀に入ってさまざまに展開して海軍の主要な兵力へ成長した。日本海軍は日露戦争中に、アメリカのフォア・リヴァ社にホランド型潜水艦五隻を発注するとともに、J・D・ホランドから技術導入して小型版を川崎造船所で建造しており、潜水艦の導入と国産では海軍先進国にわずか数年の遅れで追随した。日露戦争後から第一次大戦期にかけては、イギリス・ヴィッカーズ社製、フランス・シュネーデル社製の輸入と、イギリス、フランス、イタリアの各社の設計によるさまざまな型の国産を続け、日本海軍の独自設計艦は一九一九年に登場する。一九二〇年代に国産は本格化するが、英独から新型設計の購入も行われている。

このほか、新艦種ではないが、揚子江などで用いる河用砲艦は極端な浅吃水（六〇～七〇㎝）で、小型・軽量性が求められるため設計・製造上の困難から日本海軍は日露戦争前後に、小型艦艇の専門メーカーであるイギリスのソーニクロフト社とヤーロウ社からそれぞれ一隻ずつ輸入している。砲艦の分野でも技術面ではイギリスに大きく依存していたのである。

3　日露戦争後の輸入と国産化

(1)　日本における主力艦国産化の課題

以上概観したように、木製ないし鉄骨木皮の機帆船軍艦は一八七〇年代までに国内建造に成功し、非防護巡洋艦は一八八〇年代に、防護巡洋艦は一八九〇年代に、水雷艇は一八九〇年代末に、駆逐艦は一九〇〇年代前半には、それぞれ国産艦艇を生み出している。主力艦以外のこれら艦種では日露戦争までにほぼ自前の設計能力が形成され、日露戦争期からは川崎と三菱が清国やシャムに砲艦と水雷艇を輸出し始め、第一次大戦中には海軍工廠製を含む一二隻の駆逐艦がフランスに輸出されている。こうした輸出実績を見ても、日本は小型巡洋艦や駆逐艦なら日露戦争期までに国産化に成功していたと考えてよいだろう。

商船の分野でも、当時の標準的な純汽船貨客船（常陸丸、六一七二総トン）を三菱長崎造船所は一八九八年に竣工させ、日本郵船に納入しているから、日本の造船業全体から見て、日露戦争前に国産化の重要な画期があったことは間違いない。さらに長崎造船所は、世界最高水準の大型高速客船[14]とそのタービン機の設計に着手し、日露戦争中の一九〇五年六月に起工し、一九〇八年四月に竣工させている。これと軌を一にして、日本海軍は日露戦争後に装甲巡洋艦や戦艦の国産化を試みて、一九〇七年から一二年にかけて相次いで八隻を竣工させたのだが、それらは民間で建造された商船のようには満足すべき結果をもたらさなかった。

機帆船期の最後に日本はその国産に成功し、前ド級期にも輸入代替国産化は進展したのだが、その時期には戦艦・装甲巡洋艦の国産まで及ばず、日露戦争期の主力艦一六隻（表1‐2のⅡ欄）はすべて外国製であった。殊に、そのうち戦艦三隻と装甲巡洋艦四隻を建造したアームストロング社は最大の供給者であった。また、イタリア製の二隻（装甲巡洋艦春日と日進）は、当初イタリア向けに起工され、進水後、アルゼンチンに転売されたものの、引き渡されることなく竣工後、日本へ再転売された船だが、建造したアンサルド社はアームストロング傘下の企業であった。こうして、日露戦争期まで外国製に深く依存した日本の主力艦国産の努力はド級／超ド級期（一九〇〇年代後半以降）にずれ込んだ。つまり、日本海軍の主力艦国産の試みには、単に巨砲を備えた大型装甲艦を初めて設計・製造するという課題だけでなく、ド級／超ド級艦を設計・製造するという別の課題も設定されていたのである。

(2)　ド級／超ド級期への転換

日本海軍は日露戦争中に大型艦の国産をめざし、明治三七年度計画の一等巡洋艦筑波（Ⅱ）（一万三七五〇トン、一九一二年に巡洋戦艦に類別）が一九〇七年に、同じく明治三七年度計画の戦艦薩摩（一万九三七二トン）が一九一〇年にそれぞれ呉工廠で竣工し、一九一二年までに、これらを含めて戦艦四、巡洋戦艦四を呉と横須賀で国産している。これまで、戦艦薩摩は「『当時世界最大ノモノ』とせられた程であるが、而かも、その設計、工築、材料など日本のものを用ひ、『船体、兵装、機関共に欧米先進国に一歩も譲らざる設計構造を有し』、所謂『我が造艦技術の独立を確保したる画期的記録』(15)」とされ、下瀬火薬の創製（一八八八年）とともに海軍工廠の「技術的世界水準凌駕への迫進」の指標として挙げられてきた。確かに薩摩は計画当時、排水量で世界最大級であり、それまでの国産最大艦橋立の四倍以上であったし、原材料・機関・砲などから国産した点でも画期的であった。すなわち、巨砲を備えた大型装甲艦を設計・建造するという課題はとりあえず達成したのである。しかし、日本が主力艦国産に乗り出した時期はド級／超ド級期への転換期で、最初の国産主力艦八隻には、用兵・設計思想の守旧性という問題が露呈したのである。

一九〇〇年代半ばから第一次大戦前までの時期は前ド級からド級、さらに超ド級への急速な過渡期であり、主力艦の技術革新の方向は高速化と同口径主砲の多数装備（それも可能な限り船体中心線上に配備して片舷斉射砲門数を確保すること）にあった。前ド級戦艦は概ね次のような考え方に基づいていた(16)。遠方の敵戦艦や沿岸部の要塞など防御された目標を砲撃するために一二インチ主砲(17)を二門備えた連装砲塔が艦首・艦尾に配置され、正首尾方向以外なら四門の火力すべてを単一の目標に集中させることができる(18)。速力は帆船時代の最高速力より若干速い一六〜一八ノット程度に定められた。敵の巡洋艦・駆逐艦は若干の優速をもって接近してくるが、それに対しては中口径の副砲が両舷に、さらに近付く水雷艇を撃攘するために小口径の速射砲や機関銃が装備されていた。小規模な海戦（たとえば日清戦争での）経験からは、大口径主砲よりも、発射速度（単位時間内に発射できる弾数）の高い副砲や速射砲の方が有効であることが知られていたから、それらも重視され、艦上にはさまざまな種類の武器が装備されていた。巡洋艦の防御力が増すにつれて戦艦副砲の増強が進み、また主砲の射距離もたかだか数千メートルを念頭に置いていたから、主砲射撃は副砲の併用が常道であった(19)。前ド級初期のロイアル・ソヴリンや八島・富士では副砲は六インチ砲一〇門であったが、敷島以降の日本海軍四戦艦では六インチ砲一四門へ増え、前ド級末期のロード・ネルスンでは九・二インチ砲一〇門、香取・鹿島では一〇インチ砲四門に加えて六インチ砲が一二門へと格段に強化された。主砲は前ド級期を通じて一二インチ砲四門と変わらず(20)、副砲強化が前ド級戦艦の進化の方向であった。

ところが、主砲の遠距離砲撃で敵を撃滅できるのなら、主砲を増強する方が効果的である。こうした発想そのものは二〇世紀初頭には世界の海軍造船官たちの中に醸成されつつあった。ドレッドノートの生みの親ともいうべきイギリス海軍本部首席武官(21)のフィッシャーは副砲を廃して主砲を多数備えた戦艦（全主砲艦）の構想を日露戦争以前から暖めていたし[22]、イタリア海軍技術将校のクニベールティも同様の「理想的な戦艦」のアイディアを一九〇三年に発表していた[23]。日本でも日露戦争時には近藤基樹造船大監が艦政本部において、やはり同様の発想から、全主砲を中心線上に配置した基本仕様を作成していた。クニベールティや近藤の発想はそれぞれの海軍用兵側からは斬新すぎて受け容れられなかったが、イギリスでもフィッシャー構想がドレッドノートとして実現するためには、日露戦争の日本海海戦においてロシア・バルチック艦隊は主砲戦で壊滅したという言説が浸透するのを待たなければならなかった。

いかに全主砲艦が魅力的でも、敵の巡洋艦・駆逐艦・水雷艇など高速艦艇からの魚雷攻撃に対して戦艦は脆弱であるから、副砲や速射砲などハリネズミのように装備されたさまざまな火砲を放棄する決断は用兵側には困難であった。ドレッドノートのもたらしたもう一つの革新は、巡洋艦に匹敵する高速性と機動力で有利に占位し、敵の高速艦艇の脅威を極小化できる——不利になれば高速性を利して危地を脱することも容易である——という点にあった。ドレッドノートの最大速力は当時の巡洋艦と同等の二一ノットで、前ド級戦艦より三ノット以上速かった。そもそも、航洋駆逐艦が発達して、それとの艦隊行動を基本とするのであれば、敵の駆逐艦や水雷艇への対処は味方の駆逐艦に任せればよい。

こうしてド級艦は、有利に占位して遠方からの主砲斉射で敵艦隊に打撃を与えるという発想に基づいているから、多数装備する主砲がどの方向にも射てることが望ましい。副砲と同じように舷側に装備したら、右舷砲は左舷方向を打てないから無駄になる。したがって、全主砲をできるかぎり船体中心線上にならべ、正首尾線方向以外なら、どの方向にも撃てるようにするのが、主砲装備の基本となる。ドレッドノートは一二インチ四五口径連装砲塔を五基備えているが、二基は両舷に配置されていたから、片舷砲力（首尾線方向以外に発射できる主砲の数）は八門であった。前ド級戦艦の片舷砲力は四門だからドレッドノートによって二倍の攻撃力が一挙に実現したのである。さらに、主砲攻撃力が艦隊決戦の勝敗を決めると考えられたから、主砲は常に巨大化する運命にあり、他方で巡洋艦や駆逐艦の高速化に対応して戦艦も、同じ速力は必要ないとはいえ、ますます高速化することとなった。それゆえ、ド級艦は数年で超ド級艦によって代替されざるをえなかったのだ。

(3) 陳腐な国産主力艦

日露戦争中に計画された国産主力艦のうち、最初に登場したのは装甲巡洋艦筑波であった。一二インチ四五口径[24]砲四門と六インチ副砲一二門は前ド級の標準的な戦艦武装であり、それに二〇・五ノットの速力を与えたから、前ド級戦艦としては充分に高速だし、前ド級期の装甲巡洋艦としてはやや鈍足だが充分に強力な武装を備えた画期的な軍艦となるはずであった。ところが筑波の一カ月前に竣工したドレッドノートは、はるかに厚い装甲をもつ本格的戦艦でありながら、筑波より速く、しかも二倍の主砲攻撃力を備えていた。イタリア戦艦レジーナ・マルゲリータは筑波の起工時にはすでに完成していたが、筑波とほぼ同等の火砲と装甲を備えて、二〇・三ノットの速力を誇っていた(図1－2参照)。ドレッドノートが特異に先進的なのではなく、計画・設計時点で筑波が古かったのだ。筑波型を改良した伊吹は一九〇九年に登場し、蒸気タービンによって二二・五ノットの速力を実現した。しかし前年に登場したイギリス海軍巡洋戦艦[25]インヴィンシブルは一二インチ砲八門(片舷砲力は六門)を装備して伊吹より四ノットの優速であったから、伊吹も出現時にはすでに陳腐化していた。

戦艦薩摩は竣工まで五年を要したため、その古さは筑波・伊吹よりさらに際だった。前ド級戦艦と同様に一二インチ主砲四門のほか、一〇インチ砲一二門を両舷に備えた。後者は副砲としてはきわめて強力だが、主砲としては貧弱で遠距離砲撃には適さない。こうした中間砲(準主砲)の両舷配置は、薩摩が副砲の強化という前ド級期の設計思想の延長上にあることを示しており、近藤基樹の全主砲中心線上配置の構想は活かされていない。それゆえ、その主砲攻撃力は前ド級艦と同等で、四年前に登場したドレッドノートの半分に過ぎない。陳腐なのは攻撃力だけでなかった。

図1-2　主力艦の攻撃力と速力（1890～1920年）

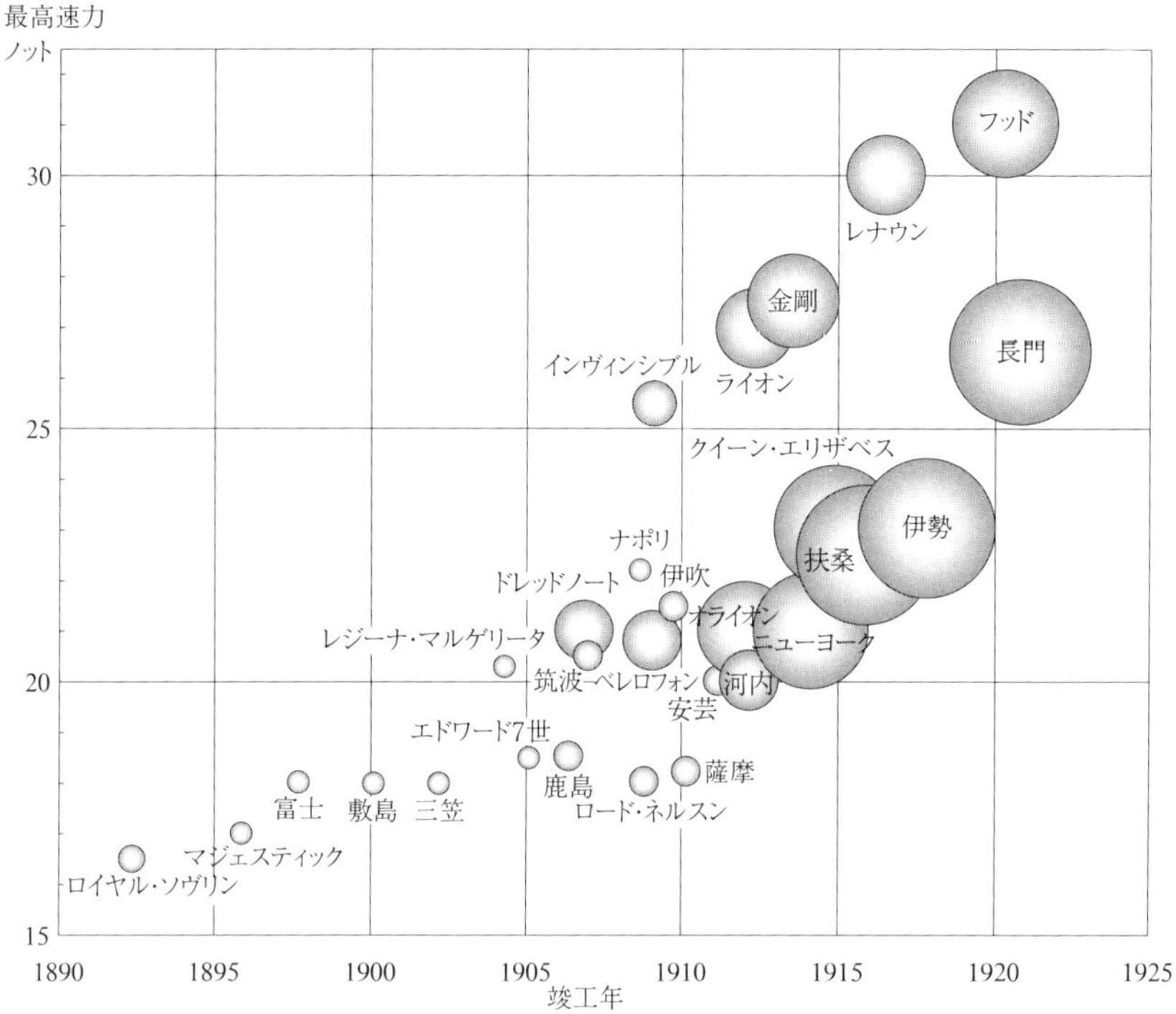

出典：Conway's［1979］，［1985］，Hodges［1981］より算出。

注：(1)円の直径が主砲攻撃力を表す。主砲攻撃力は砲口での砲弾の運動エネルギー（砲弾重量×（砲口初速）^{2}）と片舷斉射砲門数の積で算出した。

(2)ドレッドノートからオライオン、扶桑、伊勢にいたるド級・超ド級戦艦の流れから外れたところに薩摩、安芸、河内があることがわかる。同様に、筑波、伊吹も巡洋戦艦に類別されながら、レジーナ・マルゲリータからインヴィンシブル、ライオン、金剛、フッドにいたる巡洋戦艦の発展方向からは外れたところに位置していた。

薩摩の最大速力は一八・二五ノットと、この点でも前ド級戦艦から一歩も進んでいない。当時の常識的な射距離数千メートルなら薩摩の副砲は有効であったかもしれないが、この鈍足では、数千メートルの間合いを縮めて来る敵駆逐艦・水雷艇から逃げることは困難である。

薩摩を改良した河内型は一二インチ主砲を一二門備えたが、艦首・艦尾の中心線上に二門ずつ、両舷に四門ずつという前ド級的なレイアウトを採用したため、片舷砲力は八門に過ぎない。しかも、艦首・艦尾砲塔の五〇口径砲は両舷の四五口径砲より砲口初速が五％ほど速く弾道特性が異なるため、同一目標に斉射する場合は、別々に弾道計算をするか、五〇口径砲の装薬を減らして初速を四五口径砲と同じにしなければならず、四五口径砲の射程を超える場合は五〇口径砲四門しか使えない。一二インチ砲八門の片舷砲力は名目的にはド級艦として充分な攻撃力だが、二種類の一二インチ砲を備えたため運用上は著しく不利であったし、その攻撃力を得るのに一二門も装備するのは明らかに無駄である。

日本海軍は主力艦国産に乗り出して八年かかって、とりあえずド級の攻撃力を有する戦艦を完成させた。速力は相変わらず二〇ノットで、ド級戦艦としては鈍足であった。しかし、河内の陳腐さはそこにとどまるわけではない。それが出現したとき、すでに世界は超ド級の時代へ入りつつあったのだ。河内竣工の二カ月前、一九一二年一月にイギリス海軍のポーツマス工廠では戦艦オライオンが誕生するが、それは河内より一ノット速い船体に、二倍の攻撃力を備えていた。同年五月にデヴォンポート工廠で誕生した巡洋戦艦ライオンは一・五倍の攻撃力に七ノットの優速を実現していた。さらに、これら国産艦は速力・攻撃力の点で陳腐なだけでなく、秋山真之《さねゆき》によれば、「河内、安芸及伊吹共ニ三笠、香取、敷島等ニ比シ横動甚ク、砲火ノ発揮ニ影響至大」という船型や重心位置に関わる根本的弱点も抱えていた。(26)

主力艦国産に乗り出した日本海軍は苦労して八隻を完成させたが、ド級期にド級の戦艦・巡洋戦艦をついに生み出すことができず、ようやく名目上ド級の能力を備えた河内を生み出したとき、世界はド級艦を陳腐化させる超ド級の時代に移行しつつあった。

その原因は直接的には設計の守旧性に求められるが、それを規定したのは次の二つの要因であった。第一は主砲の製造能力である。薩摩の計画・設計段階において一二インチ四五口径砲の供給能力が低いことはわかっていたから全主砲艦はないものねだりであったし、河内が四五口径砲と五〇口径砲を併用したのも、後者の供給能力が制約されていたからであった。(27)呉工廠造兵部では日露戦争期から一二インチ砲の製造に着手し、数年遅れて日本製鋼所も室蘭に設立され、大型砲の製造はようやく緒に就いたところだったのである。第二に、とはいえ、砲は輸入することもできたから、基本仕様を決定した最大の要因は用兵思想の古さであった[28]。用兵側が全主砲中心線上配置による攻撃力強化の構想を採らなかった点はすでに述べたとおりだから、ここではド級/超ド級期のもう一つの進化方向である速力について考えてみよう。日清・日露の両戦争で日本海軍は高速性が海戦勝利の重要な条件であることを確認していた。また、先に見たように二〇世紀初頭にはイタリア海軍の快速戦艦群が登場していたし、さらにドレッドノートの出現以降は高速化が鍵であることは明瞭であった。それにもかかわらず、用兵側は高速性を真剣に追求しなかった。水雷艇や駆逐艦の脅威に対処するには高速化しなくても、前ド級的な複合兵装でも可能であった。しかし、高速化はそれだけでなく、敵艦隊に対し有利に占位し、不利な際は損害を被る前に逃げることを可能にする。つまり、主力艦の戦術の自由度をはるかに増す。計画時には露呈しなかった用兵思想の古さは、実際に竣工し、他国の同等の艦や計画艦と比較することにより露わとなる。日本海軍は、遅くとも一九一〇年の春までには、この不満足な状態を脱して、抜本的に新しい主力艦を獲得しようと具体的に目指していた。

4 金剛とその後

(1) 新装甲巡洋艦計画

日本海軍は、薩摩・筑波以降の国産主力艦の工事と並行して一九〇六年以降、戦艦および装甲巡洋艦の基本仕様を何十通りも検討しているが、予算化までいたらず、ようやく一九一〇年初頭になって、のちに金剛(Ⅱ)となる新型装甲巡洋艦の計画は急速に具体化している。建艦の責任者であった松本和艦政本部長は、同年一月一二日に「大船一

金剛進水式のプログラム

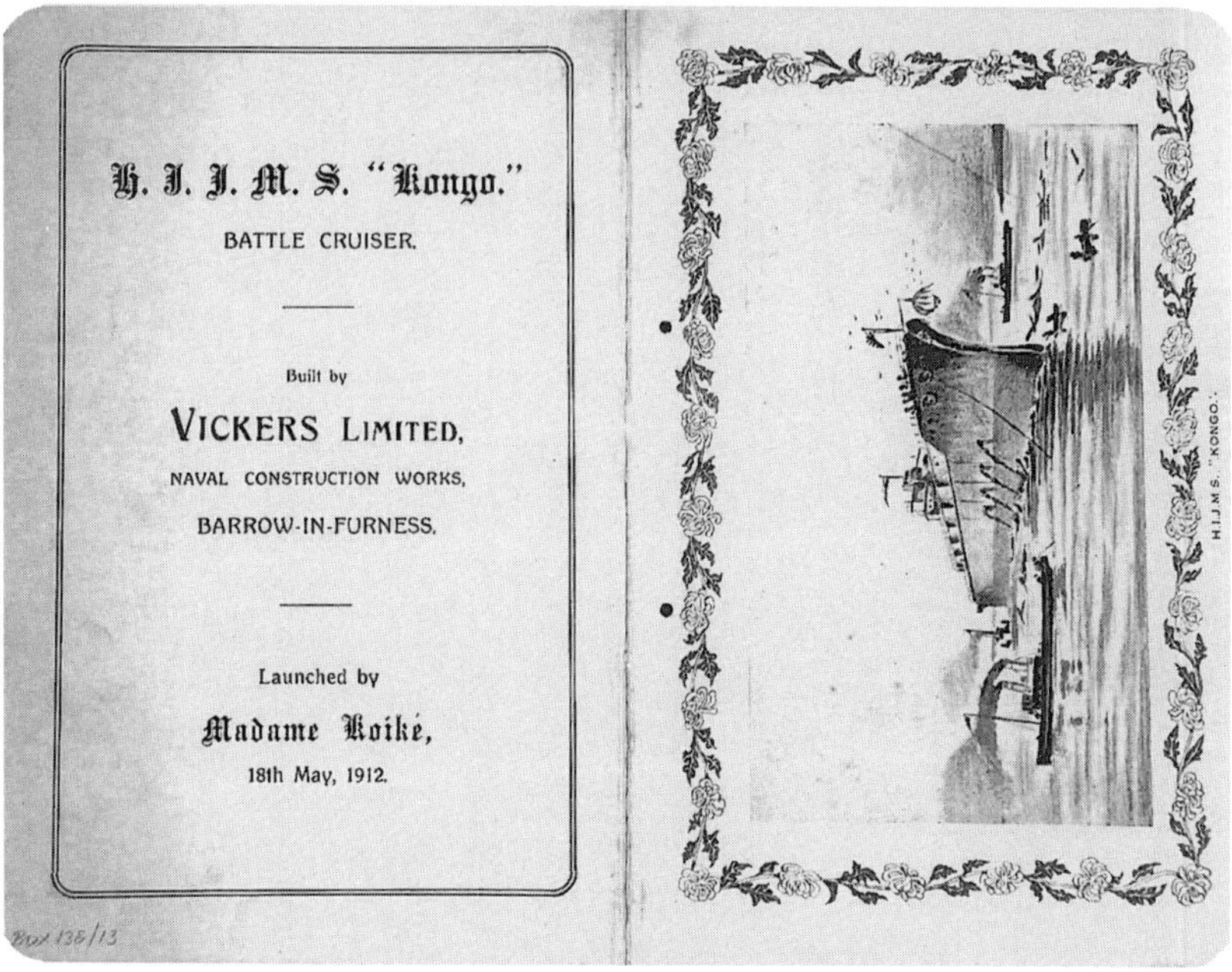
H. I. J. M. S. "Kongo."
BATTLE CRUISER.
Built by
VICKERS LIMITED,
NAVAL CONSTRUCTION WORKS,
BARROW-IN-FURNESS.
Launched by
Madame Koiké,
18th May, 1912.
H.I.J.M.S. "KONGO."

裏には、午餐会の献立がフランス語交じりで記され、ヴィッカーズ社のバンドが演奏した曲目が載っている。進水させたMadame Koikéは、在英大使館参事官小池張造の夫人と思われる。

隻外国ニ注文ノ必要ヲ」海軍次官に伝えていた[29]。その後、イギリス発注内定を受けて、近藤基樹造船総監、山本開蔵造船大監、および藤井光五郎機関大佐三名の派英を決定したのが三月下旬ないし四月上旬である[30]。アームストロング社でも、三月二一日の取締役会で、日本向け二万トン級装甲巡洋艦の設計準備を始めた旨が報告されているから[31]、二月ないし三月上旬までに海軍省内部ではイギリス発注を内定していたものと考えられる。

　四月に入ると、基本仕様を決定するために、設計側と用兵側の会合が開かれた。すでに、それ以前に外国海軍の新造艦や計画艦の情報をもとに検討した結果、速力は装甲巡洋艦では二七ないし二八ノット、戦艦では二二ないし二三ノットに決めており、装甲についてもほぼ収斂しつつあったから、残された最大の決定事項は主砲であった。一二インチ五〇口径砲か一四インチ四五口径砲のいずれを、どれだけ、どこに、どのように配置するかという問題であった[32]。四月一三日の諮問会議には、戦艦・装甲巡洋艦のそれぞれについて何通りかの基本仕様案が提出された[33]。当日の出席者表には将官一二名、佐官一一名が記されているが、将官のうち造船総監二名（福田馬之助、近藤基樹）、機関少将（山本安次郎）、海軍次官（財部彪《たからべたけし》少将）および軍務局長（栃内曾次郎《とちないそじろう》少将）を除く七名が砲に関する意見を述べたようで、艦政本部第三部員として設計に携わった平賀譲のメモが出席者表に記されている。それによると六名までが一二インチ砲を支持し、一四インチ砲を推したのは砲術畑を歩んできた山下源太郎（軍令部第一班首席参謀）だけであった。しかし、有馬良橘《りょうきつ》（砲術学校長）や山屋他人《やまやたにん》のように砲術の専門家で一二インチ砲を推す者もいたし、山内《やまのうち》万寿治と松本和という造兵と艦政の頂点にある人物が一二インチ砲を支持したため、大勢は簡単に決したと見て差し支えないだろう。佐官の中からも秋山真之と安保清種《きよかず》の二人は「番外」で発言し[34]、やはり一二インチ砲を支持した。その後、イギリスに発注さるべき装甲巡洋艦の詳細仕様がＢ46案として取り纏められる過程でも、主砲は一二インチ砲連装砲塔四基を備えた案であった[35]。

この時期に作成された基本仕様案のおよそ半数は一四インチ砲装備案で、設計側は大口径砲装備を望んでいたと考えられるが、このときは用兵側の保守的な選択に押し切られたのであった。主力艦国産八隻の失敗を経て、高速化というド級／超ド級期の進化方向は読めたものの、主砲攻撃力強化というもう一つの方向にはなお腰が退けていたのである。

確かに、この時点の既製艦で一二インチ五〇口径砲を上回る強力な砲を装備したものは世界に存在しなかった。日露戦争後の日本海軍が仮想敵国としたアメリカでは一九〇八年から翌年に掛けてＴ・ロウズヴェルト大統領の諮問もあって、一四インチ砲採用の是非を検討しながら、時期尚早論が強く、ワイオミング（一九一〇年一月起工、一二年九月竣工）型二艦の計画で一四インチ砲を見送り一二インチ五〇口径砲を採用した経緯も[36]、この時期の日本海軍関係者に作用したではあろう。だが、一九一〇年春の時点で日本海軍は、イギリスで建造中の戦艦オライオンと巡洋戦艦ライオンがどちらも一三・五インチ砲装備となること、アメリカもワイオンミングの次の新型戦艦は一四インチ砲採用となるであろうことをつかんでおり、この情報は四月一三日諮問会議にも文書資料として提示されている。(37)(38)

安保清種は後に、「米国でも、この金剛建造あっての後に、その戦艦ニューヨーク、テキサス二艦に一四インチ砲を始めて装備したような次第である」と回想している。(39) 確かに金剛（Ⅱ）は一九一三年八月にテキサスより半年早く竣工するが、一四インチ砲装備を決定したのはアメリカの方が早かった。日本海軍内部には、大口径砲が主流となることを知り得ていながら一二インチ砲に固執する守旧的な用兵思想が優勢だったのである。

(2) 金剛の発注と同型艦の建造

ヴィッカーズ社への発注を決めて契約されたのは、実際には一四インチ砲を装備した四七二C案であった（入札・契約の過程と一四インチ砲装備への転換については第5章で詳述する）。この案に基づいて建造されたのが金剛（Ⅱ）であった。一四インチ砲を八門装備し、最高速力が二七・五ノットに達するこの船によって、日本海軍はふたたび世界水準の攻撃力と速力を回復した。あらためて外国発注したことの意義は最新艦を得たというだけでなく、その製造権と図面を獲得し、横須賀工廠、神戸の川崎造船所、三菱長崎造船所で同型三隻を建造することを通じて最新艦の造艦技術を獲得したという点でも画期的であった。ただし、たとえば榛名（川崎製）の場合、砲その他装備品・資材など総価格の三一％に当たる部分をヴィッカーズ社から輸入しており、(40) 完全な国産にはほど遠かった。海軍であれ民間造船所であれ日露戦争期までには招聘外国人への技術的依存からほぼ脱していたが、金剛（Ⅱ）の建造期（一九一一～一三年）は海軍および川崎、三菱、日本製鋼所から大量の技術者が造船監督官等の名目でイギリスに派遣され、彼らは製造だけでなく、設計や管理の面でも最新の手法を吸収した。さらに、この時期には大量の職工（役付工層）も派遣され、長期間の現場研修に従事した。彼らは派英技術者たちとともに、第一次大戦期以降の日本の造船・造兵・

重機産業の人的基礎を形成したのである。

では、主力艦国産化に乗り出した日本があらためて外国発注したことは当時、どのように受け止められたのであろうか。契約後のイギリスでの新聞報道では、日本は河内・摂津の進水後は横須賀、呉、佐世保の三工廠のほかに、三菱の長崎造船所も、神戸にある川崎造船所も遊休してしまうのだが、それにもかかわらず、「イギリス造船業の技量（workmanship）を高く評価し、英日間の同盟関係に鑑み好意を実際的な形で表する」ために、イギリスに発注したと解説されていた(41)。ところが日本では、数年間推進してきた「内地製艦主義」を放棄したのではないかという疑問に対して海軍当局は、河内・摂津のほかに駆逐艦など八隻とその機関製造に忙殺されて「内地の造艦能力は殆ど全力を尽くしつつあ」るからだと、逆の説明をしている(42)。むろん実際には、造艦能力の量的な問題よりも質的な問題（「我が海軍軍器の絶対的独立は未だ十分に其功を奏するに至ら」ない状況、最新技術との格差、長すぎる建造期間、製鋼能力の低さ等々(43)）を日本は抱えていた。それゆえ造艦能力の全力を尽くしても著しい進歩に追いつけない以上、外国に注文せざるをえないのだが、その過程で派遣される造船造兵監督官は実地に新技術・新知識を吸収できるから、長期的には「内地製艦主義を確守」することにつながったのである。

(3)　大艦巨砲主義の陥穽

以後、日本海軍は扶桑（Ⅱ）型、伊勢型で世界最高水準の攻撃力を有する戦艦群を国産で配備しえたのであるが、これらは金剛（Ⅱ）型の戦艦版ともいうべきもので(44)、ヴィッカーズ社の技術的影響を色濃く帯びていた。同社は最新艦の技術を売り渡すことによって、イギリス民間造船業の日本向け戦艦輸出に幕を引いたのであった。

この金剛（Ⅱ）とその同型艦建造が日本に与えた影響は計り知れない。それは一四インチ砲や大出力タービン機(45)などの単体の技術にとどまらない。ド級期以降第二次世界大戦にいたる世界の戦艦の進化方向は一口で言えば大艦巨砲主義であるが、日本海軍はおそらくそれを最も純粋なかたちで培養し続けた。高出力機関を搭載し、船型を洗練させることにより、高い速力を獲得し、常に敵主力艦より強力な主砲を装備するという、長門型から加賀型、天城（Ⅱ）型、紀伊型を経て、大和（Ⅱ）・武蔵（Ⅲ）にいたる日本海軍の高速戦艦群の原点は、明瞭に金剛（Ⅱ）にある。それは初期の国産主力艦八隻の失敗の上に形成されたのだが、次の時期にそれ自体を相対化し、疑ってみる発想は育ちにくく、日本海軍はド級／超ド級期の用兵思想を色濃く引きずったまま、航空母艦と潜水艦が事実上の海軍主力となる第四期へ移行したのであった。その道は決して平坦でも完全でもなかった。

金剛のもたらした影響は電気関係の技術にも現れている。軍用艦艇への電気艤装は一九世紀末に無線電信や対水雷艇戦用の探照灯などから始まり、日本も輸入艦三笠や香取で当時の標準的なものを装備していた。主力艦国産に乗り出したとたんに電気関係の技術革新は止まったのだが、この時期は電気・電子関係の技術も急速に進歩したため、金剛に装備されたさまざまな「電気装置」は、京都帝大工学部教授たちが海軍省に照会するほどに先進的なものであった。[46] そこには、ジーメンス社製の最新式の無線機や探照灯だけでなく、熱容量の大きな大口径砲の腔発を防止するために必要な冷却装置類（製氷器、弾薬冷却器）とそのための大容量発電機、主砲統一運用のための艦内電話システム、電気暖房・強制換気その他居住性向上のための諸装置が含まれ、電気技術はこれによって一挙に進んだ。

しかし、ここにも落とし穴があった。金剛（Ⅱ）を通じて獲得した電気技術は日本海軍にとっては副産物に過ぎない。労せずして当時の最高水準の電気技術を獲得したのだが、意識的に追求して苦労して得た結果ではなかったがゆえに、その後、電気技術の革新は日本海軍にとって、およそ重点課題として意識されることはなかった。金剛の同型艦建造期の一九一二年に築地の海軍造兵廠に電気部が設置されたものの、艦艇と主要兵器の国産化がほぼ完了し、最新技術の実物輸入という経路が細くなった第一次大戦期以降、電気・電子関係の技術革新は等閑視される傾向にあった。[47] この点ではその後も金剛の時期の水準が墨守されるだけで、艦外（殊に航空機や基地・司令部との）通信手段や、新たな電子装備（殊にレーダーや近接信管）の面での弱点をもたらし、日本海軍の戦術と戦略の両面を、管制・情報・通信・索敵などの点で大きく制約することとなったのである。

(4) 外国依存の継続

以上より、日本海軍の戦力が二〇世紀初頭まで外国製艦艇に依存してきたこと、諸種の艦艇の国産化の過程も外国製装備品と外国技術に大きく支えられていたこと、イギリスへの依存度が圧倒的に大きかったことの三点を確認できる。日露戦争後に主力艦国産化は進んだが、設計・用兵思想の変化と主力艦の急速な技術革新に日本は追い付けず、このギャップを埋めるために一九一〇年代に入って再びイギリス製巡洋戦艦を輸入し、同型艦の国内建造を通じてその技術を習得したのである。つまり、世界水準の軍艦を自給するという意味では、艦艇国産体制がほぼ確立したのは一九一〇年代後半（第一次大戦期）のことと考えるべきであろう。しかも、すでに見たように、潜水艦などの分野では一九二〇年代にも外国設計への依存から脱却できていなかっただけでなく、機関（殊にタービン機）の輸入やディーゼル機関の技術導入も続き、一九三〇年代に入ってなお、「特殊の部分品・材料・工作機械にして内地にて生産せざるもの」は「俄に外国よりの購入を全廃する能わざる現状にあったのである」(48)。

5　イギリス造船業にとっての日本海軍

(1) 世界の艦艇建造量

一九世紀後半の世界の主要な艦艇建造国はヨーロッパの六カ国（イギリス、フランス、ドイツ、ロシア、イタリア、

図１－３　世界の艦艇建造量（1870〜1919年）

（単位：排水量トン）

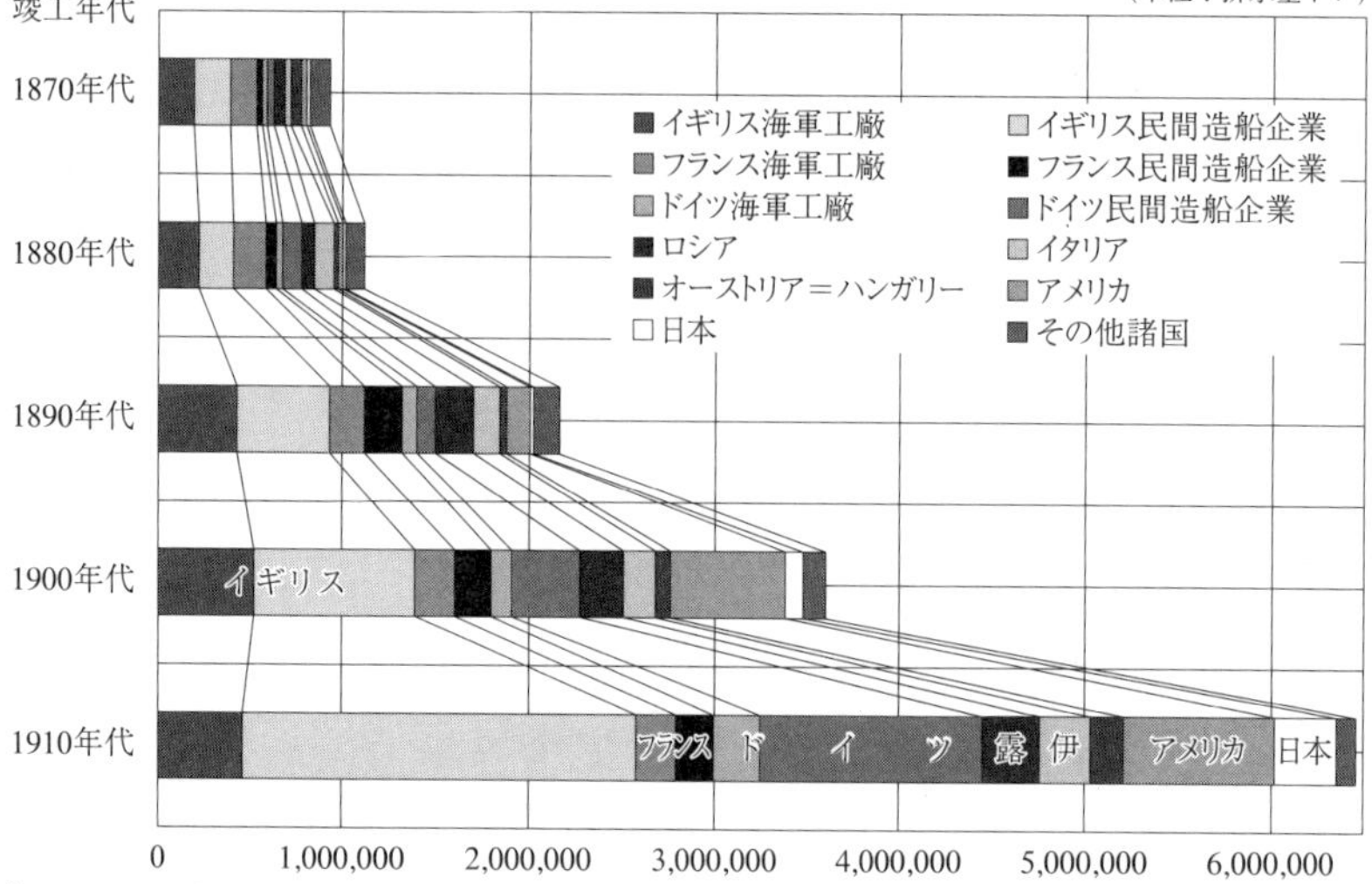

出典：Conway's［1979］,［1985］より算出。

オーストリア＝ハンガリー）とアメリカ合衆国で、二〇世紀に入って日本が付け加わる。一八七〇年代から一九一〇年代までの世界の艦艇建造量の推移を国別に示したのが図１－３であるが、まず何よりもイギリスの建造量の圧倒的な大きさを知ることができる。むろん、それには若干の輸出が含まれてはいるが、各時期を通じて、フランス、ロシア、ドイツの二国ないし三国の建造量に匹敵している。フランスの建造量が軍民ともに停滞的であるのに対して、ドイツ（殊に民間造船所）の建造量とアメリカ（その大半はやはり民間造船所による）の建造量は二〇世紀に入って急増している。さらに日本も一九一〇年代に急増し、英・独・米・仏に次ぐ第五位の建造量となっている。では、イギリスの艦艇建造において日本向けはどの程度の比重を占めていたのであろうか、次項で検討してみよう。

(2)　イギリス民間造船業における日本向け艦艇建造の比重

他の多くの国と同様にイギリスでも自国海軍向けの艦艇建造は海軍工廠と民間造船所の両方でなされていた。海軍工廠

表1－3　イギリスの艦艇建造量（1870～1919年，排水量トン）

（単位：排水量トン）

	1870年代	1880年代	1890年代	1900年代	1910年代
海軍工廠　（A）	189,575	220,374	422,325	506,760	420,449
民間造船所　（B）	202,102	186,946	501,738	869,653	2,156,633
英海軍向け（C）	133,165	118,703	353,947	700,462	2,032,903
C／B	65.9%	63.5%	70.6%	80.5%	94.3%
日本海軍向け（D）	8,217	12,081	59,266	116,121	28,407
D／B	4.1%	6.5%	11.8%	13.4%	1.3%
その他諸国向け（E）	60,720	56,162	88,525	53,070	95,323
E／B	30.0%	30.0%	17.6%	6.1%	4.4%
合計＝A＋B	391,677	407,320	924,063	1,376,413	2,577,082

出典：Conway's [1979]，[1985] より算出。
注：＊なお、データは竣工・引き渡し時のもので統一したため、イギリス海軍向けには、トルコ、チリ、ブラジルなどから発注されたものの最終的にイギリス海軍に引き渡されたものが含まれている。

製といっても、一八九〇年代以降そこで行われるのはほぼ船体建造・艤装のみで、砲は民間企業かウリッジ工廠で製造されたものを陸軍軍需部を通じて、機関・砲架・錨・鎖・装甲板・鋼板、その他の装備品・資材は民間企業から購入された。水雷艇・魚雷艇はほぼ完全に民間建造で、機関とともに設計は民間企業に委ねられていた。その他の艦種は海軍が開発・設計するのが原則で、稀に民間設計の艦もあるが、民間企業が外国向けに設計・建造した艦艇を何らかの理由で海軍が購入するなど、例外的なことである。民間への発注は海軍工廠の建造能力では建艦計画を達成できない時になされるため、一八九〇年代以降の建艦競争の時代に増加し、海軍工廠が修理で忙殺される戦時期に急増したが、概して新型艦や同型艦の一番艦は海軍工廠で建造された。また、大型艦ほど海軍工廠の建造比率が高く、戦艦は第一次大戦直前まで海軍工廠が過半を建造していたから、民間企業がイギリス海軍向けに大型艦を建造する機会は限られていたのである。

イギリスは世界最大の艦艇輸出国で、外国向けの建造は民間企業のみが担当したが、表1－3から明らかなように、一八七〇～一九一九年の半世紀の間、民間造船所の艦艇建造量のうち輸出はたかだか三分の一であった。日本向けの比率は一九〇〇年代においても民間建造量の一三・四%で、イギリスの総建造量のうちではわずかに八%強を占めるに過ぎない。ただし、戦艦のみで見ると、この比率ははるかに高く、一八九〇年代には民間建造量の一九%が、一九〇〇年代には四分の一が日本向けである。また、イギリスにおける日本向け建造量総計（二二万四〇九二トン）のうち三分の二（一四万七七四六トン）は一八九六～一九〇六年の時期（第2節(4)表1-2のⅡ欄、日露戦争期の主戦力）に集中しており、この時期のイギリス民間建造量の二割を占めている。量的にはこのような比率を示す日本向け艦艇建造は、イギリス民間造船企業にとって、いかなる意味を有していたのだろうか。[50] [51]

(3) 民間企業の艦艇受注

イギリス民間造船企業のイギリス海軍からの艦艇受注は以下のようにしてなされていた。イギリス海軍が民間に発注する船体建造・機関・装甲板などは、イギリス企業の間での競争入札を通じて、その受注者が決定された。ただし、入札参加資格は制限されていたから、どの企業にも受注の可能性が開かれていたわけではない。入札参加資格を有する企業は、艦種・装甲板・機関ごとの「海軍省リスト（Admiralty List）」に記載されていたが、資格を獲得するために企業は、技術面の審査を経て、申請に基づきリストに登載されなければならなかった。船体建造の場合、現実には過去の艦艇建造実績が重視され、小型艦から大型艦へとリストを上昇していくことになる。[52]

リストに登載されたからといって受注が保証されるわけではない。一般に最低価格提示企業が落札するが、未経験の企業が極端な低価格を提示した場合は拒絶されるか、より高い価格への修正が指示された。入札においても技術水準が常に考慮されたから、ある企業が新たな艦種を受注しようとする場合、入札参加資格の点でも落札のためにも、同等ないし一段小型の艦の建造実績を蓄積しなければならなかった。一九世紀末から二〇世紀初頭にかけて、こうした実績形成に貢献したのが新興海軍国、殊に日本と南米三国（チリ、ブラジル、アルゼンチン）であった。

表1－4　イギリス製日本海軍艦艇の建造企業（1870～1919年）

企　業　名	排　水　量	隻　　数	1隻平均排水量
アームストロング社	103,623t (46.2%)	14 (23.3%)	7,420t
ヴィッカーズ社	59,162t (26.4%)	5 (8.3%)	11,832t
テムズ鉄工所	27,383t (12.2%)	2 (3.3%)	13,692t
ジョン・ブラウン社	17,639t (7.9%)	2 (3.3%)	8,820t
ヤーロウ社	5,346t (2.4%)	25 (41.7%)	214t
ソーニクロフト社	2,722t (1.2%)	9 (15.0%)	302t
以上6社小計	215,875t (96.3%)	57 (95.0%)	3,787t
その他3社	8,217t (3.7%)	3 (5.0%)	2,739t
日本向け総計	224,092t (100%)	60 (100%)	3,735t

出典：福井［1994］別冊〔資料篇〕、Conway's［1979］、［1985］より算出．
注：ここで「その他3社」とは、1870年代に扶桑、金剛、比叡（いずれも初代）を建造したサミューダ兄弟社、アール造船会社、ミルフォード・ヘヴン造船会社である。

(4)　日本向け艦艇の建造業者

イギリスで日本向け艦艇がどのような企業によって建造されていたのかを概観しておこう。表1－4に示されているとおり、日本向けの建造は排水量・隻数の両面で、アームストロング社、ヴィッカーズ社、テムズ鉄工所、ジョン・ブラウン社、ヤーロウ社、ソーニクロフト社の六社に集中していた。船体だけでなく、砲・砲架・装甲板・機関なども日本向けにはこれらの企業で製造されたものが多かったから、イギリスの民間艦艇建造業とその関連分野を構成する多数の企業のうち、ごく少数が日本向け建造に関わっていたことになる。

これら六社の特質を表1－5から見てみよう。一見して、この六社の建造量に占めるイギリス海軍向けの比率がその他の企業に比して低いこと、とりわけ一八八〇～一九〇〇年代には極端に低く輸出依存型の艦艇建造業者であったことが理解されよう。殊にアームストロング社の輸出依存度は一八八〇～一八九〇年代に八～九割、ヤーロウ社では六～八割、ソーニクロフト社では四～五割と、六社以外の企業に比して極端に高い。また、アームストロング、ヴィッカーズ、ジョン・ブラウンの三社の一九〇九年までの建造量の伸びは6社以外に比べて顕著に高い。日本向けの主要六社のイギリス民間艦艇建造量に占める比率は一八七〇年代にわずか一

表1－5　イギリス民間造船企業の艦艇納入先（1880～1919年）

企業名 納入先内訳	1880年代	1890年代	1900年代	1910年代
アームストロング社	37,264t (100%)	137,025t (100%)	171,046t (100%)	224,902t (100%)
イギリス海軍	3,950t (10.6%)	30,710t (22.4%)	91,683t (53.6%)	195,367t(86.9%)
日本海軍	11,718t (31.4%)	40,959t (29.9%)	50,964t (29.8%)	－
その他海軍	21,596t (58.0%)	65,356t (47.7%)	28,399t (16.6%)	29,535t(13.1%)
ヴィッカーズ社	－	49,170t (100%)	169,079t (100%)	268,944t (100%)
イギリス海軍	－	49,170t (100%)	122,227t (72.3%)	219,171t(81.5%)
日本海軍	－	－	31,662t (18.7%)	27,500t(10.2%)
その他海軍	－	－	15,190t (9.0%)	22,273t (8.3%)
テムズ鉄工所	25,380t (100%)	46,853t (100%)	69,350t (100%)	23,145t (100%)
イギリス海軍	20,310t (80.0%)	34,320t (73.3%)	54,500t (78.6%)	23,145t (100%)
日本海軍	－	12,533t (26.7%)	14,850t (21.4%)	－
その他海軍	5,070t (20.0%)	－	－	－
ジョン・ブラウン社	13,899t (100%)	78,696t (100%)	111,433t (100%)	172,972t (100%)
イギリス海軍	8,660t (62.3%)	73,130t (92.9%)	96,233t (86.4%)	172,972t (100%)
日本海軍	－	2,439t (3.1%)	15,200t (13.6%)	－
その他海軍	5,239t (37.7%)	3,127t (4.0%)	－	－
ヤーロウ社	5,430t (100%)	6,192t (100%)	12,426t (100%)	37,642t (100%)
イギリス海軍	2,388t (44.0%)	1,397t (22.6%)	4,620t (37.2%)	30,772t(81.8%)
日本海軍	363t (6.7%)	1,725t (27.9%)	2,351t (18.9%)	907t (2.4%)
その他海軍	2,679t (49.3%)	3,070t (49.5%)	5,455t (43.9%)	5,963t(15.8%)
ソーニクロフト社	4,809t (100%)	7,660t (100%)	11,564t (100%)	46,861t (100%)
イギリス海軍	2,425t (50.4%)	4,695t (61.3%)	9,558t (82.7%)	46,458t(99.1%)
日本海軍	－	1,610t (21.0%)	1,112t (9.6%)	－
その他海軍	2,384t (49.6%)	1,355t (17.7%)	894t (7.7%)	403t (0.9%)
以上6社小計	86,782t (100%)	325,596t (100%)	544,898t (100%)	774,466t (100%)
イギリス海軍	37,733t (43.5%)	193,422t (59.4%)	378,821t (69.5%)	687,885t(88.8%)
日本海軍	12,081t (13.9%)	59,266t (18.2%)	116,139t (21.3%)	28,407t (3.7%)
その他海軍	36,968t (42.6%)	72,908t (22.4%)	49,938t (9.2%)	58,174t (7.5%)
その他企業計	100,164t (100%)	176,142t (100%)	324,773t (100%)	1,382,167t (100%)
イギリス海軍	80,970t (80.8%)	160,525t (91.1%)	321,641t (99.0%)	1,345,018t(97.3%)
日本海軍	－	－	－	－
その他海軍	19,194t (19.2%)	15,617t (8.9%)	3,132t (1.0%)	37,149t(2.7%)
民間造船企業計	186,946t (100%)	501,738t (100%)	869,671t (100%)	2,156,633t (100%)
イギリス海軍	118,703t (63.5%)	353,947t (70.6%)	700,462t (80.5%)	2,032,903t(94.3%)
日本海軍	12,081t (6.5%)	59,266t (11.8%)	116,139t (13.4%)	28,407t (1.3%)
その他海軍	56,162t (30.0%)	88,525t (17.6%)	53,070t (6.1%)	95,323t (4.4%)

出典：表1－4と同じ。

注：(1)ヴィッカーズ社およびジョン・ブラウン社の1880年代・1890年代の数値には、それぞれ造艦造兵会社およびクライドバンク社の建造量を含む。

(2)括弧内は企業別納入先内訳。

四・七％（七〇年代から戦艦を建造してきた老舗のテムズ鉄工所を除く五社では一・五％）であったのが、一九〇〇年代には六二・七％へ、イギリス海軍向け民間建造量に占める比率は一八七〇年代に六・六％（テムズ鉄工所を除く五社では一・五％）であったのが、一九〇〇年代には五四・一％へと急速に増大している。すなわち、テムズ鉄工所を除く五社はイギリス民間艦艇建造業では後発企業だったのである。前項で見たように後発企業がイギリス海軍から受注するためにはさまざまな条件を満足しなければならなかったのだが、輸出艦艇、殊に日本向け艦艇の建造が、これら六社にとっていかなる意味を有していたかを以下で検討してみよう。

6　個々の造船企業にとっての日本向け輸出の意味

(1)　アームストロング社

明治期の日本では「新城安社（ニューカッスルのアームストロング社）」、「阿社」や「安式」などの漢字表記が定着していたほどに、火器および艦艇建造業者として大きな位置を占めていたが、同社にとっても日本海軍は一八八〇～九〇年代を通じて最大の顧客であった（表1－5参照）。同社は元来はもっぱらクレーンとそれを駆動する水圧装置を製造していた(53)。クリミア戦争で旧式銃砲の性能・生産に関わる問題が露呈したのち、W・アームストロングは施条砲技官（Engineer of Rifled Ordnance）に任命され、ウリッジ工廠の改革に着手し、彼自身の設計になる新型砲を生産することとした。同工廠の生産体制が整備されるまでのつなぎとして、アームストロング社の出資者たちが同社に隣接して建設したエルズィック造兵会社が砲製造に乗り出したのは一八五九年であった。アームストロング砲は、砲弾の元込め（breech loading）方式、鋼管組合わせ（焼き嵌め）による製造法、射程、命中精度、軽量可搬性、操作性、価格などほとんどの面で、老舗ウィットワース社や工廠の旧式砲を凌駕したのだが、同時にJ・ウィットワース、H・ベッセマー、『メカニクス・マガジン』誌、さらに工廠から激しい反撃に曝された。その結果一八六三年二月にはアームストロングは公務を退き、四月にはエルズィック造兵会社は官需を失った(54)。以後、アームストロング社は砲の優位性を活かすべく艦艇建造に活路を模索するのだが、三つの問題に直面した。第一は造船施設の欠如、第二は造機施設の欠如、第三は海軍省発注の獲得であった。第一については近隣にウォーカ造船所を持つミッチェル社と提携することで当面は解消し、八二年に同社を合併し、翌年にはエルズィックに造船所を新設して解決した(55)。第二は長らく同社を悩ませ続けてきた問題であったが、第一次大戦後に砲工場の一部を機関製造に転換するまで、近隣のホーソーン・レスリー社、パースンズ舶用蒸気タービン社、ウォールズエンド船渠と、テムズのハンフリーズ・テナント社へ外注して機関を調達していた(56)。第三は本節第1項でも見たように容易に解決しうる問題ではなかった。

アームストロング＝ミッチェルの提携関係で最初に建造された軍艦は一八六八年竣工のイギリス海軍砲艦ストーンチで、以後一八七〇年代にイギリス海軍向けにアーント型小型砲艦二隻、オランダ向けに小型砲艦ヒドラ型二隻、清国海軍向けにアルファ型二隻・ガンマ型二隻・イプシロン型四隻の砲艦を建造している。艦艇建造に乗り出してすぐにイギリス海軍からストーンチを受注しえた理由として、①同艦が当時としても小型・低速かつ非装甲で技術的困難のほとんどないものであったこと、②ミッチェル社が鋼製造船の先駆的企業の一つであり、五〇年代にはイギリス海軍向けに小型輸送艦を、六〇年代中葉までにロシア海軍向けに中規模の旧式戦艦・海防艦・スループ等を建造した実績を有していたことの二点を指摘できる。とはいえ、そのミッチェル社と提携しても主契約者としてのアームストロング社はストーンチの受注から一八年間イギリス海軍からは砲艦以外の注文を得られず、ここにも後発企業の困難が示されている。

同社の軍艦で初めて注目されたのは非防護巡洋艦筑紫（一八八三年竣工）であった。筑紫は元来チリ向けアルトゥー

図1－4　アームストロング社の主な受注実績

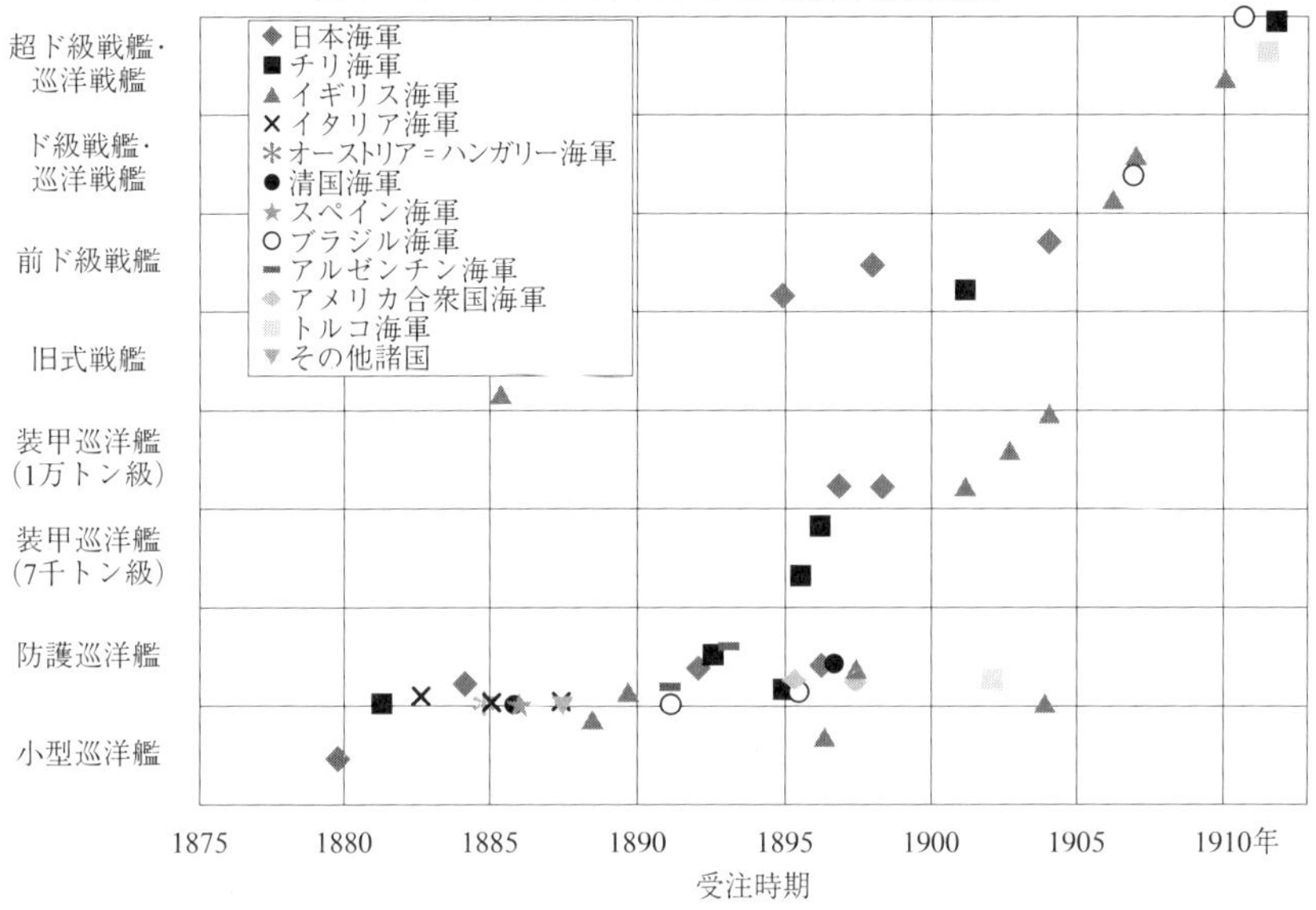

出典：Conway's [1979], [1985] より算出.

ロ・プラットとしてアームストロング社が設計・建造したものであるが、竣工以前にチリとペルーの戦争が終結したため日本に売却された。これはわずか一三五〇トンの小型艦でありながら、当時の一等巡洋艦に匹敵する一〇インチ砲を装備し、当時としては充分な高速性（一六・五ノット）と長大な航続力を有しており、巡洋艦の歴史に新たな一頁を書き加えるものであった[57]。翌年にはチリ海軍向け防護巡洋艦エスメラルダ（二九五〇トン、一八九四年日本に売却されて和泉）を、一八八五～八六年にはその攻撃力と装甲をより強化した四千トン級防護巡洋艦浪速・高千穂を日本向けに竣工させ、小型・強力・高速巡洋艦の開拓者としての地位を確立した。以後一九世紀中に世界一二カ国に同級の巡洋艦四一隻を納入したが、ほとんどが筑紫、エスメラルダ、難波・高千穂いずれかの同型あるいは改良型であった。このように、同社の軍艦建造業者としての名声の最初は日本およびチリ向けの巡洋艦によって形作られたのである。

　アームストロング社最初の大型艦は、図1－4に見られるとおり、イギリス海軍砲塔艦ヴィクトリア（一万〇四七〇トン、一八八五年起工、一八九〇年竣工）であるが、これは前ド級戦艦への転換に混迷していたイギリス海軍が半ば場当たり的かつ守旧的に設計した旧式艦で、おそらくは建艦計画を消化するために民間へ発注したのだと思われる。それゆえ、これはイギリス海軍からは実績とは見なされなかったようで、ヴィクトリアの受注から二〇年以上にわたって同社はイギリス海軍から戦艦の発注を獲得していない。アームストロング自身は一八八九年海軍国防法による建艦計画に多大の関心を示し、新たな設計思想について自説を公開するほどであったが[58]、それも発注獲得には役立たなかった。なお、一九〇四年にはイギリス海軍に前ド級二等戦艦スウィフトシュアを納入しているのだが、これは元来チリ海軍の発注で建造中であったコンスティトゥシオンを、ロシアへの転売を恐れたイギリス政府が竣工直前に輸出を差し止めて購入したのであって、海軍の発注による建造ではなかった。

したがってアームストロング社はこの後も、外国向け建造でより大型・高性能の軍艦の実績を作らなければならなかった。一八九三年に竣工した吉野は世界最高速巡洋艦の地位を一〇年間保ち続けただけでなく、四門の六インチ速射砲は日清戦争・黄海海戦で威力を発揮して、同社の実力を世界に知らしめた。その後、チリ向けエスメラルダ（II、一八九六年竣工）で七千トン級装甲巡洋艦の実績を、浅間型二隻と出雲型二隻で一九世紀末までに一万トン級装甲巡洋艦の実績を形成してのちに初めてイギリス海軍から同級艦ランカスタの発注を得ている。また戦艦の分野でも日本向けの八島と初瀬で実績を示して数年後にようやくイギリス海軍からド級戦艦スーパーブとド級巡洋戦艦インヴィンシブルを受注しえたのであった。

一八八〇年代以降、イギリスには戦艦・大型装甲巡洋艦の建造実績を持つ民間企業が、若干の消長はありながらも、常に一〇社ほどは存在していたから、アームストロング社がそこに参入するには上述のような困難を乗り越えなければならなかったのである。そこでは日本、清国、チリ、ブラジル、アルゼンチンのような新興海軍国が後発企業の実績形成に寄与したのだが、競合他社を押し退けて外国からの発注を得るためにはそれなりの「努力」が必要であったのは言うまでもない。アームストロング社の場合、すでに一八六〇年代に先進的な砲製造業者としての評価が確立していたのは有利であったが、それだけでなく、ホワイトなど海軍省技術者との人事交流を通じた技術面・人的関係面での信用の確立、(59)一八七〇年代以降の日本人技術者・職工の研修受入れと同社経営者A・ノウブルの極東での積極的な活動、(60)一八八六年以降同社代理人として日本・清国等への売り込みに活躍したデンマーク海軍退役将校ミュンターの存在など、(61)さまざまな「努力」の跡が知られている。ノルデンフェルト社やヴィッカーズ社の代理人として暗躍して古典的な「武器商人」の代名詞ともなったザハーロフほど有名ではないが、ミュンターもその確実な技術的知識と各国軍人・高官・王族との親交を活かすことのできた人物であった。彼は、日本海軍軍人や清国北洋艦隊の李鴻章のいわば非公式の技術顧問・情報提供者の役割を演じながら、さまざまな手段を用いてアームストロング社の実績形成を裏で支えたのである。

(2)　ヴィッカーズ社

ヴィッカーズ社は、アームストロング社に次ぐ大量の艦艇を日本海軍のために建造したイギリス民間企業で、「馬路（あるいは婆路、Barrow）」の「毘社」という漢字表記が与えられていた。同社は元来シェフィールドで、鋼材・鋼板・その他鋼製品を製造していた企業で、一八八〇年代後半にその事業は行き詰まりを見せていた。同社の打開策は装甲板・兵器・艦艇建造への進出で、銃砲製造企業のマクシム社の経営権獲得（一八八四年）、装甲板製造の開始（一八八八年）を経て、一八九七年にはマクシム＝ノルデンフェルト社とバロウの造艦造兵会社を相次いで買収した。(62)つまり、艦艇建造の後発企業という点でもアームストロング社と似ているが、ヴィッカーズ社の参入は三〇年も遅れていた。それにもかかわらず、同社は参入直後から第一次大戦期までイギリス海軍向けに戦艦・巡洋艦・駆逐艦・潜水艦を多数建造しており、自国海軍にアピールする実績を形成するために外国海軍の発注を獲得する必要はアームストロング社に比してはるかに低かった。このように、後発企業として順調に始めることのできた理由として、①参入時期が一八八九年海軍国防法以後の大量建艦時代で、海軍省の民間発注が常態化していたこと、②買収した造艦造兵会社が初発から艦艇建造専業の民間企業であり、すでに大型艦建造の実績を有していたことを指摘できる。

ただし、アームストロング社が民需を確保し続けた——ウォーカ造船所での商船建造が同社の造船量の大半を占めていた——のに対し、ヴィッカーズ社は総合軍需企業として経営戦略を展開したから、外国軍隊からの発注を獲得することにはアームストロング社とは異なる意味で熱心であった。武器専業企業は自国のみを顧客とするとその軍事・財政の政策や情勢に大きく左右されるから、広く外国に市場を求めて経営の安定をはかることになる。[63] 日本向け金剛（Ⅱ）に関わってザハーロフがいかなる役割を果したかについては第4章で論じられるが、ヴィッカーズ社とその代理店三井物産はのちにヴィッカーズ事件が露顕するほどに、旺盛な営業活動を行ったのである。

殊に、主力艦国産化に乗り出した一九一〇年前後の日本に——確かに当初は「船台上で『立ち腐れ』[64]」た軍艦しか建造できなかったのだが——巡洋戦艦金剛と同型の製造権まで売却することが、日本の軍艦建造の自立を促進し、それゆえイギリス民間造船業が重要な顧客を失う結果となることは当時すでに予測しえたはずであるが、それでもヴィッカーズ社が金剛の受注に狂奔した背景には、後発海軍国向けのド級艦・超ド級艦の設計・建造をめぐる世界の艦艇建造企業間の競争と、第5章で詳論するように、ヴィッカーズ社バロウ造船所の特異な位置が作用しており、ヴィッカーズ社は金剛（Ⅱ）の受注に社運をかけたのである。

一九〇六～〇七年にはブラジル海軍のド級戦艦ミナス・ジェライス型二隻をめぐってアームストロング社と折半し、一九〇八～一〇年にはアルゼンチン海軍の戦艦リヴァダヴィア型二隻をめぐってアメリカのフォア・リヴァ社に敗れていた。一九〇九～一一年にはチリ海軍のアルミランテ・ラトッレ型で多くが競う中、ヴィッカーズ社はアームストロング社と裏協定を結び、受注の半分を獲得した(65)。ド級艦時代に入って各国の建艦競争が一段と激しくなったこの時期に、ヴィッカーズ社は一九一〇年までは限られた機会を充分に活かすことができなかったのである。のちに金剛（Ⅱ）として実現する日本海軍の建艦計画はさまざまな理由からその具体化が遅れていたが、この受注をめぐってアームストロング社と協定を結びつつも競っていた。これと並行して、トルコ向けのレシャディエでもアームストロング、ジョン・ブラウンの両社と結託して外部勢力と競争し、その後にはオランダ海軍の戦艦九隻の大型計画をめぐってドイツのゲルマニア造船所およびブローム・ウント・フォス社との競争が控えていた(66)。こうした世界的な大量建艦とその受注競争の状況で、ヴィッカーズ社が「国益」より個別的利益（金剛（Ⅱ）と製造権で約二五〇万ポンドの売り上げ）を優先させたことは民間企業としては自然なことであったと言えよう。「攻勢的な武器売り込みは軍備に支出される総額を増加させたのではなく、武器市場での他社のシェアを奪うに過ぎなかった(67)」し、緊張関係にある多くの国々に武器を売りつけても戦争が終われば（少なくとも敗戦国からの）需要は減退せざるをえないのだが、そうであればなおのこと、アームストロング社もヴィッカーズ社も競争から脱落することができなかったのである。

(3)　ジョン・ブラウン社

ジョン・ブラウン社は元来ウェストライディングの製鋼・炭鉱業者であり、古くから装甲板を製造していたが、一九世紀末に製鋼業・炭鉱業が停滞する状況からの脱却をはかって、艦艇建造に乗り出した企業である(68)。装甲板と砲は艦艇建造のキーポイントであるが、いかにそれだけを供給しても海軍発注の主契約者にはなれないから、一八六〇～八〇年代のアームストロング社、一八九〇年代以降のヴィッカーズ社、キャメル社、ビアドモア社のように既存の造船所を吸収することによって艦艇建造業者としての地歩を固める企業が出現したのである。ジョン・ブラウン社も兵器生産におけるこうした前方統合の例にならい、一八九九年に取引関係のあったクライドバンク社を買収したのである。クライドバンク社は一八六〇年代からイギリス海軍に軍艦を納入した実績を有するが、いずれも砲艦や三等巡洋艦ばかりであった。最初の防護巡洋艦はスペイン向けのレイナ・レヘンテ（四七二五トン、一八八七年進水）で、続いて一八九〇年には小型ではあるが舷側水線部にも装甲を有する装甲巡洋艦千代田（二四〇〇トン）を竣工させた。同年にはイギリス海軍から戦艦ラミリーズを受注しているから、同社も外国向け建造で実績を高めた例と言えよう。とはいえ他社が一八九〇年代に複数の戦艦を獲得したのに対し、同社は同じ時期に大型艦はラミリーズと一等巡洋艦三隻のみであったから、一八九八年の戦艦朝日の受注は重要であった。朝日はジョン・ブラウン社として納入した最初の大型艦であっただけでなく、クライドバンク社がイギリス向け・外国向けを通じて手掛けた中で最大の軍艦であった。朝日竣工ののち、一九〇二年に一二年ぶりにイギリス海軍から戦艦ヒンダスタンを受注してからは同社は戦艦建造の常連企業となるのである。一九〇五年にはキャメル、フェアフィールド両社と共同出資でコヴェントリ造兵会社を設立して造砲分野へ参入して、アームストロング、ヴィッカーズに次ぐ総合武器製造業者をめざした。

(4)　テムズ鉄工所

テムズ鉄工所は一八六〇年代に一社でフランスを凌駕する商船建造量を誇り、また六〇年代にすでにイギリス海軍だけでなく、ドイツ、ロシア、スペイン、ギリシア、トルコ等の諸国にも戦艦・巡洋艦を納入していたから、後発のアームストロング社、ヴィッカーズ社、ジョン・ブラウン社のいずれとも事情は異なっていた。先発優良企業としての同社が一九世紀末に苦境に陥った原因の多くはその立地に関係している。ロンドンを含むテムズ下流域は、古くより貿易・海運の中心地であったため造船・修理需要が集中するという有利を木造船時代から確保しており、一九世紀中葉の鉄鋼造船への転換にも同地域の多くの企業は対応した。イギリス海軍の拠点がブリテン南部に集まっていたこともテムズには有利であった。ところが、一八六〇年代以降、タイン、クライドなど北部諸地域の鉄鋼造船業が成長する過程では以下のような不利が露呈した。①ロンドンと周辺地域はイギリス中で最も賃金水準が高かったが、官公需受注企業に対してその地域の相場を下回らない賃金を支払うことを義務づけた公正賃金決議が一八九一年に下院で採択されてからはこの不利は増幅された。②地代や地方税の水準も国内最高であった。③北部の多くの造船業地域とは異なり、石炭・鉄鋼などの原材料を遠隔地から輸送しなければならなかった。しかも装甲板の供給を独占した五社（第5章注⑹参照）がいずれも北部にあり、同時に艦艇建造業者でもあったため、最も高価で重要な材料の価格と納入時期を競合他社に依存するという決定的に不利な状況にあった。④タインやクライドに比して河幅が狭く混雑した状況もテムズにおける大型艦船建造を不利にした[69]。

一九世紀末以降のテムズ鉄工所は電化や労務管理などさまざまな面で経営革新の努力を続けたが[70]、不利は覆いがたく、一八八五年に旧式戦艦サン・パレイユ（砲塔艦、前出ヴィクトリアの二番艦）一隻を受注したのちは、海軍国防法に基づく建艦計画では前ド級戦艦の発注を獲得できず、かろうじて、装甲板の重要性の低い防護巡洋艦二隻を受注したのみであった。こうした状況で、一八九三年に富士を、一八九六年に敷島を日本から受注したことは、単に仕事を確保しただけでなく、他社――富士の同型艦八島を受注したアームストロング社も、敷島の同型艦朝日のジョン・ブラウン社も装甲板供給業者であった――と同等の価格・納期で前ド級戦艦を建造しうる実績を示すという意味もあった。その後、一八九六年から九九年にかけて、一〇年以上のブランクを経てイギリス海軍から戦艦三隻を受注することに成功したから、日本向けの戦艦二隻は同社の失地回復に寄与したと言えよう。だが、立地上の不利は結局は克服できず、二〇世紀に入ってからの大型艦受注は、一九〇三年の装甲巡洋艦ブラックプリンス（一万三五五〇トン）と、一九〇九年の超ド級戦艦サンダラー（二万二二〇〇トン）のみで、テムズ地域に最後まで残った老舗の大規模造船企業であったテムズ鉄工所はサンダラーが竣工した一九一二年についに閉鎖された。これ以前にサミューダ社はなくなり、ヤーロウ社はクライドに、ソーニクロフト社はサウサンプトンに移転していたから、いささか誇張するなら日本海軍の発注はテムズの造船業の延命あるいは「最後の一花」に力を与えたことになる。

(5) ヤーロウ社とソーニクロフト社

日本向けに艦艇を建造したイギリスの民間造船企業としては、上述した四社のほかにヤーロウ社とソーニクロフト社が重要である。どちらも遅れて成長した企業であるが、それは両社が水雷艇・魚雷艇や駆逐艦という一八七〇年代以降に登場した新しい艦種の専業メーカーだったからである。したがって後発企業とはいえ、後発性の意味はアームストロング社、ヴィッカーズ社、ジョン・ブラウン社などとは異なり、日本向けの建造が実績形成に役立った形跡はない。たとえば、ソーニクロフト社の最初の水雷艇は一八七四年に建造されたノルウェー向けのものであるが、その二年後にはイギリス海軍にライトニングを納入し、以後一九世紀中にイギリス及び植民地向けに二〇〇隻以上、外国に一〇〇隻以上の水雷艇・魚雷艇を納入しており[71]、日本向けはその一部であったにすぎない。逆に、日本も含めて自国でそれら小型・高速の艦艇を建造する能力を持たない場合は、これら両社およびホワイト、フランスのシュネーデル、ノルマン、ドイツのシッヒャウ等の各社に発注するほかに選択肢はほとんどなかったから、第5節(4)で見たように両社の輸出依存度は高かったのである。

7 むすびにかえて

以上見てきたように、日本は日露戦争後の主力艦国産での失敗のあと、ふたたびイギリスの技術的影響下に第一次大戦中に戦艦の国産に成功した。むろん、次章および第3章が論ずるように、このことは日本海軍が必要とする兵器を完全に国産できるようになったことを意味しない。とはいえ、最も高価な船体は完全に国産できるようになり、機関、装甲板、砲の国産化率も飛躍的に高まったから、アームストロング社やヴィッカーズ社は最も重要な海外顧客を失ったことになる。そのことは第一次大戦中の大増産の陰に隠れていたが、終戦と戦後の軍縮の過程でその効果があらわれ、両社、殊にアームストロング社は苦境に陥ったのである。

注

（1）篠原［一九八八］一六三～一八五頁参照。一八六八～一九〇〇年の日本海軍お雇い外人二一五人中国籍別に見るとイギリス人が一一八人で過半を占め、二位のフランス人六九人よりはるかに多い。

（2）艦名に付した「(Ⅱ)」、「(Ⅲ)」はそれぞれ同名艦の第二代、第三代を表す。

（3）なお、直接的な攻撃力を持たない艦船としては、一九一九年にイギリスから特務運送艦野間（一万一六八〇トン）を、一九二二年にアメリカから同じく神威《かむい》（一万九五五〇トン）を輸入したのが最後である。どちらも給油船として用いられ、後者は一九三三年に水上機母艦に改造された。

（4）石川島で建造された木造砲艦千代田形《ちよだがた》（一八六六年竣工）や横須賀製鉄所創設の例が示すように、洋式海軍力の獲得を目指した幕府と西南諸藩においてすでに国産化の試みは始まっていた。

（5）このほかに新造艦ではないが、チリから購入した防護巡洋艦和泉（一八八四年竣工、一八九四年購入、二九二〇トン）が、イギリス・アームストロング社製である。

（6）杉浦［一九七九］一八三頁。

（7）日本丸や海王丸も機関を備えていたが、建造当時から現在にいたるまでこれらは帆船（ないし機帆船・汽帆船）と呼ばれ、「汽船」とは決して言わない。これらの船の本質が帆船だからで、それが正しい用語法である。機関を備えていれば何でも「汽船」とするのは、日本語の造船史・海軍史の一部に見られる誤った用語法である。一九一一年に公刊された『日本近世造船史』は機帆船期を経験した技術者たちによって編纂されており、機帆船の帆装形式を記載している。

（8）横須賀で建造された宮内省内海御召船蒼龍《そうりょう》（一八七二年竣工）が海軍に配属された最初の国産船であるが、戦闘能力はもたなかった。

（9） 永村［一九五七］一六六～一六七頁。

（10） 厳密には、一八八〇年代に竣工した巡洋艦五隻すべて（輸入四隻と国産一隻）と、九〇年代の巡洋艦のうち七隻は帆装が可能であった。ただし、マストの高さ、数、帆の数ともに貧弱で、追い風の際の補助動力程度の意味しかもたず、向かい風方向へ間切りながら進む本格的な帆走能力は欠いていた。逆に機関室と炭庫は大きく、本来的に機走用に設計されていた。機帆船が補助としての機関を備えた帆船だとするなら、これらは補助としての帆を備えた汽船であった。

（11） 非防護巡洋艦（unprotected cruiser）は防御甲板をもたないが、舷側に炭庫を設け、船内をいくらかの水密性をもった区画に分けることで、舷側水線付近の被弾による浸水の程度を軽減することを狙った。防護巡洋艦（protected cruiser）はそれに加えて、水線下に厚さ数センチの防御甲板を設けることで船底部への浸水と弾火薬庫の誘爆を防いだ。舷側水線下に被弾しても砲弾が防御甲板を穿たない限り、被害は局限され戦闘能力はほとんど低下しないのである。装甲巡洋艦（armoured cruiser）は、甲鉄艦や戦艦と同様に、舷側水線部や砲塔側面に装甲を施して、砲弾が船殻や砲塔の内部に侵入することをそもそも防ごうとするもので、船殻の被弾穿孔を前提にした防御甲板とは発想を異にする。装甲板の厚さはしばしば数十センチにおよび、防御力が高いが、前二者に比べるとはるかに重く、また高価になる。

（12） 駆逐艦は、砲艦・巡洋艦・戦艦に共通する船体の水密隔壁構造を省いて、大出力機関を搭載し、高速性を追求した。近藤基樹・細見久登「駆逐艦水雷艇船体ノ強度ニ就テ」『造船協会会報』第七号、一九一〇年、一三～一六頁。

（13） 艦隊に随伴するには高い航続性能が必要だが、高速時用の蒸気タービンは低速の巡航時に燃費が極端に悪化するため、巡航用にディーゼル・エンジンを備えたのである。

（14） 東洋汽船向けの天洋丸（一万三四五四総トン、最高速力二〇・六ノット）。同型の地洋丸、春洋丸はそれぞれ一九〇八年と一九一一年に竣工した。

（15） 山田［一九三四］一〇二～一〇三頁。

（16） 当時の海軍用兵思想については小栗［一九〇九］、［一九一〇a］、［一九一〇b］を参照。

（17） 前ド級戦艦の嚆矢ロイアル・ソヴリンは旧式の一三・五インチ三〇口径砲を装備し、ドイツ海軍は二〇世紀初頭まで砲口初速の高い一一・一インチ砲を選好した。

（18） 艦首砲塔は真後ろの向きに旋回できても、艦橋や煙突に弾道を阻まれるから、真後ろには艦尾砲塔しか使えない。逆も同様である。なお交互打方なら同時発射は半数の二門となる。
(19) 黛［一九七七］一三七頁。
(20) ただし、砲身は三五口径から四五口径にまで長くなり、高初速となった。
(21) イギリス海軍を統括・運営する海軍本部委員会（Board of Admiralty）の武官側の首席委員（First Sea Lord）で、軍令部長（Chief of Naval Staff）を兼ねる。
(22) 横井［二〇〇〇］二〇九〜二一〇頁参照。
(23) Cuniberti［1903］. また、福井［一九九三］二七八頁も参照されたい。
(24) 砲身長が口径（一二インチ）の四五倍、すなわち五四〇インチ＝一三・七二メートルであることを意味するが、実際の砲身の全長は装薬と尾栓の分だけこれより長い。なお短銃で「四五口径」や「三八口径」は、銃身長を示すのではなく、口径がそれぞれ〇・四五インチ、〇・三八インチであることを表す。
(25) 戦艦と同等の砲を備えながら装甲を若干薄くして、大出力機関で高速性を追求する発想は、二〇世紀初頭イタリア海軍の快速戦艦レジーナ・マルゲリータに始まるが、速力を格段に高めて「巡洋戦艦」という艦種を定着させたのはイギリス海軍である。巡洋戦艦は、高速化した戦艦という性格（高速艦による艦隊行動を基本とするイギリス的用法）と、強武装を施した装甲巡洋艦という性格（巡洋艦的な単独行動にも使う日独の用法）の二つを何らかの比重で併せもっている。
(26) 『財部彪日記』海軍次官時代下、八五頁。永村［一九八一］も参照。
(27) Conway's［1985］pp. 228-229 参照。
(28) 福井［一九九二］一〇五〜一〇六頁参照。
(29) 『財部彪日記』海軍次官時代上、五〇頁。
(30) 藤井光五郎被告に対する高等軍法会議判決書大正三年九月三日（花井［一九三〇］一六四頁、なお松本和被告に対する判決書大正三年五月一九日では、三名とも出張下命は一九一〇年四月上旬のこととされている。同上書一三二頁）。
(31) Armstrong & Co. Ltd., Minute Book, 1909-1916［TWAS 130/1268］.
(32) 鹿島・香取や薩摩に装備された一二インチ四五口径砲の砲弾の砲口エネルギーを一〇〇とするなら、一二インチ五〇口径砲は一一一、一三・五インチ四五口径砲は一三一、一四インチ四五口径砲は一五二となり、明らかに大口径砲の威力は大きかった（Hodges［1981］Appendix 1, pp. 122–126より算出）。また、小口径砲弾ほど砲弾重量一単位当たりの砲弾表面積（あるいは断面積）が大きく（いわゆる二乗三乗則）、飛翔中に空気の影響を受けやすいから、長距離砲撃ではここに示した数字よりも一二インチ砲の威力はさらに小さくなる。たとえば一二インチ五〇口径砲の砲口初速は一四インチ砲より一四％も大きいが、有効射程は逆に一三％ほど短い。

（33）当日配布されたと思われる資料には、戦艦はA47からA50までの四案、装甲巡洋艦はB39からB41までの三案が、外国艦の砲塔配置図などとともに示されているが、四月一三日諮問会議では、戦艦案のA52およびA53も話題になっているから、配付資料以外にも基本仕様が何通りか検討されたものと推測される。

（34）秋山は日露戦争日本海海戦時の連合艦隊参謀、安保は旗艦三笠の砲術長で、どちらもその武勲ゆえに、番外での意見陳述を認められたものと思われる。

（35）明治四三年五月一三日付のB46案（タイプ打ち七枚、平賀文書二〇二六）。

（36）Conway's［1985］p. 114参照。

（37）ニューヨーク型の二艦はワイオミング型で見送られた一四インチ砲案を元にしている。アメリカ海軍は一四インチ砲の試射を一九一〇年一月に実施し、ニューヨーク型の案は同年三月に確定した。Conway's［1985］p. 115.

（38）ただし、そこに記された主要寸法、機関出力、主砲装備数などはのちのニューヨーク型のそれとかなり異なる。

（39）安保［一九四三］一五三頁。『加藤寛治大将伝』五五三頁にも同様の記述が含まれている。なおこの編纂会委員長は安保であった。

（40）Conway's［1985］p. 234.

（41）*Pall Mall Gazett*, 18 November 1910. このほか同日付けの *Evening News*, *The Post*, 翌日付けの *The Times*, *The Manchester Guardian* など主要紙が同文の記事を掲載しており、ヴィッカーズ社の報道発表に基づいているものと推測されるが、そこには関税問題解決を目指す日本政府への配慮もうかがわれよう。

（42）「内地製艦主義抛棄に非ず 海軍一当局談」『東京日日新聞』一九一〇年一一月二三日、「内地製艦と造船所」『時事新報』一九一〇年一一月二三日。

（43）「内地製艦主義抛棄理由 某海軍中将説」『東京日日新聞』一九一〇年一一月二二日、「軍艦外国注文」『東京日日新聞』一九一〇年一一月二三日。

（44） Conway's [1985] p. 229. 一九一〇年春から秋にかけて検討された新型戦艦案Ａ47～56以降、扶桑の原案Ａ64にいたる過程に、日本海軍はヴィッカーズ社から金剛の設計書・計算書を入手し、多数の技師を同社へ出張させて、超ド級戦艦の基本概念をヴィッカーズ社技術陣から習得した。

（45） 一九〇八年竣工の天洋丸のタービン機が一万九〇〇〇馬力、一九一二年竣工の戦艦摂津が二万五〇〇〇馬力に対して、金剛型は公称六万四〇〇〇馬力、最高速力時の実出力は七万八〇〇〇馬力であった。

（46） 「金剛及霧島電気装置ニ関シ京都帝大総長ヨリ照会ノ件」大正五年四月、『公文備考大正五年艦船一五止』。

（47） 石井［一九九四］三〇頁参照。

（48） 造船協会［一九三五］五二頁。

（49） Pollard & Robertson [1979] p. 211 参照。

（50） 具体的な数値は小野塚［一九九八］一五六頁の表3を参照されたい。

（51） イギリスの艦艇建造業全体から見た場合に、日本向け建造が、ベルヴィル・ボイラー、一二インチ四五口径砲、一四インチ砲（第5章参照）など、イギリス海軍がまだ採用していない新技術の実用の機会であった点については、小野塚［一九九八］一六〇～一六一頁を参照されたい。

（52） Pollard & Robertson [1979] pp. 211–212 参照。

（53） Jeremy [1984–86] Vol. I, pp. 68–69, および Warren [1989] pp. 9–11 参照。

（54） *Ibid.*, pp. 13–17.

（55） *Ibid.*, pp. 21–25.

（56） *Ibid.*, pp. 138–143.

（57） なお、ミッチェル社が清国向けに建造した防護巡洋艦超勇（Chao Yung）型二隻（一八八一年竣工）は筑紫とほとんど同一の設計で、筑紫より二年早いが、アームストロング社が主契約者となって納入した巡洋艦としては筑紫が最初である。Conway's [1979] p. 396 参照。

（58） Armstrong [1889] 参照。

(59) Pollard & Robertson［1979］pp. 216–221 参照。
(60) Conte-Helm［1989］ch. 2, Checkland［1989］ch. 10 参照。
(61) 長島「1995」参照。
(62) Jeremy「1984–86」Vol. V, pp. 622–627 参照。
(63) Sampson［1977］pp. 47–55（大前訳六五～七五頁）, Trebilcock［1977］pp. 121–124 参照。
(64) 室山［一九八七］一二二七頁。
(65) Conway's［1985］p. 404, p. 401, p. 408.
(66) *Ibid.*, p. 391, p. 366.
(67) Sampson［1977］p. 53（大前訳七二頁、ただし訳文は小野塚）.
(68) Jeremy［1984–86］Vol. I, pp. 475–477, および Peebles［1987］ch. 5 参照。
(69) Pollard & Robertson［1979］p. 64, Parkinson［1960］pp. 7–8 参照。
(70) *Ibid.*, p. 121, および小野塚［一九九三］二〇三、二〇九頁参照。
(71) Jeremy［1984–86］Vol. 5, p. 515.

第2章　イギリス兵器産業の対日投資と技術移転——日本爆発物会社と日本製鋼所——

本章では、イギリス兵器産業の対日投資により結実した日本爆発物会社（海軍用火薬製造）および日本製鋼所（大砲およびその素材製造）について、その設立発展過程を特に日英関係に留意しながら検討する。

1　日本爆発物会社の設立と海軍火薬廠への継承

まず海軍用火薬の国産化過程においてきわめて重要な役割を担った日本爆発物会社の設立と海軍火薬廠への継承について明らかにする（図2－1参照）。

第二次大戦前の海軍用火薬供給の中心的担い手であった海軍火薬廠（神奈川県平塚市）[1]の歴史については一般にあまり知られておらず、特にその前身にあたる日本爆発物会社についてはイギリス法人（The Japanese Explosives Company Limited）で資料的に不詳だったことが起因してか、ほとんど未解明である。[2]しかし同社は、日英同盟のもと日本海軍とイギリス兵器火薬会社との全面的な協力関係に基づいて設立されたという点で次節で検討する日本製鋼所と共通する事情があり、大変注目される。

なお、同社の名称については資料表現上はさまざまである。詳しくは後述するが、設立当初の日本での登記上の名

図2－1　日本爆発物会社・海軍火薬廠変遷図

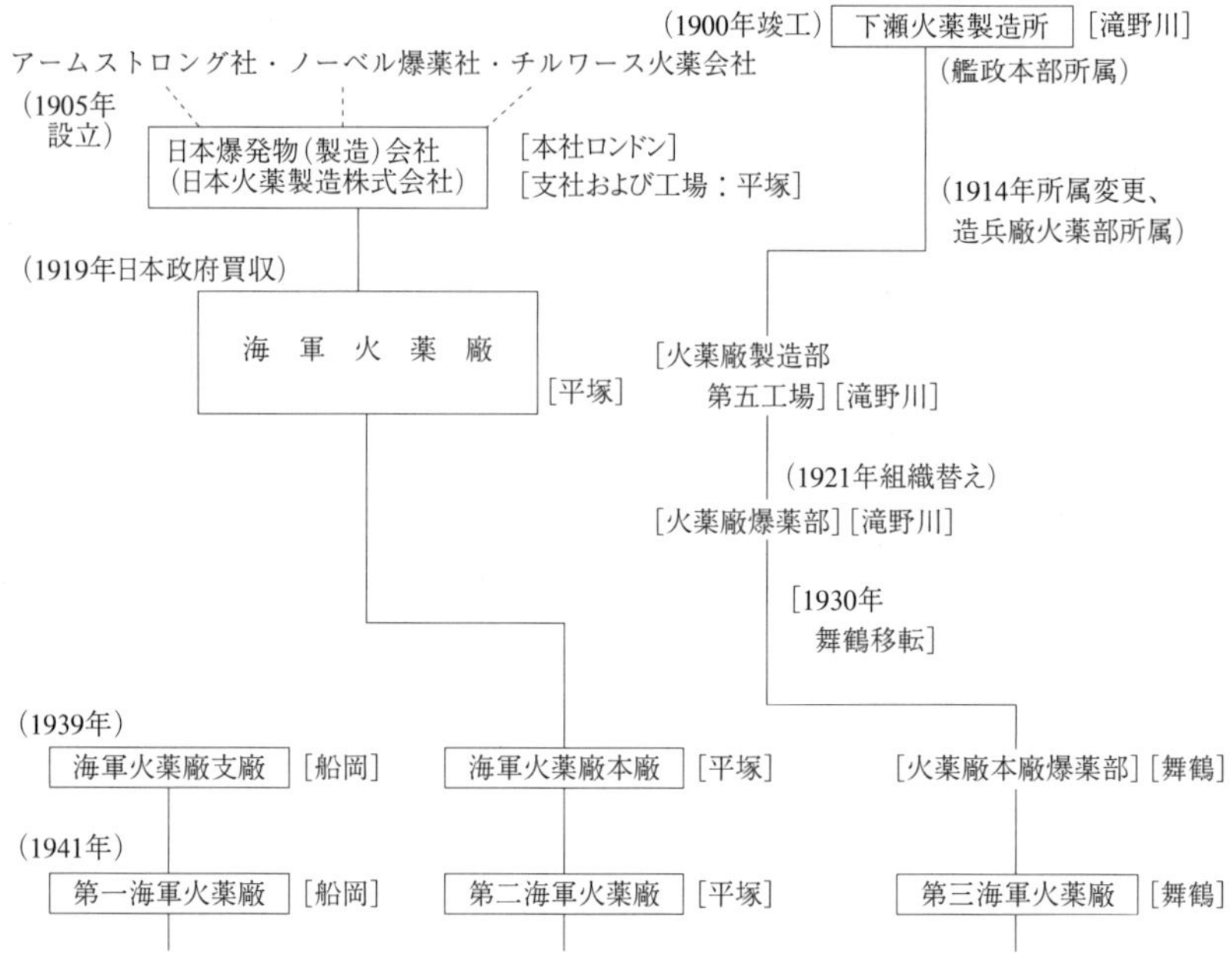

出典：千藤［1967］、平塚市中央図書館［1993］、等より作成。
注：点線は出資関係を表す。

称である日本火薬製造株式会社、イギリス法人名称のカタカナ表記、平塚近辺での通称「アームストロング」などであるが、以下本節では、断りなき限り比較的一般的な日本爆発物会社または日本爆発物製造会社を使用し、イギリス側株主との関係やイギリス法人を意識して使用する場合は「JE社」と呼ぶこととする。

(1)　海軍用火薬（砲用発射薬）のイギリス依存

日本海軍用の火薬としては日露戦争に威力を発揮した下瀬火薬が夙《つと》に有名であり[3]、爆薬（炸薬および爆破薬）については比較的早期に国産化を実現したが、発射薬の国産化は立ち遅れた。日露戦争を戦った日本海軍は軍艦・大砲・火薬（砲用発射薬）のほとんどを同盟国イギリスに依存したが、いずれも日露戦争を契機として国産化の緊要性を痛感し、その実現を企図した（第1章および本章第2節をも参照）。ここでは、日露戦争に至る海軍の火薬（砲用発射薬）使用状況および調査検討状況についてごく簡単に述べておく。

日清戦争に先立ち、陸海軍ともに黒色火薬系より威力が強く使いやすい無煙火薬に着目してヨーロッパに調査団を派遣しつつ調査研究を行い、海軍では無煙火薬調査委員会の検討結果を経てコルダイト（コーダイト［cordite］、紐状無煙火薬）が最優秀との結論を得た。[4] しかしながら、海軍が実際に日清戦争で使用したのはほとんど黒色火薬および褐色火薬であって（陸軍は黒色火薬のほかに国産無煙火薬も一部使用）、無煙火薬を搭載したのはイギリスから購入した軍艦吉野だけであった（通称マークワン、略称ＭＫＩと呼ばれるコルダイトを搭載）。[5] 一八九七年からは陸海軍共同で砲用無煙火薬の研究が行われ、海軍からは楠瀬熊治造兵大技士（後海軍中将、初代海軍火薬廠長）らが参加した。その後、海軍は楠瀬らが陸軍製帯状火薬に改良を加えて海軍砲用に適合すべく考案した帯状火薬六種を制式に採用した（一九〇三年）。日露戦争では無煙火薬が広く使用され、陸軍では国産の無煙火薬を用いたが、海軍ではイギリスから輸入した無煙火薬を使用した。主力艦がほとんどイギリス製で、艦載砲もほとんどアームストロング砲などのイギリス製のため、発射薬も当時海軍砲用として最も優秀とされたイギリス製コルダイトを全面的に採用したのである。[6]

(2)　イギリス兵器火薬大企業の再編提携

ところで、一九〇〇年頃のイギリス化学工業はすでにドイツさらにはアメリカ化学工業の急速な台頭によって脅かされつつも無機化学品においてはなお絶対的地位を占め、塗料・火薬・医薬品などの分野では競争力を保っていた。特に火薬については、ノーベル爆薬社中心のノーベル・ダイナマイト・トラスト（一八八六年成立、ＮＤＴ）が国内市場を支配していただけでなく、後述のごとく国際カルテルの中でも強力であった。[7] ブラナー・モンドなどアルカリ製造会社にとって発達しつつある日本市場は魅力的であったとはいえ、いまだ小さく遠い存在であったのに対して、ノーベル爆薬社などの爆薬メーカーにとっては、日本海軍という直接的で急速に拡大する市場があり、しかも、それはとりわけイギリス技術に依存するという点で大いに期待されるものであった。ノーベル爆薬社はすでに一八八九年にコルダイトを発明していたが、九九年には当時軍用発射薬としてコルダイトを採用する国が少ない中で日本海軍から大量のコルダイトの受注を受けた（製造に二年間を要するほど）[8]。以後、ノーベル爆薬社は日本海軍が必要とするほぼ全量の火薬（ＭＫＩおよびＭＤ［モディファイド・コルダイト］）を提供することとなる[9]。

当時イギリス爆薬産業は再編過程にあったが、注目すべき動きは次の二点である。一つは英独爆薬企業間の提携関係の進展であり、他の一つは大砲製造メーカーとの提携である。

前者について言えば、ノーベル爆薬社はイギリス最大手の爆薬製造会社であるが、同社自体が英独にまたがるＮＤＴの主力会社の一つであり（ドイツ側はディナミト社など）、しかも、フランス・スペイン・スイス・イタリアに投資していた持株会社ソシエテ・サントラール・ド・ディナミトとも友好関係にあった。そして、ＮＤＴとドイツの発射薬メーカーとは緊密な利益分割協定を結んでおり（一八八九年）、この協定が以後一九一四年に至るまでの英独爆薬産業発展の鍵と言われる程重要な意味を持った。すなわち、アメリカ市場を除く世界市場での競争に打ち勝つ基礎を築き、その基礎の上に一八九七年にはヨーロッパとデュポン指導下のアメリカの爆薬業者が協定を結び、一九〇七年までには英独連合と米国デュポン社とにより世界爆薬産業は二分された[10]。

後者の爆薬メーカーと大砲製造メーカーとの提携関係は、前者の英独爆薬企業間の提携とも次のごとく複雑に絡み合っていた。

大砲製造メーカーと爆薬メーカーとはイギリスで最も古い火薬会社で軍用火薬製造のエキスパートであるチルワース火薬社を通じて密接なリンクを形成していたが、チルワース火薬社はドイツ火薬産業グループ（パウダーグループ）のイギリスにおける「前哨地点」とでも言うべきものであった。すでに一八八五年にドイツ火薬大企業のケルン＝ロットヴァイル火薬製造所（以下ＫＲ火薬社と略）がチルワース火薬社を支配下に置き、その直後にチルワース火薬社はアームストロング社と協定を結び（それにより後者はすべての軍用火薬を前者から調達）、さらに九二年にはマクシム＝ノルデンフェルト社とも同様の協定を結んだ（九七年のヴィッカーズ社によるマクシム＝ノルデンフェルト社合併にともないヴィッカーズ社との協定として継承）。チルワース火薬社は九二年には無煙火薬工場を設立していたが、爆薬メーカーはアームストロング社やヴィッカーズ社が自ら発射薬製造に乗り出そうとする動きに強い懸念を抱き、チルワース火薬社およびドイツＫＲ火薬社はアームストロング社およびヴィッカーズ社に対してチルワース火薬社の株式譲渡などによる提携強化を模索した。その結果、一九〇〇年に次のような新たな提携関係が合意された。ヴィッカーズ社はチルワース火薬社の株式四〇％を取得し（残り六〇％はＫＲ火薬社が所有）、チルワース火薬社に会長を含む二人の取締役を派遣し、チルワース火薬社から発射薬の優先的購入権を得るとともに（チルワース火薬社から購入できない場合はノーベル爆薬社から購入）、ヴィッカーズ社自身は爆薬製造には関わらないこととなった。また、ドイツＫＲ火薬社はノーベル爆薬社およびチルワース火薬社に対する軍用爆薬製造に必要な情報提供に同意した(11)。

日本爆発物会社（ＪＥ社）設立の背景には、このようなチルワース火薬社（背後のドイツＫＲ火薬社）をめぐるヴィッカーズ社・ノーベル爆薬社との緊密な連携関係（「ＮＤＴ・パウダーグループ連合」もしくは「ヴィッカーズ・ノーベル・チルワース・コネクション」）が存在していたことが重要な意味を持つ。

(3)　日本爆発物会社（ＪＥ社）設立契約

前述のごとく、日本海軍によるコルダイトの制式採用以来、その需要は増加しつつも、日露戦争においてもそのほとんどすべてはイギリスからの輸入に依存していたため国産化の必要性が痛感され、日本国内に火薬製造所を新設す

コルダイト（紐状無煙火薬）の製造検査

ノーベル爆薬社アーディア工場で日本向けコルダイトの製造検査を行っている日本海軍検査官（羽織袴姿！）
出典：Nobel's Explosives Co. Ltd. [1908], p. 37.

べきとの議論が海軍部内において急速にわきおこった。そして、海軍次官斎藤実（海軍中将）が閣議稟請文草案をしたため、それを受けた海軍大臣山本権兵衛（海軍大将）の請議（一九〇五年六月六日）に基づき閣議決定がなされた（翌七日）。その際、明確に「本事業ニ最モ堪能ナル外国人若クハ外国法人ヲシテ海軍用火薬製造所ヲ本邦内ニ設立セシメ」るとの基本方針が示されていたことが注目される(12)。

そして閣議決定の翌日（六月八日）、艦政本部長を兼務する斎藤実が日本政府を代表し、ノーベル爆薬社、チルワース火薬社およびアームストロング社の三社（以下三社）を代表したアンドルー・ノウブル（アームストロング社会長）と以下のような内容の契約を締結した(13)。

Ⅰ、日本政府は主として日本海軍の需要に応ずる爆発物製造工場を日本国内に建設するための措置を確実に遂行する（第一条）。

Ⅱ、三社はイギリス内に登記する一会社を設立する。その会社はコルダイトその他の爆発物を製造する一工場を日本国内に建設・維持するために一支社を日本に置く。支社および工場の設立・建設および操業は日本の法規に従う（第二条）。

Ⅲ、日本政府は工場建設用の敷地等を無償で提供する（第三条）。

Ⅳ、工場建設に必要な土地が会社に引き渡されてから三年以内にコルダイト年産三〇〇トンの製造工場を完成する。ただし、不可抗力の場合は延長措置をとることがある（第四条）。

Ⅴ、日本政府は、工場完成後、通常のコルダイトおよびＭＤコルダイトに関して、予算の範囲内で毎年必要な措置を講じ、また、安定的な雇用確保のもとに工場操業を行うために四半期ごとに詳細な注文（正確な組成・サイズ等）を発するものとする（第五条）。

Ⅵ、日本政府海軍に供給されるすべてのコルダイトは、イギリス政府採用の検査規則に則り日本政府検査官の検査を経るものとする（第六条）。

Ⅶ、本契約期間は上記要件の工場の正式操業開始以降一〇カ年とする。契約期限満了に際して、日本政府はその製造工場を原価で買収するか、あるいは相互の協定により本契約を延長するかのいずれかを選択するものとする。前者の日本政府買収の場合、三社はその製造工場を完全に良好な操業状態で引き渡さなければならない（第二三条）。

他にコルダイトの価格、品質、原料等の詳細な取り決めがなされている（第二九条まで）(14)。

本契約は形式的にも内容的にも注目すべき諸特徴を有している。

まず、形式的には、イギリス側契約当事者はアームストロング社（会長Ａ・ノウブル）であり、同社が三社を代表するかたちで日本政府（斎藤実海軍艦政本部長）と契約を締結していることである(15)。契約に至る交渉過程を示す資料が見あたらないので詳細は定かではないが、日本側は当初からアームストロング社を交渉相手としていたようである(16)。

前述のごとく日露戦争までに日本海軍が使用した火薬（砲用発射薬）はほとんどノーベル爆薬社製のものであったに

もかかわらず、日本海軍にとってイギリス兵器会社の代表格とも言うべき存在はアームストロング社であり（軍艦・大砲等の輸入・使用状況を想起されたい）、同社が前述のようなイギリス兵器会社・爆薬会社間の提携関係のもとで、日本側との窓口となって取りまとめ役をはたしたものと思われる。

次に内容的な諸特徴を列記すると以下のごとくである。

もっぱら日本海軍の需要に応ずる目的を持った爆発物製造工場を日本国内に建設するためにイギリス兵器火薬会社三社の全面的協力を得ていること。手続き的には三社出資の新会社をイギリスで設立登記し、その支社および製造工場を日本国内に設立・建設するというかたちを取り、後者は日本の法規に従うものとしたこと（後述のごとく登記も日本で）。工場操業開始一〇年後の日本政府（海軍）による原価買取り条項を当初から挿入していること。しかも契約延長による継続のいずれかを選択できるようにしていたこと。つまり、イギリス側三社の資本を得て工場を建設し、製造開始後十年間の技術移転完了を見込んでいる。と同時に技術移転未完了の場合のリスクをも考慮していると判断できるので、この契約内容自体は日本側に有利なものとして注目される。

なお、前記契約書の中で、日本政府は契約締結から二四カ月間に一二五〇トンのコルダイトの発注を三社に対して行っており（契約書第二四条［第二五条では一二五〇トンを越えるコルダイトおよび他の火薬発注の場合についても規定］）、これを受けて三社間では、ノーベル爆薬社及びチルワース火薬社が受注を引き受け、アームストロング社に対して受注額の九％に当たるコミッションを支払う旨の協定を結んでいる（一九〇六年二月）[17]。

そして、同時に、アームストロング社は三社を代表してＪＥ社とあらためて契約書を締結して、設立契約書で合意されたほとんどすべての事項をＪＥ社に委ねるかたちをとっている（設立契約書第二四条・二五条関係については別個に協定を結んだので除く）[18]。

(4) JE社役員と株主

前述の設立契約に基づき、一九〇五年一二月五日、ロンドンにJE社は設立登記された[19]。資本金は一〇万ポンド、設立当初の取締役は以下の七名である[20]。

A・ノウブル、R・W・アンストゥルザー（ノーベル爆薬社取締役）、T・ジョンストン（ノーベル爆薬社総支配人）、J・H・B・ノウブル、S・W・A・ノウブル、E・クラフトマイアー（チルワース火薬社専任取締役）、T・G・タロック[21]（チルワース火薬社取締役）。

つまり、JE社取締役は、アームストロング社から三名（ノウブル父子）、ノーベル爆薬社から二名、チルワース火薬社から二名出ている。社長には設立当初からアームストロング社会長のA・ノウブルが就任していたが、注意しておくべきことは、会社定款および役員登記上はA・ノウブルが「名誉社長」（Honorary President）と記されており、アンストゥルザーが「会長」（Chairman）と記されていることである[22]。

なお、これら取締役中、一九〇九年六月までにジョンストンは（死亡により）F・J・シャンド（ノーベル爆薬社総支配人）へ、一五年六月までにクラフトマイアーはE・ケイへ交替し、所有株式名義（名義借り、後述）も変更されている[23]。また、一五年一〇月のA・ノウブル死去（一〇月二二日）に伴い、一旦JE社社長は空席となったが[24]、のちにノーベル爆薬社支配人のH・マックゴワンが社長に就任した[25]。

ところで、前述のごとく会社資本金は一〇万ポンド（一株一〇ポンド、一万株）だが、三社の出資比率は、アームストロング社二〇％、残り八〇％をNDT・パウダーグループ連合（「ヴィッカーズ・ノーベル・チルワース・コネクション」）が負担したとされており[26]、後者の内訳についてはノーベル爆薬社六〇％、チルワース火薬社二〇％との記述もある[27]。

しかし、会社設立直後（一九〇六年一月）に登記された株式分担額によれば、アームストロング社四四〇〇株、ノーベル爆薬社三六〇〇株、チルワース火薬社二〇〇〇株である（いずれも取締役名義貸分を含む）[28]。つまり、実際の持株比率はアームストロング社四四％、ノーベル爆薬社三六％、チルワース火薬社二〇％である。

JE社設立当初の払込額は十分の一の一万ポンドであり[29]、その後も一九〇九年までには全額払込みには至らなかった模様である[30]。しかし、一九一〇年六月時点にはすでに全額払い込まれていることが確認されるとともに、出資者三社の持株比率も一九〇六年当時とまったく変わっていないことが明らかとなる[31]。そして、一九一五年六月時点でも資本金額は同一で、会社設立以来株式公開は一切なされていないので、持株比率にも変化はない[32]。つまり、JE社設立以来、資本金は一〇万ポンドで変わらず（一九一〇年までに全額払い込み）、出資比率も少なくとも一九一五年まではアームストロング社四四％、ノーベル爆薬社三六％、チルワース火薬社二〇％と一貫している（後述のごとく会社解散に至るまでには変動が見られる）。

JE社の出資比率がアームストロング社二〇％とすれば、その割には取締役人数の割合も多く（七分の三）、社長も同社会長のA・ノウブルが就任していることはやや不自然であるが、同社が日本海軍との緊密な関係によって三社の仲立ちをしたことに起因するものと理解できなくもない。しかし、実際には同社の出資割合も三社中最大で、実質的にも三社を束ねる役割をはたしたことが明らかとなったと言えよう。

しかしながら、さらにこの背後には、前述のような英独火薬産業大企業関係の提携関係のもとに、アームストロング社とドイツKR火薬社との間に次のような協定（一九〇八年六月）[33]が結ばれていたことにも注目しておこう。

KR火薬社はアームストロング社所有のJE社株式中二四〇〇株（一株一〇ポンド）を応募引受け、全額をアームストロング社に支払う。そして、KR火薬社はアームストロング社を以下の条件で代理人として指名する。

①アームストロング社はKR火薬社よりJE社の前記二四〇〇株（一株一〇ポンド）の預託を受けるが、KR

火薬社はいつでもこの預託関係を打ち切る権利およびアームストロング社に前記二四〇〇株のうちの何株でも自社への名義変更を要求する権利を有する。
②アームストロング社はＫＲ火薬社に対して前記株式に関連して受け取る配当および報酬を速やかに支払い、また、株式所有者として得ることができるどんな利益をも移管する。アームストロング社はＫＲ火薬社に関する配当、報酬その他あらゆる利益を受ける委任状をＪＥ社に対して有する。
③アームストロング社は前記株式に関するＫＲ火薬社のあらゆる議決権を行使し得る。
④ＫＲ火薬社はアームストロング社に対してこの預託関係に関連して発生する可能性のある損失等を補償する。
つまり、ＪＥ社株式一万株中のアームストロング社引受け株四四〇〇株のうち二四〇〇株は実質的にはＫＲ火薬社が出資していたのである。たしかにアームストロング社はこの預託関係に基づきＪＥ社に対してはＫＲ火薬社出資分（二四〇〇株）の権限を付加的に行使しうる立場にあった。しかし、ＫＲ火薬社は、前述のごとくチルワース火薬社に対する支配権を有しており（株式六〇％所有、残り四〇％ヴィッカーズ社所有）、当時の複雑な英独火薬産業大企業のネットワークのもとでは、むしろＮＤＴ・パウダーグループ連合（もしくは「ヴィッカーズ・ノーベル・チルワース・コネクション」）との関係が緊密であった。ＪＥ社に対する出資関係について、アームストロング社二〇％、ＮＤＴ・パウダーグループ連合（もしくは「ヴィッカーズ・ノーベル・チルワース・コネクション」）八〇％とする理解は、おそらくこうした関係が背景となって生じたものと思われる。

いずれにせよ、当時の複雑な英独兵器火薬産業大企業間の提携関係のもとで、ＪＥ社に対する出資関係をめぐってこのようなアームストロング社とドイツＫＲ火薬社との間の協定合意がなされていたということは、ＪＥ社を通ずるアームストロング社と「ＮＤＴ・パウダーグループ連合」（もしくは「ヴィッカーズ・ノーベル・チルワース・コネクション」）との提携関係のよりいっそうの強化として注目される。

(5) 日本支社（平塚工場）――日本語名称・スタッフ・操業――

前述のごとくJE社は一九〇五年一二月五日にロンドンに設立されたが、日本支社は同月七日付で「日本火薬製造株式会社」支店として神奈川県平塚に設立登記された。JE社の日本語名称は日本爆発物㈱または日本爆発物製造㈱が比較的使用されているが[34]、設立当初の登記上の名称は日本火薬製造㈱であったという事実[35]にまず注意しておきたい。

ところで、前述の海軍省とイギリス兵器火薬会社三社との契約後、JE社設立および日本支社設立登記までに半年を要しているが、それはその間に海軍による製造所立地選定と用地買収が行われ（一九〇五年一〇月調印）、平塚の地に広大な用地を得ることを待って、会社・支社の設立という手続きをふんだためと思われる。製造所立地として平塚が選ばれた理由は、京浜に近く原材料や製品輸送に鉄道が利用できること、用地に御料地が含まれていて買収費が安価であること、また地下水が豊富で水質が良いこと、付近より労働力が得やすいことなどが指摘されている。また、製造所用地は、下付された御料地、比丘尼御林跡地を中心に、買収された土地を含めて中郡平塚町約八万坪、同大野村約三〇万坪、合計三八万坪（一二五万六二〇〇平方メートル）におよんだ[36]。

さて、JE社の当初の日本における登記上の名称は日本火薬製造㈱からのち（一九一四年五月）に日本爆発物㈱に改称されたと言われる[37]。同時にJE社の英文名称も変更されたとの記述もある（'The Japanese Explosives Manufacturing Co. Ltd.' から 'The Japanese Explosives Co. Ltd.' への変更）[38]。しかしながら、これらの指摘は大いに疑問である。

というのは、まずJE社の英文名称は、筆者が見た限りの英文資料では当初から一貫して 'The Japanese Explosives Company Limited' であった[39]。しかもJE社の日本での会社名変更記事およびのちに日本政府（海軍省）へ継承される際の公告記事のいずれも会社名は前記英文名称のカタカナ表記であって[40]、日本爆発物会社という名称はいっさい見出されない[41]。

以上のことから、一九一四年五月に会社名の変更登記をしたのは日本語名称だけであって、それは日本火薬製造㈱から英文名称のカタカナ表記に変更登記したものと推察される。そして、日本爆発物（製造）会社という名称は元々正式名称ではなく、登記上の英文名称カタカナ表記は定着しにくかったため、それにかわって、英文名称の日本語訳（漢字表記）として次第に一般化したものと考えるのが妥当ではなかろうか[42]。

なお、本節の最初にも言及したが、平塚近辺ではJE社（日本爆発物会社）平塚支社（もしくは平塚工場）のことを通称「アームストロング」と呼ぶことが多かったというが[43]、それは、前述のごとくJE社取締役にはアームストロング社役員が多く就任していて（特に社長が同社会長のA・ノウブル）、また、後述のごとく、おそらく日本海軍との関係からも同社派遣役員がJE社平塚支社代表の役割をもはたしていたためと思われる。

ところで、JE社平塚工場（製造所）のスタッフについては、不明な点が多く、文献資料により記述が異なるが、概要は以下の通りである。

まず、工場建設の指導は当初ノーベル爆薬社アーディア製造所派遣のカリーが工事監督、ウィルソンがその補助に当たったが、その後両人とも帰国し、一九〇七年一一月にはコッバーンが後任として工場建設の完成を期した[44]。この間、海軍省からは海軍技師市岡太次郎が派遣され、「日本火薬製造会社新設に参与した」という[45]。

操業当初のイギリス人の役割分担は次のとおりであった。

工場支配人、J・M・バー（一九〇八年ノーベル爆薬社アーディア製造所派遣）。紐状火薬の九〇％は同人の監督のもとに製造された。

主任技師兼工場支配人［建築担当］、F・V・ウォーカー（陸軍大尉）。製造所創設に参与し、設備拡張を直接監督した［機械担当、ピース］。

実験所監督、J・S・ウォーカー（一九〇八年ノーベル爆薬社アーディア製造所派遣）、［次席、ブレーヤー］。会計係、W・ハーヴェー。

これらの人々を含めて当初二三名程のイギリス人が製造管理に当たった(46)。

このように、専門的技術者は主としてノーベル爆薬社アーディア製造所から派遣されていた。ノーベル爆薬社資料においても、工場の設計・建設・職員配置は自社の熟練製図工・技師・化学者によって行われたという(47)。しかしながら、工場（製造所）ないし平塚支社のトップはやや複雑な関係にあった模様である。

すなわち、「工場支配人」とは別個にJE社「平塚支店代表者」がおり、初代支店代表者はW・F・ペーチであったが、一九〇六年九月にはE・L・D・ボイルに交替した。ボイルは、次節で詳しく述べるように、アームストロング社日本駐在員であり、日本製鋼所設立に際しては山内万寿治海軍中将の依頼を受けてアームストロング社本社との連絡を担う重要人物である。そして、〇七年一二月には平塚支店代表者としてもう一名追加され、「ジョン・エー・コーバールン」なる人物が選任されている（前記の工場建設指導者として一一月に赴任した「コッバーン」とおそらく同一人物と思われるが確証は得られない）。さらに、一〇年三月には、コーバールンは留任しているが、新たにバイスコッフが選任されている(48)。つまり、バイスコッフがボイルと交替したものと思われる。

一説には、会社のトップは「支配人」で、支配人は複数おり、「一名は平塚工場全体の業務を掌握統率し、他の一名は主任技師兼工場長として、火薬製造作業の指導監督に任じていた」と言う(49)。しかし、文献資料によっては「支配人」なる名称で「平塚支店代表者」を指していると思われる場合がある。たとえば、前記の支店代表者バイスコッフが「工場支配人」と表記され、一四年には「フランセス・ブルカイ」に替わり、さらに一七年にはピースに交替したという(50)。しかし、「フランセス・ブルカイ」なる人物はおそらくアームストロング社から平塚に派遣されていた「フランシス・マルケイ」のことを指しているものと思われること(51)、また、日本爆発物（JE社）平塚製造所の最後の察される。

「支配人」となったピース（レオナード・T・ピース）は登記公告記事では「会社（在日本）代表者エル・テー・ピース」と表記されていることをも考え併せると、「平塚支店代表者」も一般的には「支配人」と呼ばれていたものと推察される。[52]

以上から総合的に判断すると、以下のようになる。

JE社平塚支店代表者は当初一名であり、〇七年一二月以降二名となった。ともに「支配人」と呼ばれることもあったようだが、うち一名は対外的に会社を代表する役割を担い（会社登記上の平塚支店代表者で海軍との連絡役も担当したと思われる）、多くの場合、アームストロング社派遣員が就任していた。他の一名の「支店代表者」は「平塚工場全体の業務を掌握統率」する「工場支配人」であり（総支配人的）、多くの場合、ノーベル爆薬社派遣員であった。場合によっては、前記のごとく「主任技師兼工場長として、火薬製造作業の指導監督」にあたる現場監督的人物が「支配人」と呼ばれる場合もあった（その人物も多くの場合ノーベル爆薬社派遣員であったと思われる）。

さて、平塚工場の建設は、当初用地買収（御料地以外の用地買収）や設計変更などで多少手間取ったが、[53]一九〇七年末には第一期工事が完成し、[54]翌〇八年一〇月下旬には火薬の試験品を製造、一二月には正式にMKI紐状火薬（マークワン）およびMD紐状火薬（モディファイド・コルダイト、略称MDC）の製造を開始した。[55]

一九一〇年八月には海軍当局と追加契約を結び、製造所（工場）内に硫酸凝縮場、アセトン回収場を拡張し、さらに紐状火薬乾燥室二カ所を増設した。[56]

これに先立ち日本政府（海軍）は、JE社に対して年産三〇〇トンから五〇〇トンへの増産を要請するとともに年七〇〇～八〇〇トンの発注を口頭約束していた。JE社主要株主のアームストロング社は、拡張費（六万ポンド）は収入から賄われるとし、全体としてJE社の現況および将来見通しは良好と評価していた。[57]

工場拡張の結果、従業員は一九一三年には当初の約二倍となった。一四年一二月には綿火薬乾燥にイギリス式圧搾機（ブロックプレス）を備え付け、一六年には乾燥室内諸装置を変更して製造作業を簡易にし、かつ安全度を高めた。また、一五年一一月には過熱器を新設して危険地域内建造物の暖房能率の向上を図るなどの増設改良工事を行った。一八年以降には、日本海軍の要請に基づき、新安定剤「ヤラヤラ」（一三年に楠瀬熊治［当時海軍造兵総監］らにより研究開発）を配合した「二年式紐状火薬（C_2）」および「二年式管状火薬（T_2）」を製造した。[58]こうした事実は、JE社時代においても日本海軍との密接な協力のもとに技術開発がなされていたこと、そして、海軍火薬廠への継承前にすでに火薬（砲用発射薬）製造の技術移転が基本的になされたものと評価できよう。技術者の養成過程など資料的には不詳だが、JE社平塚工場は、日本海軍所要の火薬を製造しただけでなく、職員の養成も終了したと高い評価を得ている。[59]火薬製造原料は当初硝酸ソーダ（硝酸製造用）および硫黄のほかはすべてイギリスから輸入したが、JE社時代の終わり頃にはミネラル・ジェリーおよび曹達灰を除き全部国産品を使用するに至った。[60]

同社の営業成績の詳細は不明なのが残念だが、同社平塚工場は操業開始後日本海軍向けの火薬製造を前述のごとく順調に続けたので、その結果として同社の営業成績も良好であったことは確かである。この点は、一九一三年時点でJE社が主要な出資者の一つであるノーベル爆薬社に対して資金貸与を行っていることからもうかがわれる。[61]

第一次大戦期に入るとJE社は火薬需要急増・価格高騰のもとで高利益をあげ、株主配当も高率であった。この点については大戦初期の時期しか資料的には明らかとならないが、一九一四年末決算時には六〇％配当、翌一五年末には二五％配当を実施している。こうした高配当を受けて、主要株主のアームストロング社は一四年末までのJE社累積配当分一一万ポンドを一括別途会計へ移している。[62]つまり、イギリス兵器火薬会社からすれば、JE社への出資はすでに大戦勃発当初までの一〇年間に十分投資額を回収することが可能な程のものであり、大戦期にはさらにJE社の高収益による高配当を得たことが推測されるのである。

なお、JE社は会社設立以来株式公開を行っていないが、会社解散時の持株比率はアームストロング社二八％と激減したのに対し、ノーベル爆薬社が四四％と大幅増となり、チルワース火薬社が二八％（微増）となっている。[63]おそらくその背後には、第一次大戦勃発後、「敵産」であるドイツKR火薬社の実質持分（アームストロング社持株中のドイツKR火薬社引受分、前述）の三社への再配分（特にノーベル爆薬社およびチルワース火薬社への譲渡）がなされたものと推察される。

(6)　日本海軍による買収（海軍火薬廠の成立）

一九一九年三月三一日、日本政府は当初契約に基づき、JE社平塚工場を現状のまま買収し（買収価格は三八〇万円）、四月一日、海軍火薬廠として継承した。当時の能力は無煙火薬年産一二〇〇トン（操業当初三〇〇トンの四倍）、従業員は約六〇〇名であった。[64]

海軍省は、買収に先立って一七年四月、海軍造兵少監岸本肇を平塚工場に造兵監督官として派遣して無煙火薬製造の実状を視察させており（岸本は同年一二月イギリス出張、一九年一二月より海軍火薬廠研究部長心得、のち第三代火薬廠長）[65]、一八年五月には海軍火薬廠設立準備委員会を発足させて具体的準備に入っていた（委員長岡田啓介海軍中将のもとに楠瀬熊治造兵総監、山家信次造兵大技士［のち第四代火薬廠長］、松岡俶躬造兵大技士［のち第五代火薬廠長］らが委員に就任）。[66]

日本海軍によるJE社買収は、同社設立時からの既定路線であったからか、イギリス側との交渉も比較的順調に行われた模様である。もっとも、イギリス側株主としては、前述のようなJE社成績良好のもとで同社の日本海軍への売却延期を検討した可能性もある。事実、アームストロング社は、一九一七年一一月時点でJE社の契約更新の交渉のためJ・H・B・ノウブルの日本派遣を検討したのだが、結局は見送られている。[67]

また、買収価格（三八〇万円）に関する日英のやりとりがどのように行われたかも資料的には定かではない。「原価買収」という当初契約からするとやや高価という感があるが、資本金はＪＥ社設立以来一〇万ポンド（約一〇〇万円）であるものの、[68]一九一〇年以降の平塚工場の設備拡張に伴って総資産額は相当増大したと考えられる（ＪＥ社設立後の投資額、買収時の総資産額とも不詳）。また、もし平塚工場操業以降の好成績をも考慮した資産評価方式をも行うとすれば、より高価に算定しうる（通算の利益・配当も不詳だが）。ＪＥ社解散時点において、イギリス株主側には相当の不満が残り、Ｊ・Ｈ・Ｂ・ノウブルが他のＪＥ社取締役との協議を余儀なくされているが、[69]その背後には好成績をあげていたＪＥ社の解散や買収価格に関する日英両者の考え方の相違が潜んでいたことは想定できる。

イギリス側の最終的なＪＥ社解散手続きはＪＥ社株主総会における特別決議（一九二〇年五月一四日および六月二日）によるもので（清算人はＪＥ社設立以来の総務部長役Ｓ・Ｍ・ウォーカー）、[70]平塚工場の日本政府への譲渡後一年以上を経てからのことである。[71]

2　日本製鋼所とイギリス二大兵器会社

日本製鋼所の設立発展過程とイギリス二大兵器会社（アームストロング社およびヴィッカーズ社、以下イギリス両社）との関係については別の機会に詳細に明らかにしたが、[72]ここでは日本製鋼所の複雑な性格、日英出資者および日本海軍の錯綜した関係に特に注意を払いつつ、同社がその設立目的をどのようにはたしたのかを明らかにする。時期的には、日本爆発物会社との対比や第四章との関連も考慮して、日本製鋼所「創業期」（一九〇七〜一四年）から第一次大戦期までを中心的に扱い、以後は展望的に示すにとどめる。

(1) 日本製鋼所設立――背景と思惑の錯綜――

日本製鋼所は、北海道炭礦汽船会社（以下北炭）およびイギリス両社の出資による日英合弁会社であり、日英同盟を背景に日本海軍の強力なバックアップのもとに設立された（一九〇七年一一月）。しかし、その背景には日英兵器産業の異なる事情が伏在し、北炭、海軍およびイギリス両社の思惑が錯綜していた。その結果、日本製鋼所に複雑な性格が付与されることとなった(73)。

最初に日本製鋼所設立を企図したのは北炭専務井上角五郎である（当時北炭は会長・社長不在で井上の「ワンマン経営」と言われる）。井上は、鉄道国有化（一九〇六年）に伴う北炭所有鉄道の売却資金をあてにして、製鉄業への進出を計画したが、その当初計画は北海道噴火湾一帯の砂鉄を主原料とする小高炉による銑鉄製造計画であった(74)。井上は、その計画に対する助力を元勲（伊藤博文・松方正義）および海軍（長老山本権兵衛大将、海軍大臣斎藤実中将ら）に要請したところ（井上は北炭経営者以前から政治家［衆議院議員・政友会幹部］である）、山本・斎藤らから山内万寿治（海軍中将・呉鎮守府司令長官）を紹介された。井上の製鉄業進出計画の内容は、山内との再三の会談（一九〇六年夏）を経て大きく変容した。

山内は井上の当初計画には消極的ないし否定的であり（銑鉄製造には知識を持たないこと、砂鉄は大量生産に不適なことなどを指摘）、むしろ大砲および同原料鋼材の製造を勧めた(75)。山内は、「仮設兵器製造所」以来の呉海軍工廠の造兵製鋼事業推進の中心人物であり、その経験から兵器用製鋼事業を勧奨したのである。

その背景を若干補足しておこう(76)。周知のごとく、日露戦争は日英同盟をバックとして遂行され、海戦に使用された日本海軍の主力艦はほとんどすべてイギリス製であった。日本海軍は日露戦争を契機に戦艦・巡洋艦の国産化を強力かつ急速に推進し、横須賀および呉工廠は薩摩・安芸などの軍艦を相次いで製造した。呉工廠は製鋼工場をも所有し、呉製の鋼材による大砲製造も始めていた。日露戦争以前はほとんどすべての主砲は輸入品（特にイギリス製）であったが、最初の国産一万トン級装甲巡洋艦筑波（一九〇七年竣工）は呉製の一二インチ砲四門を装備した。それでもなお品質良好な大砲国産化の遅延が海軍拡張計画のボトルネックとなっていた。日本海軍（山内）が北炭（井上）に一般の製鉄業ではなく「兵器鉄鋼工場」の設立を促したのはこうした事情に基づくものであった。

さらに、山内は、井上に外国技術と資本の導入を勧め、アームストロング社日本駐在員のE・L・D・ボイルを紹介した。山内自身の言によれば、同社やヴィッカーズ社は日本での陸海軍関連事業の進歩発達を目の当たりにして日本への投資意図を抱いていたことを感じ取っていたという。そして、山内は、日英同盟の趣旨に基づき、両国家間の結合を強固にするためにも、アームストロング社に対して「成るべく多数の同業者が此企図に加はらん事を切望」していることを付け加えた(77)。

アームストロング社ではボイルからの電報を受け、取締役会で日本における「兵器鉄鋼工場」設立計画の概要を承認し、直ちにボイルに詳細をつめるように指示した（一九〇六年一一月）(78)。ヴィッカーズ社も同計画に参加するように日本政府から要請され、遅くとも翌〇七年初頭まではその要請を受け入れた(79)。ここで注意を要するのは、ヴィッカーズ社に対する参画要請は、アームストロング社を通じて行われたと思われることである。その直後アームストロング社取締役J・H・B・ノウブルがイギリス両社を代表するかたちで来日して北炭と日本製鋼所創立の仮契約を締結したこと（同年三月七日）(80)からも明らかなように、イギリス両社のリーダーシップをとっていたのはアームストロング社であった。

さらにまた、イギリス両社への参画要請が出資者の北炭からではなく、日本政府（海軍）からだったことにも注意を払っておきたい。前記ノウブル来日の際も、仮契約締結に先立ち、海軍大臣官邸における元老（伊藤・松方）、総理大臣（西園寺）、海軍大臣（斎藤）、呉鎮守府司令長官（山内）ら列席の会合で北炭・イギリス両社の間の基本的成案を見ている（二月二七日）。つまり、イギリス両社から見れば、一民間会社北炭との協定というよりは、日本政府の全面的支援を受けた会社創立への参画（日英同盟をバックとした日本海軍向けの大砲および同素材製造工場設立計画への参加）という趣旨で日本側の要請を受け入れたのである。イギリス両社が日本製鋼所設立後も北炭とさまざまな摩擦を引き起こし、山内や日本政府に対して種々の要請を行うのは（後述）、こうした設立事情が大きく影響しており、また、第一次大戦後に軍縮補償や株式売却を日本政府に要請する際にも、日本製鋼所設立への参加は日本政府の強い要請に基づくものであったと主張するのは[81]、こうした経緯に基づくものである。

もっとも、イギリス両社は日本政府（海軍）からの要請にただ受動的に応えたというわけではなく、むしろ日本への投資意向を強く持っていたことも軽視すべきではない[82]。イギリス両社は二〇世紀初頭には鉄鋼から造船・装甲板・大砲製造等に至る垂直的統合を成し遂げて二大総合兵器会社としての地位を築くとともに、スペイン、イタリア、オーストリア・ハンガリー、ロシア等への海外投資をも積極的に行っていた[83]。両社は生産物販売面では競合関係にありながら海外投資面では概して協調していた。日露戦争前にすでに日本海軍ときわめて緊密な関係にあった両社が[84]日本海軍からの日本製鋼所への参画要請を進んで受け入れたのは、軍艦、大砲等の対日輸出に替わる対日投資を模索していたためである。

このように、日本製鋼所設立をめぐっては北炭・海軍・イギリス両社それぞれの思惑が錯綜したが、一九〇七年七月にはロンドンで北炭およびイギリス両社により創立契約が調印された。その主な内容は以下のとおりである[85]。

①工場は北海道室蘭に建設する[86]。
②事業目的は日本陸海軍需要に応じるために、大砲、兵器、各種機械、艦船、鉄鋼材料および製品等の製造販売を行うこととする。
③会社資本金は創立時一〇〇〇万円とする（北炭五〇％出資、残りをアームストロング社とヴィッカーズ社が折半出資）。
④取締役は九名以内、監査役は三名以内とする。取締役中一名は北炭・イギリス両社合意により推薦され、残取締

図2−2　日本製鋼所および輪西製鉄所系統図

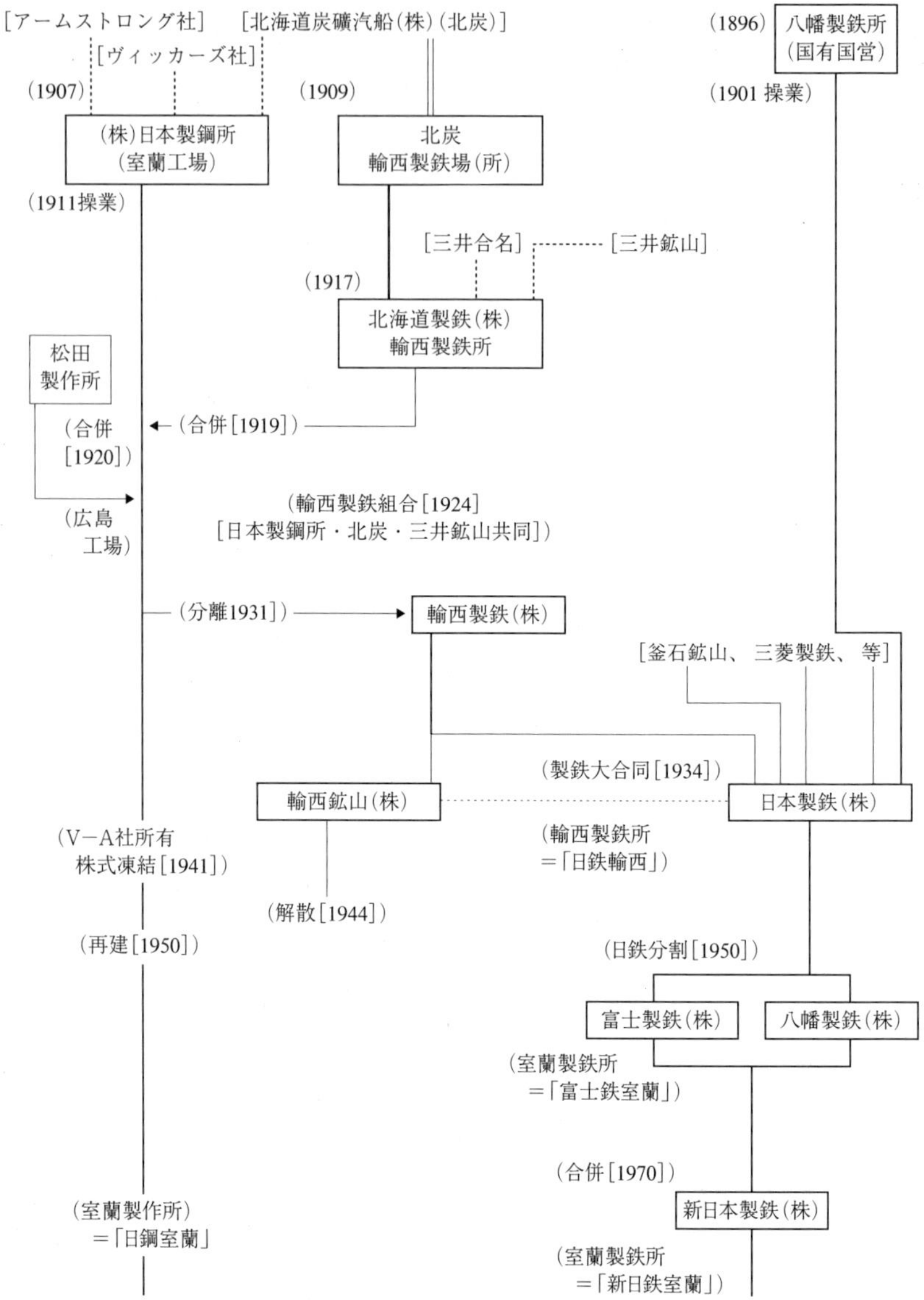

出典：㈱日本製鋼所［1968(a)(b)］、富士製鉄㈱［1958］、等より作成。

注：V−A社：ヴィッカーズ＝アームストロング社。点線は出資関係を表す。二重線は同一会社内を意味する。日本製鋼所、㈱日本製鉄ともに室蘭（および広島）以外の工場については表記を略す。Nagura［2002］も同様の図を提出したが（160頁）、フロッピーディスク変換により生じた作図ミスが補正しきれていない部分がある。

役の半数ずつが北炭およびイギリス両社により推薦される。

日英合意により推薦される取締役は「中立取締役」と呼ばれるもので、日本製鋼所の際だった特徴の一つである。また、本契約書「付属契約」に基づき、イギリス側取締役は、各々の「代理人」（Proxy）を指名できる権利を持っていたことを特に注意しておきたい。

日本製鋼所は、一九〇七年一一月設立後、〇九年には一五〇〇万円に増資し（出資比率は創立時と同様）、一部営業開始したが、原料鋼材の製造を担う鋳造工場の完成がやや遅れ、正式営業開始は一一年一月となった[87]。しかし、ともかくも同社は、日英巨大企業間の合弁会社、民間最大の兵器鉄鋼工場として成立した[88]。

なお、井上角五郎は、日本製鋼所が自己の当初構想から大きく変更されて設立されたこともあって、さらに別個に北炭内部に製鉄所（砂鉄を原料とした小高炉による普通銑鉄製造工場）を設立した。しかし、この輪西製鉄場（のち輪西製鉄所、図2－2参照）は一九〇九年操業開始後間もなく休止を余儀なくされる[89]。日本製鋼所設立・増資の際の井上の資金計画の杜撰さに加えて、この北炭内部の製鉄所建設も北炭「経営危機」（一九一〇年）の一因となる[90]。

(2)「創業期」重役会とイギリス側取締役（代理人）

日本製鋼所「創業期」においては、イギリス両社は多額な資金を投資し、全面的な技術援助を行い、そうした立場から日本製鋼所のトップマネジメントにも積極的に関わった[91]。

前述のごとく、日本製鋼所の取締役数は九名以内、内イギリス枠四名、北炭枠四名で、残り一名が中立取締役とされ、形式上は日英同等のかたちが取られていた（出資比率に対応）。イギリス両社を代表する日本製鋼所取締役は、アームストロング社またはヴィッカーズ社取締役でイギリス在住であったから、当時の交通事情のもとでは日本で月一回程度開催される日本製鋼所重役会には通常のかたちではほとんど出席不可能であった。この難点をクリアするた

表2－1　日本製鋼所：取締役、監査役および代理人一覧（1907～19年）

07·11～1910（04）（08）	1910（08）～1913（11）	1914（01）～1919（11）
井上角五郎（D）［北炭］	山内万寿治（D〈ND〉）［海軍中将］	高崎親章（D〈ND〉）［内務省・貴族院議員］
団琢磨（D）［北炭］（09·12）	田中銀之助（D）［北炭］	水谷叔彦（D）［海軍機関少将］
渡辺千冬（D）［北炭］	松方五郎（D）［諸会社役員］	樺山愛輔（D）［諸団体役員・北炭］
雨宮亘（D）［北炭］	副島道正（D）［貴族院議員］	磯村豊太郎（D）［北炭］
（→08·04）近藤輔宗（D〈ND〉）	小林丑三郎（D）［法制局他］	雨宮亘（D）［北炭］
松方巌（A）［十五銀行］	土井順之助（A）［海軍主計総監］	（14·02→）坂東喜八（A）［海軍・技師］
毛利五郎（A）［貴族院議員］	（10·10→）寺島誠一郎（A）［北炭］	（同左）
（08·08）E.L.D.ボイル(D〈ND〉)		
A.ノウブル(D)［A社］【〈P〉：E.L.D.ボイル→(08·08)→F.ブリンクリ1)】	（同左）	F.B.T.トレヴェリヤン（D）［A社］
J.H.B.ノウブル（D）［A社］【〈P〉：H.V.ヘンソン（F.H.バグバード2)）】	（同左）	（同左）
A.T.ドーソン（D）［V社］【〈P〉：広沢金次郎】	（同左）	（同左）（18·02）広沢（D）［V社］
D.ヴィッカーズ（D）［V社］【〈P〉：B.H.ウィンダー（10·09→)】	（同左）	（同左）
S.W.A.ノウブル（A）［A社］【〈P〉：F.ブリンクリ→（08·08）→W.B.メイソン】	（同左）	（同左）

出典：Minutes of the Meetings of Directors and Auditors of the Nihon Seiko-sho［VA R287, 288］. ㈱日本製鋼所［1968a］、同社『営業報告書』各期。出席者等の詳細は、奈倉［1998］52-55, 94-95, 153頁等を参照のこと。

注：A社：アームストロング社、V社：ヴィッカーズ社、(D)：取締役（太線部分は取締役会長または社長を示す）、〈ND〉：「中立取締役」、(A)：監査役、〈P〉：“Proxy”（「代理人」)。［　］内は出身または所属母体。1）1912年10月死亡。2）H. V. ヘンソン不在中のJ. H. B. ノウブルの「代理人」。

めに編み出された方式が取締役と同等の権限を有する「代理人」制度であった。

イギリス側取締役はそれぞれ自己の「代理人」を指名し（前記「付属契約」では規定されていない監査役も「代理人」を指名）、彼らを通じて日本製鋼所のトップマネジメントへ積極的に関与していた。「代理人」は多くの場合、日本在住のイギリス人事業家であり[92]、アームストロング社は自社（および日本代理店ジャーディン・マセソン商会）日本駐在員を指名する場合が多かったが、ヴィッカーズ社は取締役A・T・ドーソンの「代理人」として広沢金次郎（伯爵・貴族院議員）を指名していた（それぞれの取締役および「代理人」については表2－1参照）。広沢は、ヴィッカーズ社側取締役の「代理人」としてだけでなく、旧知の間柄にあった日本側重役[93]とイギリス側取締役（代理人）との間の意志疎通をはかる上でも重要な役割をはたしたと思われる。

「代理人」はイギリス本国の取締役と頻繁に電報・書状により連絡を取り、本国では日本製鋼所イギリス側取締役会議が随時開催され、アームストロング社とヴィッカーズ社との意見調整がはかられ、協議の結果は日本居住の「代理人」に伝達された。

イギリス側取締役（代理人）の日本製鋼所トップマネジメントへの関与とはいっても、概してリーダーシップを発揮していたのは日本側であったことは言うまでもない。特に井上角五郎会長時代（一九〇七年一一月～一一〇年四月）は、日本製鋼所も北炭同様の「井上ワンマン体制」と言われたほどであったから、イギリス側が主導権をとっていたわけではない。そうした中で、イギリス側取締役「代理人」は、日本製鋼所重役会への常時出席だけでなく、重役会内の各種委員会メンバーとして重要な提案を行った。

たとえば、日本製鋼所は前述の増資とともに英貨社債一〇〇万ポンド（約一〇〇〇万円）発行を計画したが、その際重役会内に特別委員会が設置され、H・V・ヘンソン（J・H・B・ノウブルの「代理人」、表2－1参照）と広沢の両「代理人」が井上会長とともに特別委員会メンバーに指名された。「創業期」に資金面で苦慮していた日本製鋼所にとってイギリス両社のはたした役割が大きかったことの反映として注目される。

また、E・L・D・ボイルは当初アンドルー・ノウブル（アームストロング社会長）の「代理人」であったが、初代中立取締役近藤輔宗（山内の義弟）辞任後の一九〇八年夏には中立取締役に選出された（表2－1参照）。さらには、一時期取締役会内に設置された常務委員会メンバーにもボイルと広沢が井上や渡辺千冬（北炭側取締役）とともに指名された。このように、短期間とはいえ、イギリス両社を代表する取締役（代理人）が日本製鋼所の業務執行重役的機能を担ったことはきわめて注目すべきことである。

(3)イギリス側取締役（代理人）の役割と軋轢

「井上ワンマン経営」と軋轢

しかしながら、イギリス両社・北炭間並びに海軍（特に山内）との間には、設立時の思惑の相違を反映して、さまざまな摩擦ないし軋轢《あつれき》が生じた。

イギリス両社が取締役自身を日本に派遣して日本製鋼所設立後の諸懸案を協議することが必要と判断したのも（一九〇八年一一月）[94]、「井上ワンマン経営」下にすでにさまざまな摩擦が生じていたためである。J・H・B・ノウブル（アームストロング社側取締役）、ダグラス・ヴィッカーズ（ヴィッカーズ社側取締役）両名派遣の結果、さまざまな合意がなされたが（〇九年二月）、イギリス側取締役にとって最も重要な成果が前記常務委員会の設置であった[95]。

なお、その際の日英株主間協議の合間に、海軍は北炭「重役一同海軍官邸へ招集」して「製鋼会社ノ前途ニ付キ談話」を行っている[96]。海軍が日本製鋼所の前途を憂慮し、北炭の積極的協力を要請したものと推察される。

常務委員会設置はイギリス側にとって「井上ワンマン経営」をチェックすべき役割を持つものと位置づけられたものの、その後も井上とイギリス側取締役（代理人）との摩擦は絶えなかった。その仲介的役割をはたすべく期待されたのが工場建設・技術指導を委嘱されていた山内技術顧問であった（山内は日本製鋼所設立時は現役中将であったが勅許を得て技術顧問に就任）。山内は一九〇九年五月頃から井上およびイギリス側取締役（代理人）両者に対して厳しい注文ないし警告を行っていた(97)。

山内は、呉工廠の長谷部小三郎技師を室蘭で採用したいとの井上の申出に強い難色を示し、また、ボイルが呉工廠派遣の坂東喜八技師などを軽視していることにも不満を示している(98)。つまり、山内は、井上のみならず、ボイルに対しても不信感を抱くようになっており、日英株主の仲介役として積極的役割を自分に期待する動き（同年一一月頃から）に対しては、「小生ニ対シテ絶対的信用ヲ以テ万事ヲ一任スル位ノ考ヲ有セシムルニ非ザレバ事業ノ成立ハ見込ナキ」と斎藤海軍大臣に強い調子で述べている(99)。

当時の日本製鋼所重役会内部には、北炭側取締役（井上会長［北炭専務］、宇野鶴太嘱託［北炭常務］など）、イギリス側取締役（代理人）、山内顧問（義弟の近藤輔宗および呉工廠派遣または出身の技術者を含む）の三勢力間の軋轢が生じていたのである。

結局、同年一二月には、井上会長は「平常業務には関係せず」すべて「顧問の指揮に依て行動する所の機関に一任すること」となり(100)、山内のもとに室蘭本社・工場を統括する常務主任制度が設けられ、翌一〇年一月より近藤輔宗が常務主任に指名され、前述の常務委員会は廃止された(101)。この「山内顧問・近藤常務主任体制」は、井上の「ワンマン体制」を事実上終焉させるものであったが、同時にイギリス側取締役（代理人）および中立取締役ボイルの権限をも制約するものであったことに注意しておきたい。

井上会長辞任とイギリス両社および山内

北炭は「経営危機」のために日本製鋼所増資払込を期限（一九一〇年三月末）までに完了できず、井上は北炭専務および日本製鋼所会長を辞任した（同年四月）[102]。その背後には北炭「経営危機」を機に井上辞任を迫る三井側の様々な動きがあった[103]。それはさておき、ここで重要なことは日本製鋼所設立発議者の井上が正式操業開始以前に突如退任したことの影響である。取締役会長不在、増資払込問題・社債発行計画未解決という「緊急事態」のもとで、イギリス両社は緊急財政支援を申し出たが、その際、日本製鋼所重役会における「常時過半数」および英貨社債発行計画の厳しい条件などの要求を提示した[104]。

これらの要求、特に「常時過半数」要求は日本側としては受け入れ難く、特に山内の激しい反発を引き起こした[105]。「常時過半数」要求はその後影を潜めたが、英貨社債発行の条件については厳しい要求が続いた。その間、北炭は新体制を発足させ（下関百十銀行頭取室田義文を取締役会長に選出）、日本製鋼所増資払込問題もひとまず解決した（三井銀行等からの借入により払込）。

日本製鋼所会長後任問題は、前年末以来事実上日本製鋼所を指導してきた山内に絞られ、各方面から山内出馬要請が続いたものの[106]、山内は現役中将を理由に（一九〇九年一二月以来「待命」ではあったが）六月初旬頃までは固辞していた[107]。その背後には、北炭側協力体制の問題とともに、イギリス側株主に対する不信・反発も影響していたものと思われる。

たとえば、五月末時点で山内は日本製鋼所イギリス事務所（ニューカッスル所在）から日本製鋼所会長就任を歓迎する旨の電報を受領していたものの、同電報は一方で英貨社債発行については依然厳しい条件を付しており[108]、山内は態度を保留していた。

また、山内は、五月末六月初めの斎藤海軍大臣宛書簡で次のように記している。

まず、室田北炭会長がノウブル来日要請の電報を打ったことに対しては有効か疑問とし、一時帰英途中のH・V・ヘンソン[109]とノウブル等との協議結果を待つという態度を示し[110]、室田がイギリス両社から「スペンサーおよびゼームス・ウィッカー両人来日の由」を知らせた際も、「両人は今回のような大問題を解決できる者か」と疑問を呈している。[111]

「会長事務代行」の渡辺千冬とボイルが山内に会長就任受諾要請を行った際も山内は断り、ボイルがアームストロング社からの電報を山内に伝えたところ、山内は直接J・H・B・ノウブル宛に電報を打って真意を確認しており、斎藤海軍大臣に対しては、イギリス側の態度について「一面ニハ社債問題ヲ捉テ財政ノ全権ヲ掌握セント言ヒ又一面ニハ名モナキ一技師ヲ派遣シテ技術部ニ容喙セントス我々日本人トシテハ実ニ面目次第モナキ有様」と述べている。[112]そして、山内が前記スペンサー来日の件について直接アームストロング社に確認電報を打ったところ、同社より同氏派遣取り止めの返電を受けており、こうした一連の動きの中で、山内は斎藤に対して「ドーモ『ボイル』ナル者ガ少々怪敷キ」[113]とまで述べ、ボイルに対する強い不信感を顕わにしている。[114]

しかし、すでにイギリス両社は日本製鋼所会長に山内を推すことを決めつつあり、[115]六月中旬には帰英したヘンソンがアームストロング社に詳細なレポートを提出し、[116]それを受けた同社取締役会は、日本製鋼所に対する従前の要求（特に英貨社債発行に関連した財務コントロール要求など）を緩和し、明白に山内との協力関係を選択した。[117]その直後に同社はアンドルー・ノウブルおよび日本製鋼所イギリス事務所名で山内に対して正式に会長受諾要請の電報（六月一六日付）[118]を送付した。

そして、日本においては、日英株主が共同して（イギリス両社代表F・ブリンクリ［アンドルー・ノウブルの「代理人」］、日本側株主代表室田北炭会長）斎藤海軍大臣に懇請し、海軍大臣はさらに首相（桂太郎）にその意を伝え、首相が山内を説得した結果、山内は最終的に日本製鋼所会長就任要請を受け入れた（正式就任は予備役に退いたのちの八月一五日日本製鋼所株主総会による取締役選出直後）。山内が最終的に日本製鋼所会長就任要請を受け入れたのは首相の「故伊藤公［伊藤博文公爵］の遺志を如何にするぞ」との一言であったというが、[119]その前提として英日両株主共同の支援体制が前述のごとく築かれていたことが重要である。

しかしながら、山内の日本製鋼所会長受諾内諾は、中立取締役に就いていたボイルの立場を損ね、彼の取締役辞任という結果をもたらした。ボイルは、山内の会長内諾直後の日本製鋼所重役会宛書状で次のように述べている。前年末の山内顧問の権限強化（前述の「山内顧問・近藤常務主任体制」のこと）により、山内は「中立取締役」（ボイル自身のこと）の手を経ずに自己の見解を重役会に提出できることとなったので、今や「中立取締役」は山内の「お飾り」となってしまった。山内が日本製鋼所の管理を引き受けるべきとのイギリス側株主の決定があって山内自身が日本製鋼所会長を引き受ける意思を表明したので自分は日本製鋼所の中立取締役として留まることはできない、と。[120]

アームストロング社は山内会長就任要請がボイルの日本製鋼所取締役辞任をもたらすとは予期せず、[121]結果的にはそれだけ日本製鋼所のトップマネジメントにおけるイギリス側株主の影響力を減殺することとなった。[122]

「山内体制」下の日英摩擦

山内は、重役人選過程では首相推薦を受ける一方、[123]北炭からは「北炭枠」重役選任一任をとりつけて[124]日本人重役を一新し（一九一〇年八月一五日株主総会）、従前に比して「北炭色」の薄い新体制を築いた（表2－1参照）。山内は日英両株主の要請に基づき中立取締役として選任され（正式手続きはやや遅延）[125]会長に就任した経緯から、北炭とイギリス側取締役（代理人）との調停者的役割を期待された。山内自身も会長就任に際して「日英共同事業」・「共同一致の精神」を強調した。[126]海軍が山内を積極的に支持したことは言うまでもないので、「山内体制」は揺るぎないものと思われがちである。

しかし、ここで注意しておく必要があるのは、山内会長時代（一九一〇年八月から一三年一一月まで）は北炭が三井財閥傘下に編入される期間（一九一〇年四月の井上専務辞任から一三年一月の再建まで）とほぼオーバーラップしており、日本製鋼所重役会も次第に三井の影響下に置かれがちだったことである。イギリス側取締役「代理人」も引き続き本国との緊密な連絡のもとに積極的な活動を行った。したがって、山内がリーダーシップを発揮する上では、やはりイギリス側と北炭（三井）側の利害調整を図ることがきわめて重要となっていた。

そうした観点から、日本製鋼所が直面した重要問題のうち二点のみ要点を述べておく(127)。

まず、英貨社債一〇〇万ポンド発行計画については、日本側は当初から事実上北炭重役がイギリス側との交渉に関わっていた(128)。この点は山内の会長就任後も変更はなかった。すなわち、一九一〇年八月二四日のイギリス両社の会合には、三井物産ロンドン支店支配人の渡辺専次郎が北炭を代表するかたちで出席したが(129)、それに先立ち、北炭重役会は、自社の代表を指名する件につき直接（日本製鋼所経由でなく）イギリス側に発信することを決め、イギリス側提案内容を前もって知らせてもらいたい旨の要請を行っている(130)。そして、北炭は日本国内の社債発行問題の調査・交渉については会長（室田）、専務（渡辺千冬）および田中銀之助取締役に一任している(131)。この間、山内は社債発行問題には直接関わることはなく、九月一七日の日本製鋼所重役会直前に初めて田中銀之助からイギリスでの交渉経緯を知らされている(132)。結局、英貨社債発行は交渉過程で諸条件が折り合わず取り止めとなり、日本での一〇〇〇万円社債発行となる（一九一〇年一一月）(133)。

次に、創立以来の日本製鋼所とイギリス側株主との間で争点となった重要問題として「コミッション問題」もしくは「総代理店問題」がある。前者は、アームストロング社とヴィッカーズ社が日本政府から兵器類の受注を得た場合の日本製鋼所に支払うべき手数料の範囲と金額に関する問題であり、後者は、それに関連して、日本製鋼所がイギリス側両社の「総代理店」に指名されることを要求し続けたという問題である。

第4章で詳しく検討するように、ヴィッカーズ社は、巡洋戦艦金剛の受注は三井物産を通じてであったにもかかわらず、日本製鋼所（山内会長）の要求に基づき二・五％のコミッションを同社にも支払うことに同意した（一九一〇年

表２－２　日本製鋼所利益金・配当金（1911～19年）

	当期利益金（千円）	対払込資本金利益率（%）	対総資産利益率（%）	前期繰越金（千円）	配当金（千円）	配当率（%）	ヴィッカーズ社受領配当金（ポンド）
1911（上）	-79	-1.1	-0.6	－	0	0	
（下）	-26	-0.3	-0.2	-79	0	0	0
12（上）	-89	-1.2	-0.7	-105	0	0	
（下）	-247	-3.3	-1.9	-194	0	0	0
13（上）	-178	-2.4	-1.3	-442	0	0	
（下）	583	7.8	4.1	-620	0	0	0
14（上）	70	0.9	0.5	-36	0	0	
（下）	194	2.6	1.3	13	150	2	3,808
15（上）	196	2.6	1.3	30	150	2	
（下）	278	3.7	1.9	49	225	3	9,788
16（上）	471	6.3	2.9	62	375	5	
（下）	1,379	18.4	8.5	89	600	8	25,957
17（上）	1,026	13.7	6.7	224	750	10	
（下）	1,548	20.6	9.9	297	1,125	15	50,415
18（上）	2,021	26.9	12.2	445	1,125	15	
（下）	2,029	27.1	11.3	532	1,125	15	61,926
19（上）	2,012	26.8	10.5	626	1,125	15	
（下）	1,015	13.5	5.9	703	625	10	51,782

出典：㈱日本製鋼所［1968a］173・197頁、同社『営業報告書』各期、および Histories of Japanese Investments［VA 1239］.

注：⑴アームストロング社受領配当金もヴィッカーズ社と同額と考えられる。
⑵営業期は上期が１月～６月、下期が７月～12月、1919年下期は７月～11月。
⑶1915年上期～17年下期の「当期利益金」は、『営業報告書』では前期繰越金を「収入」に算入した上で算出しているが、ここでは後年との連続比較を考慮して含まずに算出してある。

一一月）。以後、イギリス両社は、日本政府発注品については、日本製鋼所を通じない場合でも同社に対して二・五％（場合によりそれ以上）のコミッションを支払うことが慣行となった（日本政府注文に関する限り、事実上の「総代理店」としての地位につく[134]）。

日本製鋼所がそうした地位を獲得することに成功したのは、後述のごとく、イギリス両社間の競争関係を利用してのことであるが、他方で、日本製鋼所重役会における両社の対立は好ましいものではなかった。山内は再三にわたりイギリス側取締役（代理人）に重役会での「いさかい」を止めるように警告を与えた[135]が、この点は功を奏さなかった。

なお、日本製鋼所は、操業開始以降も利益は計上できない状態が続いていた（表2－2）。一九一二年末、イギリス側株主は、日本政府関係者および有力政治家に要望書を送付した。その中で、イギリス側は日本製鋼所の不振の原因は陸海軍注文の不足にあるとし、日本政府に注文保証を求めるとともに、年額二〇〇万円もの補助金を要請している。[136]

山内会長辞任・三井の影響力増加と「代理人」制度終焉

山内会長は、日本製鋼所「創業期」の工場建設・操業開始という困難な時期にさまざまな重要な役割をはたしたものの、日英取締役（代理人）の利害調整には必ずしも十分に成功したとは言えなかった。特に三井財閥による北炭支配以後、三井は日本製鋼所重役会に対しても影響力を増し、山内の調停者的役割はいっそう困難となった。

さらに注意を要するのは、山内と海軍との関係も必ずしも順調とは思われない面もある。特に艦政本部との間にはすでに一九一二年三月頃には不協和音が聞かれる。[137]

山内がいつ頃から会長辞任の意志を固めたかは定かではない。山内自身は一九一三年八月株主総会で「告別の意を以て」在職三カ年の経過を報告したとのちに記しているが、[138]明確な退任表明がなされたのはイギリス両社代表（J・H・B・ノウブルおよびダグラス・ヴィッカーズ）来日時の日本製鋼所重役会においてである（同年一一月）。[139]なお、後任会長にはダグラス・ヴィッカーズが指名されたが、これは日本人取締役全員辞任表明のもとで執られた次回株主総会（取締役改選）までの暫定措置（「事務取扱」）であった。[140]

一九一四年一月一二日臨時株主総会において役員改選が行われた結果、新重役陣のうち日本人重役は総入替えとなり、再び「北炭色」が濃厚となった（表2－1参照）。

イギリス側取締役「代理人」制度が機能したのはこの頃までである。資料的には今一つ定かではないが、前記イギリス両社代表来日時に団琢磨が「代理人」の重役会出席取り止めを提案したと言われる。実際、一九一三年一一月以降、広沢以外の「代理人」は日本製鋼所重役会に出席していない（広沢は日本製鋼所職員でもあったため例外扱いされたものと思われる[141]）。

アームストロング社は、「代理人」制度活用が困難になるという状況のもとで、アンドルー・ノウブルに代えて日本居住の取締役を選出・就任させた。同社が室蘭に派遣していた大砲製造エキスパートのF・B・T・トレヴェリヤンである（表2－1参照）。また、イギリス両社は、北炭枠選出ではあったが親英的な海軍機関少将水谷叔彦の取締役就任にも期待した（水谷は海軍機関学校出身だけでなくイギリスの名門グリニッチ海軍大学卒で特にアームストロング社J・H・B・ノウブルとはきわめて親しい間柄）。しかし、トレヴェリヤンは、一時帰国直後にアームストロング社側の事情により再来日不可能となり（一九一四年五月）、彼に替わる日本居住取締役派遣（水谷が懇請）も第一次大戦勃発のもとでは到底実現不可能であり、イギリス側株主の日本製鋼所トップマネジメントへの関与は後退を余儀なくされる[142]。

(4) 大口径砲受注・製造の分担関係――呉海軍工廠・日本製鋼所・イギリス両社――

日本海軍は、世界的な大艦巨砲主義に基づく建艦競争のもとで、巡洋戦艦金剛のヴィッカーズ社への発注と併せて金剛に一四インチ砲（四五口径三六センチ砲）を積載することを決定した（後掲小年表〔別表1〕参照[143]）。以後日向までの日本海軍八隻の主力艦は一四インチ砲を積載することになる（海軍主力艦積載砲の一二インチ砲から一四インチ砲への転換）。金剛は言うまでもなくヴィッカーズ社バロウ造船所で建造され、その積載砲一四インチ砲八本はすべて同社シェフィールド工場で製造された[144]。日本海軍は金剛発注に際して同社から全面的な技術導入を図り（設計図の購入、多くの造艦造兵技術者派遣等）、引き続く金剛同型艦の国内建造に寄与した。艦載砲の国内製造体制も急務とされた。

しかし、山内海軍中将は、従来からアームストロング社との関係が濃厚であったためか、当初一四インチ砲案には消極的であったし[145]（詳しくは第5章参照）、山内が日本製鋼所会長に就任した当時（一九一〇年八月）も、当然のことながら日本製鋼所としては一四インチ砲製造は構想していなかった。日本製鋼所は、前述のごとく、鋳造工場竣工の遅れもあって一一年一月操業開始当時に一二インチ砲製造体制を整えたばかりであったが、以後急速に一四インチ砲製造体制をも整えることになる[146]。事実、一三年には一二インチ砲二門の完成を見たが、その後一四年四・五月には一四インチ砲を相次いで完成し、同年中には一二門を製造するまでに至る[147]。

　こうして、日本製鋼所は第一次大戦直前には大砲および原料鋼材中心の海軍兵器工場としての体制を整えたが、注目されることは、日本製鋼所による一四インチ砲製造体制の進捗により、海軍艦載砲の製造は一二インチ砲までは圧倒的に呉海軍工廠中心であったものが、一四インチ砲になると少なくとも量的には日本製鋼所が上回ることになったことである。

　すなわち、海軍発注の一四インチ砲八五門中、呉工廠への発注は二五門に対して日本製鋼所への発注は六〇門にも上る（表2－3参照）。ただし注意を要するのは、日本製鋼所受注中一三門は同社経由でヴィッカーズ社に回されたので、日本製鋼所が実際に製造を担ったのは四七門であるが、それでも呉工廠分を本数の上

表2－3　日本海軍の14インチ砲発注先

積載艦名	同左仮称艦名	発注先				
		呉工廠	日本製鋼所			合計
			自社	ヴィッカーズ社	小計	
比叡	卯号装甲巡	4	4		4	8
榛名	二号装甲巡		7	1	8	8
霧島	三号装甲巡			8	8	8
扶桑	二号甲鉄戦艦	4	8		8	12
山城	第四号戦艦	4	10		10	14
伊勢	第五号戦艦	12			0	12
日向	第六号戦艦		12		12	12
その他		1	6	4	10	11
合計		25	47	13	60	85

出典：国本［2000a］120頁。
注：(1)発注先は予算上のもの（完成砲が上記通りに積載されたとは限らない）。
(2)原資料は防衛庁防衛研究所所蔵『海軍公文備考』、日本製鋼所分の内訳は海軍と日本製鋼所との契約書。

では遙かに上回る。少なくとも量的には日本製鋼所が海軍艦艇積載用の大口径砲製造を主として担うことになったのである。

もっとも、日本製鋼所の自社製造四七門分についても素材から製品までのすべてを同社で製造できたというわけではなく、比叡（横須賀工廠建造）用四門すべて、榛名（川崎造船所建造）用七門全て、扶桑（呉工廠建造）用八門中三門の計一四門の砲身素材はヴィッカーズ社からの輸入によるものである。(148) 日本製鋼所は、当初大砲製造技術を主としてアームストロング社から受け入れ（大砲製造のエキスパート、トレヴェリヤンもアームストロング社派遣）、砲身材料の一部供給も一二インチ砲製造までは主として同社に仰いでいたが、一四インチ砲製造においてはヴィッカーズ社シェフィールド工場への技術者派遣などにより同社の指導を受けたこともあって、(149) 砲身素材の供給も同社に切り替えたものと思われる。(150) 金剛のヴィッカーズ社受注の影響は、こうした面にも及んだことに注意しておきたい。

ところで、日本製鋼所・海軍省間の一四インチ砲契約方式は二転三転している。すなわち、日本製鋼所受注の一四インチ砲は、当初呉海軍工廠経由であったところ、いったん海軍造兵廠経由に変更されたのちに再度海軍艦政本部による直接契約に改められた。より詳しく記すと、当初「卯号装甲巡洋艦」（比叡の仮称艦名）用の「四三式十二吋砲」（一四インチ砲の秘匿名称）(151) 八門はすべて呉工廠注文予定であったが、内四門を日本製鋼所への発注とし（呉工廠経由）、さらに海軍造兵廠経由に変更された後、再度他の艦載砲（扶桑・榛名・霧島用各八門）発注と合わせて、全て海軍艦政本部による直接契約に改めている。(152)

このような契約方式の度重なる変更の理由は、明示されているわけではないが、一つには、一四インチ砲の製造は当初呉工廠を中心的担い手と想定していたのに対して日本製鋼所の製造体制が漸次整ってきたことによるものであることは前述の経過から明らかであり、また、一つには、一四インチ砲の実際の発注にはヴィッカーズ社引き受け分も含まれるので、その場合、前記「コミッション問題」の解決に伴い、イギリス両社に対する政府発注分の兵器類はすべて日本製鋼所を経由する形式をとることにし、したがって、海軍省と日本製鋼所との契約関係を極力直接的なものとすることが必要となったものと推察される。これも「金剛コミッション」の影響の大きさとして注目しておきたい（第4章参照）。

(5)　技術移転と問題点

「創業期」の日本製鋼所は、呉海軍工廠から多くの技師・技手の供与を受けたり、職工を呉工廠に派遣して技術習得につとめるとともに、イギリス両社から多くの技術供与を受けた。すなわち、日本製鋼所は、設立直後から職工をイギリス両社に訓練のために派遣しただけでなく、イギリス両社からは操業開始頃から溶鋼・鍛鋼・大砲製造の専門分野ごとに多くの技術者の派遣を室蘭工場に受け入れた。彼らは第一次大戦前もしくは大戦中に、多くの場合契約期間を満了して相次いで帰国した。にもかかわらず、日本製鋼所は、さほど大きな支障を来すことなく大戦期に飛躍的に発展しえた。そうした意味では、日本製鋼所は、イギリス両社からの技術移転を第一次大戦勃発前に基本的に成し遂げたと言える[153]。

しかしながら、ここで注意しておく必要があるのは、イギリス両社からの日本製鋼所への技術移転はスムーズに完了したのではなく、第一次大戦という「強いられた事情」のもとで（イギリス両社は技術者を派遣する余裕なし）、日本製鋼所は大戦前までの技術導入の成果を基礎として「自前で」生産せざるをえなかったことである。そのことは、アームストロング社派遣の高級技術者トレヴェリヤンが契約更新（一九一四年二月）直後に一時帰国のまま同社側の事情により再来日不可能となったこと、また、トレヴェリヤンに替わる高級技術者の派遣の試みも大戦勃発のもとでは実現不可能だったことに象徴的に示されている[154]。

さらに技術移転の困難な顕著な事例は、第一次大戦直前（一九一四年七月）にアームストロング社から招聘した

E・L・ロバートソンの事例であろう。ロバートソンは溶鋼部主任として大型鋼塊（大口径砲身用）鋳造作業を指導したが、彼の指導下一〇カ月間の作業は成績不良に終わり、事実上の解雇に至ったこと（形式的には辞職願いの承認、翌一五年六月）、その損失は多額にのぼり、海軍方面の信用失墜をもたらした[155]。この点、少し補足しておく[156]。

すでに一九一五年三月末時点で、ロバートソン指導下の大型鋼塊製造の成績不良が続いていたため、水谷常務（室蘭工場統括担当）は、一方でその旨を招聘先のアームストロング社（特に紹介者のトレヴェリヤン）に書き送るとともに、高崎親章取締役会長に詳細な経過と当面の対策を報告している。その中で、水谷は、大型鋼塊の製造を今一度ロバートソン指揮下において実施させるが（成績不良の原因とされたガスのコントロールも含めて）、なお改善の余地がない時は解雇せざるをえない旨述べている[157]。

さらに四月半ばには、水谷常務はロバートソン解職後の諸方策を以下のごとく高崎会長に上申した[158]。①イギリスへの代替技師派遣要請、②海軍当局への以下の懇請、(a)技師の獲得（日本製鋼所への転属）、または(b)貸与、ともに無理であれば、(c)時々一二週間ずつ技師の指導を受けること、いずれも困難であれば、(d)受注済み「十四吋砲用ノ鋼塊ノ交付」、③日本製鋼所技術者の(a)海軍工廠への派遣、または(b)外国への派遣による修練。

①のイギリス側への代替技師派遣要請は、高崎会長名によるロバートソン問題の詳細な報告の際（五月初旬[159]）、大型鋼塊の「粗仕上鍛錬物」の供給が可能か否かの照会と併せて行われたが、ともに大戦下では期待できるものではなく、トレヴェリヤンからの回答でも前者は到底不可能とされた（後者については回答前に呉工廠からの供給の情報がイギリス側に電報で伝えられた[160]）。また、呉工廠も大戦下の繁忙のもとでは②(a)(b)(c)に応ずる余裕がなかったようであり、(d)同工廠製一四インチ砲用鋼塊の一部を日本製鋼所に供給することにより急場を凌ぐこととなった（③は長期的方針）。

結局、ロバートソン指導下の溶鋼成績は、一九一四年下期および一五年上期に鋳造した大型鋼塊（一一〇トンおよび八〇トン）二八本中、良好なものはわずか五本（合格見込みを含む）という惨憺たる状況であった[161]。前述のごとく、日本製鋼所は、艦載砲主力の一四インチ砲への転換に照応してその製造体制を整えていたのであるが、その砲身素材の製造においては以上のような問題点を抱えており、その克服が大戦期の日本製鋼所にとっては最大の技術的課題となっていたのである。

そして、日本製鋼所が製造・完成した一四インチ砲の品質も海軍納入規格上から見れば、必ずしも十分なものとは言えなかった。すなわち、日本製鋼所が一九一四年四月以降一七年八月までに製造完成した一四インチ砲は四七門にのぼるが、一資料によれば、そのうち製造工程においてまったく「故障ナキモノ」は一〇門に過ぎず、残り三七門は何らかの故障（「施條」「地疵」「削損」累計六二カ所）が報告されていて、そのうち海軍に納入するに際して「減価処分ヲ受ケシモノ」は一三門に及んだという[162]。

以上のごとく、日本製鋼所は、イギリスからの艦載砲製造技術の移転を第一次大戦前に基本的には終えつつも、習得完了と言えるものではなく、大戦期以降は特に呉海軍工廠との緊密な協力関係のもとにいっそうの技術改良・開発が遂行されたものと思われる[163]。

(6)　展望――イギリス側株主の関与後退・撤退模索――

第一次大戦は日本製鋼所・イギリス両社間の関係において一大転換点となった。すなわち、前者が後者からの技術移転を基本的に成し遂げて発展したのに対して、後者は大戦による諸困難への対処に追われて、日本製鋼所に対する関与は技術援助面でもトップマネジメント面でも後退した。

日本経済が大戦期に繁栄局面（大戦景気）を迎えたことは周知のとおりであり、日本製鋼所の事業も急速に好転し（特に大戦後半期）、高率の固定資産償却を行ってなお高利益・高配当を実現した（表2－2参照）。このことは、当然のことながらイギリス側株主にとっても喜ばしいことであった。[164]

言うまでもなく第一次大戦はヨーロッパを主戦場として戦われており、大戦後半期においては、イギリス両社ともに陸海軍にさまざまな武器を供給することによって大きな利益をあげながらも、本社のロンドンからの疎開を余儀なくされていた。そうした事情のもとでは、両社の日本製鋼所への関与は後退せざるをえなかった。

イギリス両社の関与後退は、すでに日本製鋼所への技術移転を終えていて、大戦中には日本製鋼所から高配当を得ていたからであると評価することもできるかもしれない。しかしながら、イギリス両社は日本製鋼所から進んで撤退したわけではなく、正に大戦による困難に対処せざるをえなかったからということを看過すべきではない。このことは、前述のごとく、アームストロング社派遣のトレヴェリヤンが一時帰国直後に再来日不可能となった事態のうちに明瞭にあらわれている。第一次大戦は、英日両兵器会社間の関係における決定的な分水嶺となったのである。[165]

第一次大戦直後には日本製鋼所とイギリス側株主との関係にもう一つの重大な変化が生じた。日本製鋼所による輪西製鉄所の合併である。[166]

すなわち、日本製鋼所は、一九一九年に北海道製鉄（輪西製鉄所）を合併した（図2－2参照）。北海道製鉄は北炭・三井合名・三井鉱山の三社出資により北炭輪西製鉄所が株式会社組織に改組されたもので（一九一七年、資本金三〇〇万円）、翌一八年には資本金は一躍五倍の一五〇〇万円に増資されていた。輪西合併の結果、日本製鋼所の資本金は倍増し、出資金額は北炭一五〇〇万円、三井合名・三井鉱山・ヴィッカーズ社・アームストロング社各三七五万円となり、イギリス両社の出資比率は五〇％から二五％へと減少した（各一社では二五％から一二・五％へ）。日本製鋼所は、少なくとも株式所有割合から判断する限り、三井の支配下に入ったと言える。

通説的には、輪西合併は銑鋼一貫経営を企図したものと言われてきた。しかし、輪西製鉄所は普通銑鉄の製造を目的とし、日本製鋼所（室蘭工場）は兵器用の特殊な高級鋼材の製造を目的としていたのであって、実際、合併後も一貫経営としてはほとんど機能していない。したがって、銑鋼一貫経営目的は表面上の理由であって、真の合併目的は日本製鋼所日本側取締役によるイギリス側株主からの「資本的独立」、換言すれば、三井財閥の日本製鋼所に対する支配権の確立にあると筆者は推断した[167]。

輪西合併がイギリス側株主に対して最初に提起された当時（一九一八年九月）は「大戦の絶頂期[168]」であって、イギリス両社は本問題を検討したり協議する余裕はまったくなく、大戦直後の時期に初めてイギリス側株主委員会としての協議を行ったが（一九一九年二月[169]）、その際にも日本側から詳しい情報提供が得られず、合併目的には疑念を抱きながらも、「日本側同僚[170]」の推奨を信頼して不本意ではあるが承認したのである[171]。

輪西合併により日本製鋼所は二つの性格の異なる工場を有する会社に変化した。すなわち、兵器および特殊な高級原料鋼材を製造する室蘭工場（および広島工場[172]）と普通銑鉄製造の輪西工場との二本柱の会社への変化である。輪西合併は、三井財閥の支配権確立をもたらしたが、同時に他方では、以後イギリス側株主に日本側取締役（特に三井代表）に対する不信感を引き起こすことになった。

輪西合併後、日本製鋼所にとってさらに重大な環境変化が生じた。一九二一～二二年のワシントン会議の結果（四カ国条約による日英同盟廃棄、海軍軍縮条約調印など）は、日本製鋼所にとって海軍受注激減と経営不振をもたらすだけでなく、日英合弁「海軍兵器工場」としての会社存立の基礎そのものを脅かすものであった。イギリス側株主は、日本製鋼所の経営関与回復を追求するか、日本から撤退するかの選択の岐路に立たされた。

以後の詳細は割愛するが[173]、注目すべき諸点だけ強調しておこう。

まず、イギリス両社の日本撤退の試みは、日本政府に対する所有株式（日本製鋼所株式）の買取り要請として行われたことが特徴的である（一九二〇年、二三～二六年）。

イギリス両社が日本製鋼所設立に参画したのは日本政府（海軍）の要請によるという意識に基づくものと思われる。

当時日本製鋼所株式は上場されていなかったので、日本政府を株式売却の相手方として折衝すること自体はありうる。しかし、前節で検討した日本爆発物会社の日本政府（海軍）による買収の事例とは異なり、日本製鋼所の場合は、日英合弁会社として設立され、日英両株主は双方の合意なくして株式を売却できないと定められていたので（創立契約書第一一款）、イギリス側株主としては本来日本側株主の了解を取り付ける必要があったにもかかわらず、主要株主の三井財閥に対しては意識的に接触を避けていたのである（三井に対する不信感ゆえ）。

もっとも、二三〜二六年の株式売却の試みは、軍縮補償問題と関連して展開したという事情も事態を複雑困難にし、[174]イギリス側株主の日本撤退の試みはいったん中断した。

その間、日本製鋼所の経営関与回復の試みも見られた。油谷《ゆたに》堅蔵海軍少将（一九二三年以来ヴィッカーズ社代理人）の日本製鋼所取締役選任である（二五年六月）。ヴィッカーズ社は、広沢金次郎辞任（二〇年一二月）[175]以来空席の自社取締役枠に油谷を就かせたのだが、その過程で日本製鋼所の経営について極度の情報不足に陥っていたことが露呈した。ヴィッカーズ社は三井側が広沢の後任ポストを埋めてしまって自社取締役枠が残されていないと誤認したのである。誤認の原因は輪西合併以前の旧定款を使用していたことにあった。[176]

ここにはイギリス側株主（特にヴィッカーズ社）と日本製鋼所重役会との間の三重の意味での「情報の断絶」が集約的にあらわれている。①第一次大戦による文字通りの情報断絶、②輪西合併の結果として醸成されたイギリス側株主の三井に対する不信感により生じた「断絶」、③イギリス両社の勢力変化に伴う「断絶」である。最後の点について補足すると、第一次大戦後のアームストロング社勢力衰退にもかかわらず、日本製鋼所イギリス事務所は依然ニューカッスルに置かれ、同所総務部長もアームストロング社から出ていたため日本製鋼所重役会からの連絡情報はヴィッカーズ社には伝わり難かったのである。

油谷の取締役選任とほぼ同じ頃、海軍省も日本製鋼所重役会への影響力を強化した。水谷叔彦の常務復帰である

(二五年一〇月)。海軍省は日本製鋼所再建に極度に消極的な三井の態度を批判し、三井側の抵抗を押し切って水谷の常務復帰を実現させた[177]。水谷は親英的人物のため(前述)、イギリス側株主も(当然油谷も)水谷の常務復帰を支持した[178]。

油谷は、軍縮補償問題と関連する株式売却要請などで重要な役割をはたし、その際、海軍省とのコネクションをも積極的に活用した。油谷の取締役就任後、日本製鋼所重役会とイギリス側株主との連絡は密になる。二六年一一月には、日本製鋼所イギリス事務所総務部長もヴィッカーズ社側の人物(B・H・ウィンダー)が初めて就いた[179]。前述の極度の情報断絶状態は解消に向かった。二八年一月、イギリス両社は合併し、両社所有の日本製鋼所株式もヴィッカーズ=アームストロング社に継承された。

同社は輪西製鉄所再分離(油谷発案)を日本製鋼所に提起するなど(一九三〇年三月[180])、一時的には積極的試みも見られたが、実現した輪西分離はイギリス案とは異なるものとなり(三一年九月輪西製鉄株式会社設立[181]、図2-2参照)、以後、イギリス側株主は、日本製鋼所の経営関与回復を追求することはなく、一九三〇年代半ばには株式売却交渉を本格的に再開し、日本からの撤退の途を追求して行く[182]。

注

(1) 第二次大戦前の「平塚市はその歴史を海軍火薬廠と共に歩んできたと言っても良い」(平塚市長石川京一「海軍火薬廠追想録発刊によせて」、海軍火薬廠追想録刊行会[一九八五]巻頭文)。
平塚の海軍火薬廠は、一九三九年に船岡(宮城県柴田郡)に海軍火薬廠支廠が設立されたことに伴い海軍火薬廠本廠となるが(海軍火薬廠令改正)、四一年同令改正による名称変更がなされ、船岡が第一海軍火薬廠とされ、平塚は第二海軍火薬廠となる(平塚市中央図書館[一九九三]一一四頁、千藤[一九六七]三四～三八頁)。図2-1参照。

(2) 従来の記述はほとんど日本工学会[一九二九](三八六～三八九頁)に依拠している(千藤[一九六七]二五～二八頁、等も)。本書校正途上で刊行された小池[二〇〇三]は、新資料に基づき下瀬火薬(後述)や船岡の火薬廠について詳細な検討を行っていて注目されるが（残念ながら詳述する余裕はない）、日本爆発物会社についての考察はごくわずかであり（三二～三四頁）、特に設立事情や操業状況については新事実は示されていない。

（3）下瀬火薬は海軍技師下瀬雅允の手により製造方法が完成されたもので（一八八八年成功、九三年海軍の制式爆薬に採用、一九〇〇年下瀬火薬製造所竣工）、ピクリン酸主体の高爆薬で弾丸および水雷の炸薬として日露戦争に威力を発揮した。海軍ではのちに下瀬爆薬と称す（日本工学会［一九二九］二七五～三七〇頁、千藤［一九六七］二〇～二一頁）。下瀬火薬についての解説は松原［一九四三］、同火薬はフランス人チュルパンのメリニット（ピクリン酸一〇〇％単体使用）の模倣との指摘などについては、林［一九五七］一三六～一四二頁等、参照。なお、下瀬火薬製造所（東京府下滝野川）は、所属組織的には艦政本部（一九〇〇年）、造兵廠火薬部（一四年）、火薬廠製造部第五工場（一九年）、同廠爆薬部（二一年）と変遷し、舞鶴（京都府）移転（三〇年）ののち、四一年に第三火薬廠となる（千藤［一九六七］二一～二三頁）。図2－1参照。

（4）海軍が威力強大なイギリス式コルダイト（主成分はニトログリセリンと綿火薬）を選定したのに対し、陸軍は砲腔焼触の少ないフランス式B火薬（主成分は綿火薬のみ）を採用した（長谷川［一九六九］二六五頁）。

（5）日本工学会［一九二九］二六七～二六八頁、千藤［一九六七］二四～二五、七八～七九頁。
山田ほか［二〇〇〇］に掲載されている有馬成甫「海軍造兵史」（一九三五年海軍艦政本部長宛提出）の記述によれば、海軍技術会議は富岡定恭海軍技術少佐が提出した報告書に基づき三種の無煙火薬の実験を行いつつも結論を得るに至らず（一八九二～九三年）、コルダイトの制式としての採用を可とする決定を行ったのは、軍艦吉野搭載のコルダイトによる数回の実験を経たのちの一八九五年一一月の会議であった（二七、六八、八六～八七頁）。

（6）日本工学会［一九二九］二六九～二七〇頁、千藤［一九六七］一五、七九頁。火薬類の分類および無煙火薬の研究開発について、詳しくは千藤ほか［一九五二］二八〇～二八五頁、千藤［一九六七］七六～九六頁、等。

（7）鬼塚［一九六八］（1）五〇～五一頁。

（8）Reader [1970] pp. 60, 148.

（9）千藤［一九六七］七九頁。イギリスからの砲用発射薬輸入について、筆者はかつて小林［一九八八］［一九九四］に基づき、アームストロング社に発注されたものとしたが（奈倉［一九九八］二二頁）、訂正しておく。この点は、やや後になるが、ノーベル爆薬社において日本海軍向コルダイトの製造検査を日本海軍検査官が行っている事実（六八頁掲載写真参照）からも確認される。もっとも、当初はアームストロング社がノーベル爆薬社製の火薬輸入の仲介を担ったことは考え得る。

(10) Reader [1970] pp. 125-126. Haber [1971] p. 144（鈴木訳［一九八四］二二〇頁）。伊藤［二〇〇二］四二～四六頁をも参照。

(11) Reader [1970] pp. 60, 125-126, 148-151. Trebilcock [1990] pp. 105-106. また、ノーベル爆薬社側からこうした協定合意に至る経緯を記した文書であるMemorandum with reference to the negotiations between Chilworth and Armstrong/Vickers, 20th April 1902.（signed）HEIDEMANN（Mr. C. Trebilcock 所蔵）をも参照した。

なお、チルワース火薬社およびノーベル爆薬社については、Whittaker & Co. [1909] pp. 344-346, 395-396 をも参照。海軍火薬廠前史刊行会［一九九〇］も同書に基づき、両社をアームストロング社とともに日本爆発物（日本火薬製造）会社の「親会社」として紹介（四七～五五頁）。

(12)「海軍用火薬製造所設立ノ議」（海軍次官斎藤実による閣議稟請文草稿［国立国会図書館憲政資料室所蔵、斎藤実関係文書、書類の部一、二九－一〇－一二］）。山本権兵衛海軍大臣名のほぼ同文の閣議請議書は『公文別録』（国立公文書館所蔵）二A－〇〇一－〇〇、別〇〇一七二所収。

(13) Japanese Government Explosives Factory in Japan: AGREEMENT between Vice-Admiral Saito（acting on behalf of the Imperial Japanese Government）and Sir William Armstrong Whitworth and Company Limited（acting at the same time as proxy for Nobel's Explosives and the Chilworth Gunpowder Company）, 8th June 1905［TWAS 130/1506］.

契約書原案（日英両文とも）は前掲『公文別録』二A－〇〇一－〇〇、別〇〇一七二所収。内容的に異なる第一条の日本文原案のみ参考のために記す。「艦政本部長［斎藤実のこと］ハ会社［イギリス三社のこと］カ主トシテ日本帝国海軍ノ需用ニ応スル目的ヲ以テ日本帝国内ニ爆発物製造工場ヲ設立スルコトヲ承認ス」。

(14) 日本文原案は、第二九条を独立項目とせず、付加的に記す。本契約締結に際して、斎藤実はアームストロング社に対して日本政府を代表して署名をする旨と契約書にうたうコルダイト毎年三〇〇トンの発注を保証した（M. Saito to Sir W. G. Armstrong Whitworth & Co. Ltd., June 8th 1905［TWAS 130/1506］）。

(15) 日本工学会［一九二九］三八七頁、千藤［一九六七］二五頁、および海軍火薬廠前史刊行会［一九九〇］一五頁は、イギリス側契約締結者としてアンドルー・ノウブルとともに「エッチ・コックレーン」（後二文献では「N・コックレーン」）の名前を記しているが（最後者の文献では「サー・N・コックレーン（ノーベル社出身）」と誤記）、正しくはアームストロング社の総務部長役（Secretary）である A. H. J. Cochrane（‘Sir’ の称号はない、A・ノウブルの娘婿）がA・ノウブルとともに契約書に ‘Secretary’ の肩書きでサインしたもの。

(16) 海軍火薬廠前史刊行会［一九九〇］は、本契約締結に際して日本政府（海軍省）が前記三社と交渉したかのごとき叙述をしているが（一五頁）、資料的にはそうした動きは裏づけられない。前述の一九〇五年六月八日付両文書の原文についてもチルワース火薬社の二人の重役（クラフトマイアーおよびタロック）がチェックしたのは七月一七日である（同文書コピー版）。アームストロング社はその直後に取締役会議に契約内容を正式に報告している（Armstrong & Co. Ltd., ‘Minute book No. 2’［TWAS 130/1267］19th July, 1905）。

(17) MEMORANDUM, 21st February, 1906［TWAS 130/1506］.

(18) AGREEMENT between Sir W. G. Armstrong Whitworth and Company Limited and the Japanese Explosives Company Limited, 22nd February 1906［TWAS 130/1506］.

(19) Certificate of Incorporation（The Japanese Explosives Company Limited）, Fifth December, 1905［BT 31/17617/86730, 102265］. 本節で使用するPRO所蔵BT資料はすべて同番号ファイル所収のため、以下［BT資料］と略記。

海軍火薬廠前史刊行会［一九九〇］はJE社設立日を「一二月四日」と記しているが（一六頁）、同書が依拠したと思われる『横浜貿易新報』（一九〇六年二月一二日）の「登記公告」記事（同書一〇九頁掲載）が誤っており、同『新報』も八月六日付の「登記公告」記事で「一二月五日」と訂正している（『横浜貿易新報』の記事は、海軍火薬廠前史刊行会［一九九〇］掲出の抜粋記事および平塚市博物館［一九八六、八九］をも参照して、国立国会図書館所蔵のマイクロフィルムにより確認）。

なお、登記上のJE社本社は設立時はロンドンのチルワース火薬社本社内（54 Parliament Street）に置かれたが（Notice of the Situation of the Registered Office of the Japanese Explosives Company Lmited, 12 Dec 1905［BT資料］）、その直後（〇六年一月）および〇九年六月に二回にわたって近くに移転した（41 & 42 Parliament Street, 38 & 39 Parliament Street）。これはいずれもノーベル爆薬社から出ているJE社総務部長役（Secretary）S・M・ウォーカーの事務所と同番地である（Notice of Change in the Situation of the Registered Office of the Japanese Explosives Company Lmited, 17 Jan., 1906, & 7 June 1909［BT資料］）。

(20)　Statement of the Nominal Capital (The Japanese Explosives Company Limited, 5 Dec., 1905), Register of Directors or Managers of the Japanese Explosives Company Limited, 12 Dec., 1905, Articles of Association of The Japanese Explosives Company Limited [いずれもＢＴ資料]。

(21)　英語表記は Thomas Gregorie Tulloch だが、『横浜貿易新報』(一九〇六年二月一二日) の「登記公告」記事は「トーマス・グレゴリー・ツウォッチュ」と表記している。

(22)　Articles of Association of The Japanese Explosives Company Limited, Register of Directors or Managers of the Japanese Explosives Company Limited, 12 Dec., 1905, 26 June 1909, & 21 July 1915 [いずれもBT資料]。

日本側文献はすべてＡ・ノウブルを単に社長と表記しており (日本工学会 [一九二九] 三八七頁、千藤 [一九六七] 二六頁、海軍火薬廠前史刊行会 [一九九〇] 二二頁)、アンストゥルザーの会長職については何も記していない。なお、この両者の権限関係は残念ながら資料的に定かではない。

(23)　Register of Directors or Managers of the Japanese Explosives Company, Limited, 26 June 1909, & 21 July 1915, & Summary of Share Capital, and Shares of the Japanese Explosives Company, Limited, made up to the 13th day of June 1910 [いずれもＢＴ資料]。ジョンストンからシャンドへの株式名義変更は間にジョンストン未亡人およびノーベル爆薬社名義を経由している。

(24)　Register of Directors or Managers of the Japanese Explosives Company Limited, 26 Oct., 1915 [ＢＴ資料]。

(25)　日本工学会 [一九二九] 三八七頁、千藤 [一九六七] 二六頁、海軍火薬廠前史刊行会 [一九九〇] 二三頁。なお、Ｈ・マックゴワンの取締役登記が確認される資料 (Register of Directors or Managers of the Japanese Explosives Company Limited, 16 May 1917 [ＢＴ資料]) には取締役Ｅ・ケイの死亡が記載されている。

(26)　Reader [1970] p. 148, Trebilcock [1990] p. 106. 後者は前者に依拠しているが、筆者はかつて後者に依拠して同様に記した (奈倉 [一九九八] 二四頁)。

(27)　海軍火薬廠前史刊行会 [一九九〇] 一七、四七頁。その典拠は示されていないが、Reader [1970] p. 151 の図と推察される。つまり、前注も併せ考えると、ＪＥ社出資比率の内訳について今まで知られていた事実はすべて Reader [1970] pp. 148, 151の記述に拠っていることになる (同書はＩＣＩ所蔵資料に基づくものと思われる)。

なお、イギリス三社出資中の「チルウォース社については疑問があり、ビッカース社との説がある」という指摘もあるが

(千藤［一九六六］一八〇頁)、前述のごとく、ヴィッカーズ社はノーベル爆薬社およびチルワース火薬社と密接に連携しているものの、JE社に対して直接には出資していない。

(28) Return of Allotments on the 25th of January 1906 of the Japanese Explosives Company Limited［BT資料］。取締役名義分は各々一律一〇〇株分であり、これは会社定款第八九条の規定に基づく（Articles of Association of the Japanese Explosives Company Limited［BT資料］）。

(29) Return of Allotments on the 25th of January 1906 of the Japanese Explosives Company Limited, Report pursuant to s.12 of the Companies Act, 1900 of the Japanese Explosives Company Limited, 12 Feb. 1906, & Summary of Capital and Shares of the Japanese Explosives Company, Limited, made up to the 8th day of March 1906［いずれもBT資料］。会社設立当初の払込が十分の一だったことは『横浜貿易新報』の記事からも確認できる（一九〇六年八月六日付の「登記公告」記事で二月二二日記事「各株ニ付払込ミタル株金額」「金拾磅」を「金壱磅」へ訂正）。

(30) Reader [1970] p. 148.

(31) Summary of Share Capital, and Shares of the Japanese Explosives Company, Limited, made up to the 13th day of June 1910［BT資料］。

(32) Summary of Share Capital, and Shares of the Japanese Explosives Company, Limited, made up to the 2nd day of June 1915［BT資料］、なお、株式非公開は会社登記時点で明記されていたが（Certificate of Incorporation〔the Japanese Explosives Company Limited〕［BT資料］）、定款上で明確に規定されたのは一九〇八年三月のことである（The Japanese Explosives Company Limited, Special Resolution, Passed 18th March 1908, Confirmed 2nd April 1908, Articles of Association of the Japanese Explosives Company Limited, 5 Dec., 1905［いずれもBT資料］）。

(33)（Indenture with）The Vereinigte Köln-Rotweiler Pulverfabriken on the Japanese Explosives Company Limited, 24th June 1908［TWAS 130/1519］（署名者：アームストロング社側；J. M. Falkner（Director), J. H. B.Noble（Director), A. H. J. Cochrane（Secretary)、KR火薬社側：E. Müller, M. Duttenhofer）。

(34) 日本工学会［一九二九］は日本爆発物（三八七頁）、千藤［一九六七］は日本爆発物製造（二五頁）の名称を使用。

(35) 平塚市企画室［一九七六］五八五〜五八六、五九〇頁、および海軍火薬廠前史刊行会［一九九〇］一六、八五頁。その典拠は同書一〇九頁掲出の『横浜貿易新報』（一九〇六年二月一二日）の「登記公告」記事と思われる。

（36）海軍火薬廠前史刊行会［一九九〇］二〇～二一頁。

（37）平塚市企画室［一九七六］五八五～五八六、五九〇頁、海軍火薬廠前史刊行会［一九九〇］一六、八五頁。後者は改称年次をも特定（典拠は同書一一六頁掲出の『横浜貿易新報』一九一四年五月三〇日付「会社名変更」記事）。

（38）海軍火薬廠前史刊行会［一九九〇］一六～一七、八五～八六頁。

（39）Register of Directors or Managers of the Japanese Explosives Company Limited, 12 Dec., 1905, 26 June 1909, & 21 July 1915, etc.［BT資料］。村田［一九八五］もJE社の名称はイギリス側文献（Reader［一九七〇］）では'The Japanese Explosives Co. Ltd.' であることを指摘。

（40）『横浜貿易新報』（一九一四年五月三〇日）の会社名変更記事では「セ・ジャパニース・エキスプローシーウス・コンパニー・リミテッド」、日本政府へ継承される際の公告記事（一九一九年三月一日）では「ゼ・ジャパニース・エキスプローシーブス・コムパニー・リミテッド」との表記である。

（41）海軍火薬廠前史刊行会［一九九〇］は、日本語名称変更理由について、一九一六年六月に「日本で初めてダイナマイトの製造を民営化した日本火薬製造（日本化薬の前身）」が設立されており、同社には計画途上でノーベル爆薬社からの出資申し出もあったので（これは実現に至らなかった）、その新設会社設立に先立って社名変更をしたものと推測しているが（八六頁）、先発会社の方が予め名称変更するという根拠はやや薄弱である。しかも新設会社の動きは第一次大戦勃発に伴う全般的な火薬需給逼迫後である（日本化薬㈱［一九六七］二九～三四頁、日本産業火薬史編集委員会［一九六七］五二一頁、等参照）。

（42）『横浜貿易新報』の記事には日本爆発会社という表記も頻出する。

（43）和田［一九七七］など。『横浜貿易新報』の記事には「アームストロング会社」のほか、「アームストロング会社日本火薬製造所」という表記も散見する。また、平塚市博物館［一九九五］も、『横浜貿易新報』を利用しながら「アームストロング会社」の「同盟罷工」関係の記事などを掲出しているが、その一つ「海軍省直営砂利軽便鉄道」の工事記事（一九一七年一二月一四日）は、日本爆発物会社について「平塚町新宿大日本火薬会社」と記している（同書三四二頁）。

なお、平塚地方では、日本火薬製造（日本爆発物）平塚工場を「かいぐんしょう」と俗称し、在勤の上役を「かいぐんさん」と言ったとも指摘されているが（平塚市企画室［一九七六］一二〇頁）、そうした呼び方が一般的になるのは海軍火薬廠になってからではなかろうか。

(44) 日本工学会［一九二九］三八七頁。千藤［一九六七］二六頁、海軍火薬廠前史刊行会［一九九〇］二一頁も同様の記述。なお、当初工事監督に当たった人物として「カリー・ウィルソン」（千藤［一九六六］一七一頁）あるいは「カーリー・ウィルソンと次席のカンス」」（平塚市企画室［一九七六］五八六頁）とカ（ー）リーとウィルソンが同一人物のごとく表記されている場合があって紛らわしいが、同前書八三七頁では、工場建設に当たったスタッフは「カレー（主任）、カンス（次席）、ウィルソン（建築技師）」と明白に別人物と表記している。

(45) 平塚市企画室［一九七六］三八、五八六頁。

(46) 日本工学会［一九二九］三八八頁、千藤［一九六七］二七頁、海軍火薬廠前史刊行会［一九九〇］二二頁。本文中［ ］内表記部分および当時のイギリス人員数は最後者の文献および平塚市企画室［一九七六］五八六頁の指摘。

(47) Imperial Chemical Industries Limited［1938］p. 118.

(48) 海軍火薬廠前史刊行会［一九九〇］二一～二三頁。『横浜貿易新報』一九〇六年二月一二日、一〇月三日、〇七年一二月二二日、一〇年三月二三日。バイスコッフは「バイスコップ」と記される場合もあるが（同、一九一二年七月一四日）、「登記公告」記事では「ドクトル・エリック・エッチ・バイスコッフ」（同、一〇年三月二三日）。

(49) 海軍火薬廠前史刊行会［一九九〇］二九頁。

(50) 海軍火薬廠前史刊行会［一九九〇］二三～二四頁、平塚市企画室［一九七六］五八六頁。ドイツ系と思われるバイスコッフ（チルワース社派遣か）が一九一四年に交替しているのは、第一次大戦勃発によるものと推察される。

(51) フランシス・マルケイは、日本製鋼所取締役に就任していたF・B・T・トレヴェリヤンのイギリス帰国に伴い、代わりに日本居住取締役候補者として検討された人物である（奈倉［一九九八］一五六頁参照）。

(52) 『横浜貿易新報』一九一九年三月一日。

(53) 日本工学会［一九二九］（三八七頁）は、製造所の起工を一九〇五年九月頃としているが、海軍火薬廠前史刊行会［一九九〇］（二〇～二一頁）によれば、同年九月に中郡大野村を中心に用地買収が開始されたものの買収反対の住民運動が起こったため買収調印は一〇月となった。また、〇六年五月には工場建設は設計変更のため約六〇日間工事を中止し、既存建物が二・三棟取り壊されている（『横浜貿易新報』同年五月一九日付参照）。

（54）一九〇八年初頭にアームストロング社財務役員は取締役会にＪＥ社の工場が間もなく製造開始の見込みであることとともに資材購入のための追加資金（三万ポンド）が必要の旨を報告している（Armstrong & Co. Ltd. Minute book No. 2 [TWAS 130/1267], 20th Feb., 1908）。

（55）日本工学会［一九二九］三八七〜三八八頁、千藤［一九六七］二六頁、海軍火薬廠前史刊行会［一九九〇］二二頁。

（56）日本工学会［一九二九］三八八頁。

（57）Armstrong & Co. Ltd. Minute book No. 3 [TWAS 130/1268], 19th & 20th Oct., 1910.

（58）イギリス製のＭＫＩもＭＤＣもともに成分中のＭＪ（ミネラル・ジェリー）の安定剤としての性能が必ずしも優秀とは言えず、長年の貯蔵により火薬が不安定となり自然爆発を起こすおそれがあった。日本海軍は軍艦三笠爆沈事件（一九〇五年九月）等の査問結果から、ＭＤＣに代わるべき安定度の高い火薬を求め、楠瀬らの研究開発による優秀な安定剤ヤラヤラ（略称ＪＪ）を使用した「二年式火薬（C_2）」を制式として採用し（一七年）、ＪＥ社平塚工場において製造を開始させた（千藤［一九六七］八〇頁）。

（59）ＪＥ社平塚工場は火薬製造着手（一九〇八年一二月）以降「十箇年間、一回の災害だも発生することなく、完全に所要の紐状火薬を製造し、且職員の養成をも終了せり」（日本工学会［一九二九］二七一頁）。

（60）日本工学会［一九二九］三八八〜三八九頁、千藤［一九六七］二七〜二八頁、海軍火薬廠前史刊行会［一九九〇］二二〜二四頁。平塚工場勤務の外国人員は二六・二七名（当初二三名程）から三六名、日本人従業員は二五三名から五一一名に及んだ。

（61）ノーベル爆薬社は一九一三年時点でＮＤＴグループ内各社から多額の借金をしているが、グループ外や子会社などからも借り入れており、ＪＥ社からも三万ポンドの借金をしている（Reader [1970] p. 181）。

（62）Armstrong & Co. Ltd. Finance Committee, No. 1 (1911–1918) [TWAS 130/1287], May 12th, 1915 & March 15th, 1916.

（63）Summary of Share Capital, and Shares of the Japanese Explosives Company, Limited, made up to the 8th day of April 1920［ＢＴ資料］。

（64）日本工学会［一九二九］三八九頁、千藤［一九六七］二八頁、海軍火薬廠前史刊行会［一九九〇］二四頁。議会の協賛を

えた「経費二六七万九五〇〇円」（『横浜貿易新報』一九一八年四月一一日）は買収経費の一部と思われる。小池［二〇〇三］は「平塚買収費は二一三万八五七九円」としているが（三四頁）、その典拠は定かでない（注記されている『海軍省年報』には、「買収費」の記載はない）。参考までに当該年度（一九一九年版、一九二六年刊）の火薬廠の「資本」に関する数値は「固定資本」二二五万四九一一円、「運転資本」七〇万円、計二九五万四九一一円である。

(65) 岸本肇遺芳録刊行会［一九七七］二六、五八、七九頁。なお、同書の岸本肇遺稿によると、イギリス出張中「J・E社の社長のウォーカー氏」が尽力してくれたとの記述がある（七九頁）。前述のごとく、JE社社長はA・ノウブル死去（一九一五年一〇月）後はノーベル爆薬社支配人のマックゴワンが就任した。岸本が指摘した「ウォーカー氏」はJE社設立以来の総務部長役S・M・ウォーカーと思われる。

(66) 第二代廠長は波多野貞夫少将。歴代廠長については豊田［一九八五］、吉本［一九三四］、岸本肇遺芳録刊行会［一九七七］、山家信次先生遺芳録刊行会［一九八六］、松岡俶躬先生遺芳録刊行会［一九八六］。海軍火薬廠成立後の諸事情については（回想的既述が多いが）、ほかに新美・和田［一九七四年］、和田［一九八七］などがある。

(67) Armstrong & Co. Ltd., Minute book No.4 [TWAS 130/1269], 15th Nov., 1917.

(68) Summary of Share Capital, and Shares of the Japanese Explosives Company, Limited, made up to the 8th day of April 1920［BT資料］。

(69) Armstrong & Co. Ltd., Finance Committee No. 1 (1911-1918) [TWAS 130/1287], 28th January, 1920.

(70) The Japanese Explosives Company Limited, Special Resolution, Passed 14th May 1920, Confirmed 2nd June 1920［BT資料］。

(71) 一九二〇年六月に清算人による株主に対する会社余剰資産の現金分配が委ねられ（The Japanese Explosives Company Limited, Extraordinary Resolution, the 2nd day June of 1920［BT資料］）、最終的な資産処分と解散手続きが実施されたのは同年一一月である（Return of the Final Winding-up Meeting of The Japanese Explosives Company Limited, 19th Nov., 1920［BT資料］）。

(72) 奈倉［一九九八］。同［二〇〇一］、同［二〇〇二］でも補足。

(73) 以下、詳しくは奈倉［一九九八］一八～四六頁、同［二〇〇一］二一六～二一九頁。

(74) ㈱日本製鋼所［一九六八a］一三〜一四頁、富士製鉄㈱［一九五八］三七〜三九頁、等。

(75) 山内［一九一四］一九一〜一九四頁。井上［一九三三］二七〜三〇頁。

(76) 奈倉［一九九八］二三〜二四頁。本書第1章。主力艦と艦載砲の発達については、海軍砲術史刊行会［一九七五］（特に五〜一五、一三〇〜一四三頁）をも参照のこと。

(77) 山内［一九一四］一九四頁。

(78) Armstrong & Co. Ltd. Minute book No. 2 [TWAS 130/ 1267], 30th Nov., 1906.

(79) Vickers Ltd. Minute book No. 5（1901-1907), 28th Feb., 1907 [VA 1363], B. H. Winder, 'NIHON SEIKO SHO（THE JAPAN STEEL WORKS Ltd)' [VA L16 & R313], 'K.K. NIHON SEIKOSHO（JAPAN STEEL WORKS),' 31st December 1934 [VA 57 & 1239].

(80) ㈱日本製鋼所［一九六八a］三一頁。

(81) 奈倉［一九九八］第六章、第八章および同補論。

(82) イギリス側文献においてはイギリス両社が日本政府（海軍）の要請を受け入れた事実のみが強調されている（Scott [1962] p. 85, Davenport-Hines [1986-b] p. 52, Trebilcock [1990] p. 90）。

(83) Scott [1962] pp. 83-88, Trebilcock [1977] pp. 93-96, 122-125, 133-134, Davenport-Hines [1986b] pp. 46-48, Warren [1989] pp. 69-85, 122-127.

(84) M. Conte-Helm [1989] pp. 20-51（岩瀬訳［一九九〇］三〇〜六四頁）、do. [1994]（日英文化交流協会訳［二〇〇二］）、Checkland [1989] pp. 60-64, 153-156, 188-190（杉山・玉置訳［一九九六］八〇〜八三、一九八〜二〇二、二四四〜二四七頁）、小林［一九九八］、同［一九九四］一〇五〜一〇八頁、小野塚［一九九八］、等。本書第1章をも参照のこと。

(85) 詳しくは、㈱日本製鋼所［一九六八a］五一〜七七頁。

(86) 工場用地は、井上ら北炭首脳の当初構想以来、室蘭が選定されていた。付近の自社鉱区、石炭鉱山の所有、優秀な港湾、石炭積出施設はじめ関連事業施設の集中などによるが、同時に、室蘭には一時「第五鎮守府」候補地として海軍用地が確保されていたことも一因と思われる（奈倉［一九九八］三三頁、㈱日本製鋼所［一九六八a］三三〜三五頁）。

(87) ㈱日本製鋼所［一九六八a］一一四、一三六、一六三〜一六九頁。

(88) 一九〇五年のイギリス会社資本金順位でヴィッカーズ社第六位、アームストロング社第一一位(Payne [1967])、1911年上期の日本鉱工業企業総資産額順位で北炭第一位、日本製鋼所第四位である(産業政策史研究所[一九七六])。
(89) 輪西製鉄所は、三井による北炭支配下に再建(一九一三年)、その際は鉄鉱石を原料として銑鉄製造。以後の変遷は図2-2参照。
(90) 北海道炭礦汽船㈱[一九五八a]一八一~一八三頁、同[一九五八b]一〇三~一〇六頁、宮下[一九九四]、奈倉[一九九八]四〇、六九~七五頁、等。
(91) 詳しくは、奈倉[一九九八]第2章および第3章。同[二〇〇一]二一九~二二五頁をも参照。
(92) その一人F・ブリンクリは当時日本三大英字新聞の一つジャパン・メイルの発行人兼編集者であった。
(93) 広沢、毛利五郎(男爵・貴族院議員、日本製鋼所監査役[一九〇七~一〇年])、副島道正(伯爵・東宮侍従、日本製鋼所取締役[一九〇七~一四年])、田中銀之助(田中鉱業・北炭等の取締役、日本製鋼所取締役[一九〇七~一四年])の四名は青年時代に(一八九〇~九六年の間)イギリス・ケンブリッジ大学のカレッジ生活を送っていて旧知の間柄だった(広沢・副島・田中の三名はパブリック・スクール[リーズ・スクール]の同窓でもある)。しかも、同時にその多く(広沢・毛利・副島)は爵位を有する階層でもあった(当時の日本製鋼所重役会構成の特異な性格)。田中[一九九八]、Koyama [1998]、小山[一九九九]参照。
(94) Minutes of the Meeting of the English Directors of the Japan Steel Works(以下MEDと略), 9th October and 13th November, 1908 [VA G267, R287, R288].
(95) Minutes of the Meeting of Directors and Auditors of the Nihon Seiko-sho(以下MDAと略), 5th, 15th and 22nd Feb., 1909 [日本製鋼所室蘭製作所蔵]。NOTES ON THE MURORAN WORKS By Mr. Douglas Vickers [TWAS 31/7773].
(96) 一九〇九年二月八日付井上専務取締役より宇野常務取締役宛書状(北海道炭礦汽船株式会社『親展書類、重役附、自明治四二年一月一日至三月一五日』[北海道開拓記念館所蔵])。
(97) 奈倉[一九九八]五八~六二頁。山内は斎藤実海軍大臣宛書状でも、次のごとく、日英重役間の摩擦を伝えている。「日本製鋼所内各重役間殊ニ日英人之間兎角融和ト意志疎通ヲ欠キ紛々タル小問題絶ヘズ」(一九〇九年五月二一日付、山内万寿治より斎藤実宛書状)。「昨日井上角五郎来港山本[権兵衛]大将之意ヲ受ケ社内紛争ノ事情ヲ談話シ候小生ニ於テモ甚ダ不快之念ナキニシモ非ズ」（一九〇九年五月二四日付、山内万寿治より斎藤実宛書状）。斎藤実関係文書、書翰の部一五七七－一〇三および一〇四。

(98) 一九〇九年五月二六日付、山内万寿治より井上角五郎宛書状（日本製鋼所本社所蔵『日本製鋼所五十年史・資料』の『資料摘録（1）』掲載）。同日付、山内万寿治より斎藤実宛書状、斎藤実関係文書、書翰の部一五七七－一〇五。同様の趣旨は、にも記されている（奈倉［一九九八］五九頁）。

(99) 一九〇九年一一月二三日付、山内万寿治より斎藤実宛書状、斎藤実関係文書、書翰の部一五七七－一〇六。

(100) 一九〇九年一二月一五日付、井上角五郎より宇野鶴太宛書状の添付書類（北炭『親展書類、重役附、自明治四二年七月三一日至一二月三〇日』）。

(101) 第四五回MDA, 一九〇九年一二月二一日［VA R287］。

(102) 'Minutes of the Emergency Meeting of the Board of Directors and Auditors of the Nihon Seiko-sho,' 18th April, 1910［VA R288］, MDA, 28th April, 1910［日本製鋼所室蘭製作所蔵］。日本製鋼所取締役会長の交代（井上辞任から山内の就任まで）の事情については、奈倉［一九八八］七七～八四頁。

(103) 井上［一九三三］四三～五四頁、北海道炭礦汽船㈱［一九三九］六七～七〇頁、同［一九五八ｂ］一八一～一八四頁、市原［一九八三］一五二頁、宮下［一九九四］等。本書校正途上で刊行された北沢［二〇〇三］をも参照されたい。

(104) Letters and Papers concerning the Seikosho Company: October 1908－December 1912［TWAS 31/7770－7807］、特に一九一〇年四月の三四通の電報［TWAS 31/7776, 7777］。

(105) H. V. Henson in Tokyo to the English Secretary of the Japan Steel Works（電報翻訳文）, 28th and 29th April, 1910［TWAS 31/7776－22, 24］, MDA, 28th April, 1910, ㈱日本製鋼所［一九六八ａ］一五四頁、山内［一九一四］二一七、二二一頁。

(106) すでに五月初旬のＨ・Ｖ・ヘンソンと日本製鋼所イギリス事務所との往復電報（五月七日および九日）に山内会長案（イギリス側副会長案）にイギリス側が賛成の旨の意向が見られる（［TWAS 31/7781, 7782］）。

(107) M. Yamanouchi to E. L. D. Boyle & T. Watanabe, 5th June, 1910（第五八回MDA, 一九一〇年六月九日［VA R287］）。

(108) 第五七回MDA, 一九一〇年五月三〇日。内容については奈倉［一九九八］八〇頁。

(109) ヘンソンはJ・H・B・ノウブルの「代理人」であるが、日本製鋼所の前記緊急事態下の諸問題協議のため一時帰国することになり、帰英に先立ち斎藤海軍大臣、財部海軍次官に挨拶している。その際、山内は斎藤に対してヘンソン訪問の折には「然るべく諭して欲しい」旨伝えている（一九一〇年五月五日付、山内万寿治より斎藤実宛書状、斎藤実関係文書、書翰の部一五七七-一一〇）。ヘンソンは財部への挨拶の折には「不在中ノ代理者某」を伴っているが（『財部彪日記』上、九〇頁）、「代理者某」とはF・H・バグバード（ジャーディン・マセソン商会日本駐在員）のことで、ヘンソン自身が取締役「代理人」であり、なおかつ不在中にはその「代理者」まで認めていたのである（奈倉［一九九八］八一、一〇三頁等。本書の表2-1をも参照）。

(110) 一九一五年五月三一日付、山内万寿治より斎藤実宛書状、斎藤関係実文書、書翰の部一五七七-一一一。同書状には五月二八日付ニューカッスル発電報（内容前述）が添付されている。室田が来日要請したのはアンドルー・ノウブルかJ・H・B・ノウブルか定かでないが、その直後に山内がJ・H・B・ノウブルと頻繁に電報を取り交わし、「老ノーブル［＝アンドルー・ノウブル］衰弱のため」J・H・B・ノウブルの来日も甚だ困難と斎藤海軍大臣に伝えている（一九一〇年六月一一日付、山内万寿治より斎藤実宛書状、斎藤実関係文書、書翰の部一五七七-一一五）。

(111) 一九一〇年六月二日付、山内万寿治より斎藤実宛書状、斎藤実関係文書、書翰の部一五七七-一一二。これにも前記電報添付。

(112) 一九一〇年六月五日付、山内万寿治より斎藤実宛書状、斎藤実関係文書、書翰の部一五七七-一一三。

(113) 一九一〇年六月六日付、山内万寿治より斎藤実宛書状、斎藤実関係文書、書翰の部一五七七-一一四。

(114) 山内は、当初日本製鋼所会長就任要請を固辞した理由の一つとして、「在本邦英人中、私に野心を包蔵する者ありと見たれば、堅く辞して応ぜざりき」とのちに記している（山内［一九一四］二一八頁）。

(115) 加藤寛治駐英武官（海軍中佐）も斎藤海軍大臣に対して、イギリス両社は「山内氏ニ製鋼所ヲ『コントロール』」させることを希望していること、「井上氏ハ人格上ヨリモ尤モ毛嫌」していると伝えている（一九一〇年六月九日付、加藤寛治より斎藤実宛書状、斎藤実関係文書、書翰の部六二〇-一四）。

(116) H. V. Henson［推定］、"Japan Steel Works," 14th June 1910 [TWAS 31/7786].

(117) Armstrong & Co. Ltd. Minute book, No. 3, 16th June, 1910 [TWAS 130/1268]

(118) 一九一〇年［推定］六月一八日付、山内万寿治より斎藤実宛書状、斎藤実関係文書、書翰の部一五七七-一五一。

(119)　山内［一九一四］二一九頁、㈱日本製鋼所［一九六八ａ］一五六頁。

(120)　E. L. D. Boyle to the directors and auditors of the Japan Steel Works on 22nd June, 1910（MDA, 27th June, 1910［VA R287］）.

(121)　ボイル辞任の報告を受けたアームストロング社は、彼を日本から呼び戻し、辞任理由を聞き、委員会での検討を経た上で減俸処分としている（Armstrong & Co. Ltd, 'Minute book, No. 3［TWAS 130/ 1268］, 4th August, 1910, 19th January, & 2nd Feb., 1911）。

(122)　以上詳しくは、奈倉［一九八八］七七～八七頁。

(123)　首相推薦として小林（丑三郎）が監査役候補にあげられたが（一九一〇年七月二四日［消印］、および八月五日付、山内万寿治より斎藤実宛書状、斎藤実関係文書、書翰の部一五七七－一一六および一一八）、実際には小林は取締役に就任（表２－1参照）。

(124)　一九一〇年八月一三日、北炭重役会決議（北炭『親展書類、重役附、自明治四三年七月至九月』）。

(125)　奈倉［一九九八］九三頁。

(126)　㈱日本製鋼所［一九六八ａ］一五五頁。

(127)　詳しくは、奈倉［一九九八］九九～一二五頁、同［二〇〇一］二二三～二二五頁。

(128)　奈倉［一九九八］七一～七四頁。

(129)　MED, 一九一〇年八月二四日［VA G267 & R287］、第六六回 MDA, 一九一〇年九月一七日［VA R287］。

(130)　Chairman of the Board of Directors（サイン未記入）to J. H. B. Noble, Newcastle-upon-Tyne, Aug. 1st, 1910（同日重役会議決議附属書類、北炭『親展書類、重役附、自明治四三年七月至九月』所収）。

(131)　一九一〇年八月二九日、北炭重役会決議（北炭『親展書類、重役附、自明治四三年七月至九月』）。

(132)　第六六回 MDA 一九一〇年九月一七日［VA R287］。

(133)　詳しくは奈倉［一九九八］九九～一〇二頁。

(134)　奈倉［一九九八］一〇八～一一九頁。日本製鋼所がイギリス両社と正式な総代理店契約を締結したのは一九一七年のこと（ただし間もなく破棄され一九年に別なかたちで再締結された［同一五九～一六〇頁］）。

(135) MDA, 14th April, 1913 [VA R287], 山内［一九一四］二三五頁、等。

(136) 一九一二年一二月二四日付日本製鋼所取締役（署名不詳）より日本帝国陸軍寺内大将宛「日本製鋼所イギリス工場取締役要望書（訳文）」（山本［一九八四］七六一～七六四頁）。本書状は、日本製鋼所イギリス側取締役会議（一九一二年一二月一三日）で検討された結果、イギリス両社を代表してJ・H・B・ノウブルが日本の有力政治家宛書状として出すことが決められたものと同一と思われる（奈倉［一九九八］一二六頁）。

(137) 海軍次官財部は、「山之内男爵ヨリ艦政本部ノ仕打ノ不親切ナル事、仕打改マラザルニ於テハ断然引退スベキ事等縷々不平話ヲ聞」いており（一九一二年三月二七日）、財部は岳父山本権兵衛に「艦政本部側ノ同男ニ対スル信用ハ殆ンド皆無ナル事」を伝えたところ、山本は「然ニ於テハ無致方断然西洋人ニテモ製鋼所ニ入ル、ノ外ナカルベキ歟」と洩らしたという（同二八日、『財部彪日記』下、二四～二五頁）。これは前後の記述から、巡洋戦艦金剛のヴィッカーズ社受注の過程で山内と松本艦政本部長との間に何らかの摩擦が生じたことが起因しているものとして注目される（第5章参照）。

(138) 山内［一九一四］二三四～二三五頁。同書は、山内「自ら身辺に関する事歴を綴」ったものだが（巻頭言）、ジーメンス事件発覚直後（一九一四年三月）のことであることに注意。

(139) 第一一二および一一三回MDA、一九一三年一一月八日および一二日［VA R287］。山内の会長退任表明が重役会において行われたのは株主総会招集がイギリス両社代表滞在時に間に合わなかったためと思われるが、ジーメンス事件発覚直前の微妙な時期であることを第4章との関係で注意しておきたい。少なくとも、来日中のダグラス・ヴィッカーズには、ロイター通信員プーレイを通じて事件に関する何らかの情報がもたらされていたと推察される。（後掲小年表［別表2］参照、なお、江藤［一九八三］第四部三三頁をも参照）。

(140) 奈倉［一九九八］一二八頁。一九一三年一一月一八日付、北海道炭礦汽船株式会社取締役会長団琢磨より常務取締役宇野鶴太宛書状（北炭『親展書類、重役附、大正二年自七月至一二月』）をも参照。

(141) J. H. B. Noble to Y. Mizutani, 28th Nov., 1914, and Mizutani to Noble, 30th Jan., 1915, in LETTERS TO AND FROM MR. JOHN B.NOBLE 1914–1915［日本製鋼所室蘭製作所蔵］。奈倉［一九九八］一五四～一五五、一六〇～一六一頁。

(142) 奈倉［一九九八］一二八～一二九、一五二～一五六頁。

(143) 一四インチ砲（四五口径三六センチ砲）の金剛積載決定経緯については、従来、資料的には浮田［一九四二］、波多野［一九三三〕二六一～二六三、二七三頁、『加藤寛治大将伝』五四七～五六一頁、武藤造兵少将「三六糎砲ノ採用ニ就テ」一九二四年一一月（山田ほか編〔二〇〇〇〕所収）、海軍砲術史刊行会〔一九七五〕一四二頁、などに依拠して説明がなされてきたが（奈倉〔二〇〇二〕も同様）、新資料を含む新解釈については本書第5章を参照のこと。

(144) 斎藤助手「金剛搭載四三式十四吋砲八門経過表」一九一二年一二月一三日、「英国セェフィールド市毘社ニテ」（日本製鋼所『研究報告』第七巻、一九一四年〔日本製鋼所室蘭製作所所蔵〕）。

(145) 一九〇九年一二月時点で、山内はアンドルー・ノウブルが当時イギリス最新の「一三・五インチ砲」採用に否定的なことを斎藤実海軍大臣に伝えている（一九〇九年一二月二一日付、山内万寿治より斎藤実宛書状、斎藤実関係文書、書翰の部一五七七-一〇七）。また、斎藤実の覚書によれば、「山内中将ノ意見ハ…今日ノ場合ハ先十二伊五十口径砲ヲ以テ主砲トシテ遅カラザルベク…此期間ノ造船計画ニハ十四伊砲ハ見合スル方可ナルベシト云フニアリ」（期日不詳〔一九一〇年四・五月推定〕、斎藤実関係文書、書類の部一-五三-4）。本資料は山田ほか〔二〇〇〇〕にも掲げられている（一七九頁）。

(146) 日本製鋼所による一四インチ砲の製造契約は一九一一年五月、その図面完成は同年七月であるが、同所には当初金剛（金剛型の意か?）に搭載予定であった五〇口径一二インチ砲の日本製鋼所作図の図面（同年四月完成）も現存していると言う（国本〔二〇〇〇b〕一一〇頁）。

(147) ㈱日本製鋼所〔一九六八a〕二三三～二三四頁、および奈倉〔一九九八〕一三四～一三六頁。

(148) 国本〔二〇〇〇a〕。

(149) 前掲斎藤「金剛搭載四三式十四吋砲八門経過表」など、日本製鋼所『研究報告』掲載の報告書参照。

(150) 奈倉〔一九九八〕一三六頁では、㈱日本製鋼所〔一九六八a〕二三三頁に基づき、一九一四年中完成の一四インチ砲一二門の一部砲身材料はアームストロング社供給と記したが、本文のごとく訂正しておく。長谷部〔一九八八〕もイギリス両社からの「半製品原料」輸入による大砲製造が相当量行われたことを明らかにしたが（四三頁）、両社内訳は記していない。

(151) 国本〔二〇〇〇a〕。

(152) 防衛庁防衛研究所所蔵『明治四三年、公文備考』兵器六、巻五七、「官房機密第六〇七号」（一九一〇年一一月一四日決裁）、『明治四四年、公文備考』兵器七、巻六五、「官房第八八六号」（一九一一年三月一六日決裁）、「官房一三七九号」（一九一一年四月二一日決裁）。奈倉〔二〇〇二〕三九頁。国本〔二〇〇〇一〕（一四七頁）をも参照。長谷部〔一九八八〕は日本製鋼所

受注先の海軍内訳を記し（三七頁）、一一年まで呉工廠が主だったものが一二年には艦政本部が主になる事実を示したが、それは本文記述のごとく、海軍側の発注形式の変更に基づくものである。

(153) ㈱日本製鋼所［一九六八a］一一〇～一一一、一二八～一三〇、一八二～一八三頁。奈倉［一九九八］一四三～一四九頁。

(154) 詳しくは奈倉［一九九八］一四五～一四八頁。奈倉［二〇〇一］でも同様の趣旨を強調した（二二七頁）。技術移転の過大評価については奈倉［二〇〇二］四〇頁。

(155) ㈱日本製鋼所［一九六八a］二三七～二四一頁。奈倉［一九九八］一四八～一四九頁。

(156) 以下、奈倉［二〇〇二］四一～四二頁。

(157) 水谷取締役より取締役会長高崎親章宛「『ロバートソン』ノ件」一九一五年三月三一日および同年四月一日（日本製鋼所室蘭製作所所蔵『ロバートソン関係書類　自一九一五年至一九一六年』所収）。

(158) 取締役水谷叔彦より取締役会長高崎親章宛「『ロバートソン』ノ件」一九一五年四月一五日（前掲『ロバートソン関係書類』所収、同文の一六日付文書も存在）。

(159) C. Takasaki (KABUSHIKI KWAISHA NIHON SEIKOSHO, Chairman), to The Secretary, The Japan Steel Works, Ltd, Newcastle-upon-Tyne, "Steel Melting", May 6th, 1915（前掲『ロバートソン関係書類』所収、同訳文も所収）。

(160) F. B. T. Trevelyan (The Japan Steel Works, Limited, Director), Elswick Works, Newcastle-upon-Tyne, to The Kabushiki Kwaisha Nihon Seikosho, Muroran, "Steel Melting", 21st July, 1915（前掲『ロバートソン関係書類』所収）。

(161) C.Takasaki, *op. cit.*

(162) 日本製鋼所実験室「十四吋砲製造工事中今日ニ至ル迄ニ起レル調査結果報告」一九一七年八月一八日（日本製鋼所『研究報告』［日本製鋼所室蘭製作所所蔵］第二一巻、一九一七年）。

(163) 日本製鋼所は、第一次大戦後は一九三〇年のコスモ・ジョーンズ（元ヴィッカーズ社技師）招聘に至るまで外国から技師を招聘していない。

(164) Armstrong & Co. Ltd, Finance Committee, 11th Oct., 1916, etc.［TWAS 130/ 1287］.

(165) 奈倉［二〇〇一］二二八頁。

(166) 詳しくは奈倉［一九九八］第5章。奈倉［二〇〇一］二二九～二三〇頁をも参照。

(167) すでに奈倉［一九八四］で指摘し（四一七～四一八頁）、奈倉［一九九八］でイギリス側資料で裏づけた（一六八～一七六頁）。三井財閥による経営支配目的説に対する批評とその反論については、奈倉［二〇〇二］四二～四四頁。

(168) G. G. Sim to the board of directors of the Japan Steel Works, 31st March, 1930 [VA L16].

(169) MED, 一九一九年二月四日 [VA L55]。

(170) H. Harrison to A.Kabayama, 7th February, 1919 [VA L15 & L55].

(171) Wanishi Ironworks Limited [VA 57/23 & 914] p. 2, WANISHI IRONWORKS [VA 685], etc.

(172) 広島工場は、日本製鋼所が従来から資本的関係を有していた松田製作所（一九一七年設立）を一九二〇年に買収したもので（図2－2参照）、呉海軍工廠に近く、さまざまな兵器・機械類を製造した。

(173) 詳細は奈倉［一九九八］第5～8章および補論。奈倉［二〇〇一］二三〇～二三七頁をも参照。

(174) 軍縮補償（八八艦隊計画廃棄に伴う補償）は一九二三年頃から政府（海軍省）で検討され、イギリス両社はその情報を得て軍縮補償金による株式買取りを要請した。軍縮補償法（二六年三月成立）の内容は兵器製造関連一三社に対して総額二〇〇〇万円の政府公債（五分利付）を交付するものであり、日本製鋼所が最多額九八〇万円余を受領したが、そのうちの大部分は特異な支払方式によるものであった。兵器製造目的に使用される日本製鋼所の主要建物機械設備類は、政府公債受領と引換えに、単に名義上であるが政府に移管された。海軍としては日本製鋼所の大口径砲関係設備の存置をはかるためにこの方式を採用した。日本製鋼所としては会社内部に国有施設を抱えることになり、政府の許可を得て使用することは可能であったが、これらは以前に抵当権設定されていたために、受領した政府公債を替わって抵当に差し出さざるをえず、自由に処分できるものではなかった（奈倉［一九九八］第6章）。

(175) 広沢は一九一八年以来ヴィッカーズ社側取締役ドーソンに替わり正規の取締役に就任していたが（表2－1）、一九二〇年一二月に急遽日本政府からスペイン特命全権大使に任命されたため取締役を辞任した（政府高官の民間会社役員兼任禁止規定に基づく）。ヴィッカーズ社側は、広沢の同大使就任は臨時的なので間もなく取締役に復帰すると考えていた（DV to Count Kabayama, 30th Dec. 1924 [VA L55 & R284]）。なお、広沢のスペイン特命全権大使任命は、皇太子（後の昭和天皇）訪欧に伴うものであったという事実の内にも（田中［一九九八］）、広沢の履歴や日本製鋼所重役会の特異性が反映されていて興味深い。

(176) Extract from Articles of association of the Japan Steel Works（Asiatic Supervision to the Chairman, 1st Oct., 1924)［VA L16 & R284］. 広沢の取締役辞任から油谷の取締役選任に至るまでの日本製鋼所の重要な経営情報に関するヴィッカーズ社の認識欠如については、奈倉［二〇〇二］三五〜三六頁。

(177) 武藤海軍艦政本部第一部長「日本製鋼所幹部移動ノ経緯」一九二五年一〇月八日（日本製鋼所本社蔵)。

(178) K.Yutani to Major Winder, 3rd May and 12th June, 1925［VA L55］, Asiatic Supervision（BHW）to the Chairman, 7th July and 21st Oct., 1925［VA L55, R313］.

(179) 日本製鋼所イギリス事務所総務部長（secretary）一覧は、奈倉［一九九八］二四一頁。

(180) G. G. Sim to the board of directors of the Japan Steel Works, 31st March, 1930［VA L16］.

(181) 奈倉［一九九八］第5章（特に一七六〜一九〇頁)。

(182) 奈倉［一九九八］第8章および補論。

第3章　戦間期の武器輸出と日英関係

1　本章の課題

すでに第1章でみたとおり、第一次世界大戦前のイギリスは世界最大の艦艇輸出国であった。ワシントン海軍軍縮条約（一九二二年）とロンドン海軍軍縮条約（一九三〇年）によって艦艇の輸出は絶望的な状況に追いやられたが、たとえ艦艇輸出を除いても、イギリスはその後も第二次世界大戦に至るまで世界屈指の武器輸出国であり続けた。この点は「国際連盟武器輸出統計年鑑」などから明らかである[1]。たしかに、欧米兵器企業との競争に直面して、イギリスの地位が低下しつつあったことは間違いない。とりわけ一九三〇年代には国際関係の悪化とともに、アメリカ航空機産業の輸出が飛躍的に拡大しつつあったが、それでも戦間期におけるイギリスの武器輸出額は、ほぼ一貫して他国を圧倒していたのである。

もっとも、これは政府の武器輸出政策がイギリス兵器産業の国際競争力を強化した結果ではなかった。むしろ事実はその逆の関係にあったと見るべきであろう。イギリス独自の輸出ライセンス制度（Export Licensing System）や輸出信用保証制度（Export Credits Guarantee Scheme）は、ヴィッカーズ＝アームストロング社に代表されるイギリス兵器産業の国際競争力を引き下げるような問題を含んでいたのである。軍縮期の兵器産業にとって輸出の拡大が経営維持に不可欠であったことは言うまでもないが、一九三〇年代に再軍備計画を検討しはじめたイギリス政府にとっても、帝国防衛を民間兵器産業に大きく依存する関係上、武器輸出の拡大は重要課題であったはずである。にもかかわらず、イギリスの武器輸出制度は、なぜ海外市場において自国の兵器産業を不利な立場に追いやったのか。本章の第一の課題は、この武器輸出問題に注目して、イギリスにおける政府と兵器産業との関係を明らかにすることにある。(2) なお、本章で扱う武器輸出には基本的に艦艇輸出は含まれない。

さらに本章では、以上の議論をふまえて、戦間期の武器輸出国イギリスにとって日本市場はどのような地位を占めていたのか、という問題も検討してみる。再軍備計画を追求するイギリス政府は、中国侵略を進める日本に対して、どの程度の範囲で武器輸出を容認していたのか。幕末維新以来七〇年以上にわたって続いた日英間の武器移転は、戦間期にどのように推移したのか。すでに第1章で見たように、第一次大戦前においては日本海軍の最新鋭艦は圧倒的にイギリスからの輸入に依存するものであった。また、第2章で詳述したとおり、日英同盟締結以降には室蘭の日本製鋼所や日本爆発物会社平塚工場の設立によって、イギリス兵器火薬製造企業からの直接投資と技術移転も本格的に展開されていった。イギリス兵器火薬産業にとって日本がきわめて重要な輸出市場であったことは間違いない。しかし、日本への軍艦輸出は本書の第Ⅱ部で詳しく紹介する巡洋戦艦金剛が最後であったし、日英同盟も一九二一年には破棄されていた。そして、イギリスの兵器生産力の限界と国際競争力の低下、さらには日本における兵器国産化の進展、これらを反映して日本市場は一九三〇年代に急速に縮小しつつあったのである。では、日本のイギリス武器依存からの脱却は、本来の「軍器独立」を意味していたのであろうか。本章では最後に、これらの点にも検討を加えてみたい。

表3－1　イギリス兵器生産の民間依存度（1930年）

（単位：千ポンド）

	民間企業	政府施設	総生産額
a．軍艦：新造艦	4,034（62.3%）	2,442（37.7%）	6,474（100.0%）
b．機体、航空機エンジンおよび部品（民間用航空機を含む）	8,000（97.2%）	234　（2.8%）	8,234（100.0%）
c．砲、小火器、爆薬、弾薬、魚雷および部品（遊猟用・産業用も含む）	5,252（57.4%）	3,902（42.6%）	9,154（100.0%）

出典：Royal Commission of Inquiry into the Private Manufacture of and Trading in Arms, Production Statistics. Note by Secretary, 29 Mar., 1935［PRO T 181/19］.

2　イギリス兵器産業の現状と課題

(1)　イギリスの先駆的な武器輸出規制とその帰結

第一次大戦以前には、武器輸出を統制する制度はどこの国にも存在しなかった。しかし、一九一七年以降、戦後の余剰兵器の世界的拡散を恐れたイギリスが、武器取引問題に関する国際協定の必要性を強調していた(3)。と同時に、みずから世界に先駆けて武器輸出を管理するライセンス制度の整備を実施した。のみならず国際連盟の軍縮会議においては、加盟各国にイギリスへの追随を呼びかけたが(4)、周知のとおりジュネーヴ軍縮会議（一九三二年二月〜三四年五月）は失敗に終り、ライセンス制とそれに依拠したイギリスの武器禁輸措置は、軍縮期という逆境のなかで、自国の兵器産業から海外市場を奪い、ひいては民間企業に大きく依存した帝国防衛体制（表3－1参照）そのものを危機に追いやることになった。

一九三二年一月、上海事変を契機として、極東のイギリス権益に対する危機感は急速に高まっていったが、ヨーロッパにおいても翌年一〇月にはジュネーヴ軍縮会議を脱退したドイツが、ヴェルサイユ条約に違反して非合法な再軍備を開始していた(5)。三五年三月四日にイギリス政府が防衛白書において再軍備の開始を公式宣言するに至った背景には、このような国際緊張があった。しかし、イギリスの先駆的な武器輸出規制の試みは、その政治的・戦略的意図とは裏腹に、そうした世界の動きを阻止できなかったのである。それどころか、武器輸出規制のために帝国防衛を担うイギリス兵器産業は危機的状況に追い込まれつつあったのである。

イギリス政府にも民間兵器製造企業にも、こうした危機意識が共有されていたと見てよかろう。以下では、帝国防衛委員会（Committee of Imperial Defence）[6]の事務局長を四半世紀（一九一二〜三八年）にわたって務め、かねてより帝国防衛における民間兵器産業の重要性を強調してきたモーリス・ハンキー、それとイギリス兵器産業を代表するヴィッカーズ＝アームストロング社、この両者に注目して再軍備期のイギリスが直面した武器輸出問題を検討してみたい。

(2) 帝国防衛委員会の情勢分析

海外の軍備増強に関する情報の収集体制は、とりわけドイツの再軍備を警戒して、一九二八年頃から整備されはじめている。[7]その後、一九三〇年には帝国防衛委員会の常設委員会として海外産業情報調査委員会が正式に発足し、一九三三年三月一三日には同委員会が「海外兵器産業に関する調査報告」を提出していた。[8]実は、この委員会報告こそが、イギリスの再軍備計画の策定にあたって政府や帝国防衛委員会などが依拠した共通の海外軍事産業情報であったのである。

同報告の冒頭および総括部分で指摘されている要点は、概ね次のとおりである。

第一の指摘は、スイス、ハンガリー、ベルギー、チェコスロヴァキア、ルーマニア、ユーゴスラビアなどの小国をも巻き込んだ武器生産の多極化と国際武器取引の拡大傾向についてである。平時と戦時では兵器需要に著しい格差があるために、戦時には政府工場を補完する民間兵器産業が、いまや小国においても育成されつつある。しかし、平時には国内に十分な軍需を見出せず、ここに海外兵器注文を追求せざるをえない事情が、つまり武器輸出における競争激化の原因があったと論じる。

第二の指摘は、武器輸出に対する国家支援に関してである。一般に海外武器注文の獲得は国家支援のもとで行われており、具体的には、補助金支給、兵器生産に必要な原材料・設備への輸入関税の免除、兵器企業の製造品と競合する危険性のある外国製品への輸入関税の賦課、長期信用保証の供与、さらには直接的な外交・通商交渉など、その方法はきわめて多岐におよんでいた(9)。

そして第三点目として、イギリス兵器産業が置かれている不利な環境が強調された。すなわち、武器輸出による外貨獲得を目的として(10)、あるいは国防上の理由から、ほとんどの国の政府がさまざまな方法で自国兵器産業を支援しており、その製造能力は第一次大戦時を確実に上回っているが、唯一イギリスだけは例外に属している。イギリスにおいては国家による兵器産業への支援が一切なかったのみならず、武器輸出に対しては他国にはない制約まで課されていた、と言うのである。以下では、特にこの点に注目したい。

なお、帝国防衛委員会の要請に応じて、主要資材調達関係士官委員会（Principal Supply Officers Committee：一九二四年創設、以下、PSOCと略記）は、前記の「海外兵器産業に関する調査報告」の直後に「帝国防衛における民間兵器産業の地位に関する調査報告」（三三年三月三一日(11)）を提出しており、民間兵器産業の立ち後れの実態と対応策も、後者の報告に基づいて集中審議されていた。つまり、イギリス兵器産業そのものについての調査も「海外兵器産業に関する調査報告」の提出（三三年三月一三日）と連動してすでに始まっていたのである。その経緯をもう少し立ち入って紹介しておこう。

一九三三年三月六日に帝国防衛委員会のハンキーは首相マクドナルドに書簡を送り、軍需の落ち込みと全般的な産業不況のなかで、イギリス民間兵器産業が著しく衰退している現状を報告するとともに、四点にわたって調査を提案した。すなわち、(1)帝国防衛体制においてわが国民間兵器産業が占める地位、(2)兵器産業の戦前との比較、(3)当該産業の海外市場への依存度、(4)諸外国の兵器産業の現状、以上の四点であり、それらを参謀総長会議、海外産業情報調査委員会さらにはPSOCが共同で調査するという提案であった。[12] 再軍備期における民間兵器産業の調査と再建策の検討は、この提案を起点としていたのである。これを受けて前記のとおり三月三一日には帝国防衛委員会に「帝国防衛における民間兵器産業の地位に関する調査報告」が提出されたのであった。

以上のような経緯からして当然のことではあるが、同報告ではイギリス民間兵器産業の帝国防衛における重要性、一九一四年段階と比較したイギリス兵器生産能力の著しい低下、以上二点が指摘されるとともに、国内軍需が低迷している現状で民間兵器産業の生産水準を維持するには海外市場、すなわち武器輸出が不可欠であるが、イギリスにおいてはそれに対する国家支援がなされていない、という特殊事情が再度強調されるに至ったのである。

イギリス民間兵器産業の現状分析をふまえたこの報告は、総合的兵器製造企業が今日では唯一ヴィッカーズ＝アームストロング社のみとなった現状を指摘するとともに、「海外兵器産業に関する調査報告」と同様の結論に達していた。すなわち、民間兵器生産基盤を維持・拡大するためには武器輸出に対する国家支援が不可欠であり、具体的措置としては、輸出信用保証制度を武器輸出にも適用し、あわせて武器輸出ライセンス制にも改訂を加えること、以上の二点が提案されたのである。

しかし、実はそれらは「海外兵器産業に関する調査報告」や「帝国防衛における民間兵器産業の地位に関する調査報告」の独自提案というわけではなく、いずれもすでに一九三〇年頃よりヴィッカーズ＝アームストロング社が政府・帝国防衛委員会に対して強く要請してきた事項であった。再軍備計画に着手しようとする政府が、ようやくそれらを積極的に取り上げるに至った、というのが実情のようである。

3　ヴィッカーズ＝アームストロング社の陳情

(1)　日中両国に対する武器禁輸措置の撤回要請

ヴィッカーズ＝アームストロング社にとって、問題は輸出信用保証制度やライセンス制だけではなかった。武器輸出を妨げる別の問題も発生していた。イギリス政府による日中両国への武器禁輸措置（arms embargo）がそれである。

第一次大戦以降、ヨーロッパと極東との武器取引は、たんに量的に拡大しただけではなかった。ヨーロッパ諸国（特に、ロシア、ドイツ、チェコスロヴァキア、フランス、イタリア）から中国への武器輸出は、一九二一～二九年の武器輸出禁止協定にもかかわらず非合法に進められていたが、その間には小国の兵器産業までもが中国市場に新規参入をはたし[13]、武器輸出国の多極化と競争の激化が進行していた。これはまさに「海外兵器産業に関する調査報告」が指摘した第一の現象である。表3-2から明らかなように、イギリスの場合、上記のヨーロッパ諸国とは異なり、少なくとも一九三二年以前においては中国よりも日本への武器輸出の方がはるかに重要であった。とはいえ、表3-3が示すように、これまでイギリスが優位を誇っていた日本市場にもフランスが進出しはじめていた[14]。上海事変を契機として、一九三三年二月二七日、イギリスの外相サイモンが日中両国への武器禁輸措置を宣言したのは以上のようなきびしい状況下においてであった。

国際協定を欠いたままでの一国だけの武器禁輸宣言がいかに無意味であるか、またイギリスが撤退した後の中国市場でヨーロッパ系企業によっていかに熾烈な競争が展開されるか、これらをイギリス政府は十分に承知していたはず

表3-2　イギリスの武器輸出額および海外市場構成

（単位：%）

年	1928	1929	1930	1931	1932	1933	1934	1935	1936
輸出総額（千ポンド）	4,108	4,473	3,500	2,947	2,889	3,061	2,843	3,291	2,095
英領向け輸出（%）	53.1	46.5	50.4	38.8	36.8	34.3	54.8	53.9	63.5
外国向け輸出（%）	46.9	53.5	49.6	61.2	63.2	65.7	45.2	46.1	36.5
スペイン	0.2	18.0	12.6	7.3	18.2	0.7	1.0	10.3	1.0
日本	9.3	2.2	5.0	7.3	8.0	5.5	0.4	1.2	0.7
中国	−	−	0.5	0.8	0.3	6.5	7.4	2.2	4.0
オランダ	−	3.7	2.3	3.5	4.9	0.6	0.1	1.6	6.7
エジプト	−	−	−	−	0.4	0.6	0.6	0.8	0.8
イタリア	0.7	1.1	0.6	7.0	0.9	0.3	0.1	0.1	−

出典：League of Nations, *Statistical Year-Book of the Trade in Arms and Ammunitions*, Geneva, 1934, p. 146 および1938, p. 34 より作成。
注：艦艇輸出額は含まれていない。

表3-3　各国の日本への武器輸出額

（単位：1,000円）

年	1928	1929	1930	1931	1932	1933	1934	1935	1936
ドイツ	110	78	48	14	41	1	1	6	252
ベルギー	158	132	109	12	7	−	−	51	30
イギリス	295	93	189	576	2,169	2,621	327	339	125
スペイン	45	24	4	5	2	−	−	−	−
フランス	24	476	9	25	3,395	3,732	507	632	2,230
その他	24	26	13	11	26	42	10	8	72
合計	656	829	372	643	5,640	6,303	1,015	1,483	3,614

出典：League of Nations, *Statistical Year-Book of the Trade in Arms and Ammunitions*, Geneva, 1934, p. 250 および1938, p. 293 より作成。
注：艦艇輸出額は含まれていない。

である。[15] だが、たとえ閣内に反対があろうとも、世論が政府批判にシフトするのを黙視することはできなかった。とりわけ、国際連盟の集団安全保障による平和維持と軍備削減を支持するイギリスの国際連盟同盟や労働組合会議には譲歩せざるをえなかった。国際連盟同盟は『ニュース・クロニクル』（一九三一年一一月）や『マンチェスター・ガーディアン』（同年一二月）から満州事変に関する世論動員の失策と消極姿勢を痛撃されるなかで、日中両国への武器輸出問題を取り上げ、上海事変直後の一九三二年二月二日には、外相サイモンが難色を示したにもかかわらず、武器禁輸を正式に政府に要請するにおよんだ。[16]

もっとも、イギリスの武器禁輸措置は、列国の態度を確かめるまでの暫定的なものであり、しかも、その当面のねらいは国民を満足させ、平和団体の攻撃をかわすこと、ただこの一点にのみあった。[17]であるから、「国際協定の締結は最早絶望的」という状況判断に基づいて三三年三月一三日に禁輸措置の撤回が発表されても、[18]それほど大きな波紋は生じなかった。

結局、禁輸措置はわずか二週間で終った。成果など何もない。とはいえ、それは武器供給を断つことで海外二国間の戦争を「兵器の枯渇」（"starving"）に追いやる思惑のもとに、初めてイギリスが発動した武器禁輸措置であった、という意味では注目すべきであろう。[19]だが、ヴィッカーズ＝アームストロング社にとっては、それだけではすまなかった。たとえ短期的措置であったにしても、この公式宣言は極東市場における自社の劣勢に追い討ちをかけるものであり、だからこそ首脳陣による必死の禁輸撤回要請が展開されたのであった。もちろん、彼らは外務省に対しては批判的であった。[20]この事実も本稿にとってはきわめて重要である。

同社の取締役ノエル・バーチは三月二日、ハンキーに書簡を送り、禁輸措置のために極東市場でのイギリスの失墜は必至であるが、それにとどまらず、帝国防衛にとっても深刻な影響がおよぶと訴えて、その即時撤回を求めた。[21]また、同社の経営担当取締役C・クレイヴンも海軍大臣B・エアズ＝モンセルに宛てた書簡で、禁輸措置の再検討を迫っている。同社の労働者二万三〇〇〇人の雇用は、その多くが海外からの兵器注文に依存しており、最近では日本海軍との間で機関銃をはじめとする五〇万ポンド相当の契約が成立の直前にあった。しかし、それも禁輸措置のために不調に終り、長年にわたって優位な関係を維持してきた日本市場にも、今後は欧米の兵器企業が多数参入してくるであろう（表3－3参照）。クレイヴンもこのように訴えていた。[22]

以上のヴィッカーズ＝アームストロング社からの相次ぐ訴えが武器禁輸措置の撤回にどの程度の影響力を持ったの

か。この点は不明である。しかし、この禁輸措置によって極東武器市場における同社の地位が大きく後退したこと、禁輸措置の撤回も同社にとっては事態の好転にはつながらず、その後も政府に対して武器輸出促進に向けての改善措置を要請し続けざるをえなかったこと、そしてその要請がすでに論及した輸出信用保証や武器輸出ライセンス制度の改訂の動きに大きな影響をおよぼしたこと、以上の点は明らかである。

(2) 輸出信用保証制度の改訂要求

一九三二年に海外貿易局（Department of Overseas Trade）での会談で、ヴィッカーズ＝アームストロング社は、イギリス政府が武器取引に消極的なのとは対照的に、イタリアとフランスでは政府の信用保証によって武器輸出が促進されている事実を指摘している。[23] たとえば、一九三一年にフランス政府はソーテール・アルル社（the Sauter Harle Co.）に対して、地雷に関するルーマニア政府からの支払金総額の約七〇％を保証し、同社にルーマニアから七年間にわたって償還を受ける便宜を与えていたが、これはフランスではごく普通の慣行であった。[24] ドイツにおいても武器輸出規制法が撤廃された一九三五年一月以降は、外貨獲得を目的とした武器輸出が政府の信用保証によって支えられていた。[25] 大陸諸国では政府が直接・間接に自国の兵器産業を支援しているのに対して、唯一イギリスだけが例外であったところに事態の深刻さがある。現に、以前より取引関係のあるルーマニア政府が、砲台製造の発注先をヴィッカーズ社からフランスのシュネーデル社へと切り替えているが、それはシュネーデル社がルーマニア政府に対して一〇年間の分割払いを認め、納品時の現金決済を要求していないという事情によるものであった。政府によって債務不履行の危険が保証されない以上、ヴィッカーズ社にとっては同等の条件を提示することなど到底不可能であった。同様に、トルコ政府も射撃統制器などの契約に関して、納品時の支払いを二五％として、残り七五％を七年の分割払いとするよう要求してきており、ここでもまたヴィッカーズ社は契約不成立の窮地に立たされていた。[26] 国内の兵器需要が低迷している時だけに、海外市場における以上のような制約はきわめて深刻な問題であった。政府の迅速な対応以外に事態の打開策はない。そこで、ヴィッカーズ＝アームストロング社の副会長J・B・ニールソンも、一九三二年九月二〇日には海外貿易局に書簡を送り、イギリスの兵器製造企業が海外受注を拡大するためには武器輸出にも輸出信用保証制度を適用することが必要であると重ねて訴えている。

また、ほぼ同時期にヴィッカーズ＝アームストロング社の会長ローレンスの場合は、以上の点と併せて武器輸出ライセンス規制の是正をも政府と帝国防衛委員会に対して要請していた。この二点の改善がなければ、イギリスの兵器製造企業は海外武器取引において外国企業と対等の競争関係には到底立ちえない、というのがヴィッカーズ＝アームストロング社側の切実な訴えであった。(27) 多くの大陸諸国では政府が直接・間接に自国の兵器産業を支援しているのに対して、いぜんとして唯一イギリスだけが例外であったのである。

「帝国防衛における民間兵器産業の地位に関する調査報告」（三三年三月三一日）を受けて、同年四月には「民間兵器産業調査委員会」が閣内に組織された。商務院総裁を議長として、陸海空大臣、外相、自治領事務相などのメンバーによって、イギリス兵器製造業者が海外市場で負っているハンディキャップを除去し、彼らを外国企業と対等の立場に立たせる方途が検討されることとなった。ようやく年末に内閣に提出された同委員会の報告書でも、これまでの議論をほぼ全面的に踏襲して、(1)輸出信用保証制度における現行の制度的障害の除去、(2)武器・弾薬の輸出に関する現行ライセンス制の修正、以上の二点が改めて提言されている。(28)

第一次大戦以降にはイギリスにおいても、輸出貿易の促進を目的として、国家が輸出業者に金融的保証を与え、同時に輸出取引に特有の信用危険を国家の力で分散する政策が検討に付された。一九二一年七月二八日に制定された海外貿易［信用及保険］修正法（Overseas Trade [Credits and Insurance] Amendment Act）がその一応の結論といえよう。これもまた世界に先駆けてイギリスがいちはやく導入した商務院による輸出手形の保証制度である。つづいて同年一一月一〇日には取引助成法（Trade Facilities Act）が制定されて、貨物輸出先の規制緩和と輸出手形保証有効期間の二年延長が決定されている。これは関税改革とならぶ注目すべき貿易政策であったが、ここでは軍需品（munitions of war）が同法の適用対象外に除外されていた事実に注目したい。以降、保証実施期間は毎年延長されていき、一九二六年には海外貿易局の管轄内に輸出信用保証局が設置され、ここが担当窓口となった。輸出業者は輸出信用保証局に最大五年の信用申請を行い、政府は輸出手形の額面の七五％を限度に輸出業者に保証を与えた(29)。ただし、軍需品は一貫して対象外である。イギリスの兵器製造業者が問題にしたのは、この差別的な扱いであった。

では、「民間兵器産業調査委員会」でのその問題をめぐる議論は、どのような方向に落ち着いたのであろうか。「一九二一年に軍需品を輸出信用保証制度の対象から除く措置がとられたことは大いに遺憾であった。だが現在、その決定に修正を加えることには、きわめて深刻な政治的困難が予想される。そうした提案に反対して、感情的な平和主義勢力が総動員されるであろう」。陸軍大臣へイルシャムはこのような情勢判断を示した。それに対して、海軍大臣エアズ＝モンセルは「予想される政治的困難についてては同感であるが、政府はそうした変更措置を決断し、その方向に敢然と進むべき時期にきている」と強硬であった。ところが、同委員会のなかでも商務院の側から出された改正提案は、もっぱら武器輸出のライセンス制に限定されており、結局、委員会の議長を務める商務院総裁ランシマンが「提案はただ一点、武器・弾薬の輸出に関するライセンス制の修正である。この新たな改訂措置により、イギリスの製造業者にとって海外の顧客との注文交渉がきわめて容易なものとなろう」という内容の最終提案を確認している(30)。

軍需品を排除した輸出信用保証制度の問題は、その後も検討が続けられ、陸海空三省大臣が軍需品排除規定の撤廃をたびたび主張したのに対して、商務院総裁はこれまでの経緯から引き続き難色を示していた。しかも、注目すべきは、この問題に関しては担当省庁である商務院のみならず外務省までもが反対の立場を明確にしていたという事実であろう。実は、一九三五年二月に開催された国際連盟一般軍縮会議の武器取引製造委員会において、イギリス代表スタナップ卿はアメリカの提案（武器問題に関する常設自動的監督制度または実地調査制度の設置）に反対して、監督制度の簡素化と調査の各国ごとの実施を主張したが、その際、イギリスの厳格な武器輸出ライセンス制が各国にも採用されることを提案し、それとの関連でイギリスの輸出信用保証制度が「軍需品」を排除している事実をも積極的にアピールしていた(31)。そのような関係からして、外務省としても排除規定の撤廃提案には到底同調できなかったのである(32)。

(3)　武器輸出ライセンス制度改訂提案の帰結

「民間兵器産業調査委員会」の最終報告（一九三三年一二月八日）では、武器・弾薬の輸出に関する現行ライセンス制の手直しについても提言がなされており、商務院もこの点に関しては積極的姿勢を示していた。もっとも、上記委員会報告作成の基礎資料となったのは「武器・弾薬の輸出ライセンス制に関するＰＳＯＣ小委員会」から提出された報告書（一九三三年六月二三日）(33)であって、実際にはこの報告書が現行の制度的問題を明確にするとともに、具体的な改訂提案をも示していたのである。

なお、同報告書の第一草案（一九三三年五月三日）では、ジュネーヴ軍縮会議の動向を見据えて、イギリス代表には武器取引の管理問題に対する政府の基本姿勢が、あらかじめ次の三点にわたって指示されていた。(1)国際ライセンス制（international licensing）には反対し、国家ライセンス制（national licensing）を支持する。(2)国家施設と民間製造業者を平等に扱う。(3)いかなる協約もすでにイギリスで実施されている武器輸出ライセンス制を準拠とすべきである(34)。明らかにこの基本姿勢は、前出のスタナップにも継承されていた。輸出ライセンス制に関する上記のＰＳＯＣ小委員会報告（三三年六月二三日）では、結果的に以上の三項目はいずれも削除されていたが、現行ライセンス制の改正提案がこれらを暗黙の前提としていたことは間違いなかろう。

実際、一九三二年一一月一八日に開催された国際連盟の武器取引および製造委員会の幹部会においても、すでにイギリス代表は「他国もイギリスに倣い厳重なる武器輸出の取り締まりを実施するよう」強く要望していた[35]。そうである以上、たとえ現行のライセンス制が海外武器取引においてイギリスの兵器製造企業を不利な立場に追いやるものであったとしても、制度そのものの撤廃などは考えられなかったのである。

ところで、そもそも現行制度のどのような点が問題とされていたのであろうか。イギリスの場合、民間兵器製造企業による武器輸出には、その都度、商務院輸出入ライセンス局への認可申請が必要とされた（艦艇輸出は海軍省が管轄）。商務院は必要に応じて外務省や陸海空三軍へ照会することもあったが、通常は申請から一週間以内にライセンスが発給された。もっとも、実際に後述の特定武器（war material）のライセンス発行件数自体も、そのライセンス申請そのものが却下された例も、ごくわずかに限られていた。たとえば一九三二年における武器全般（arms）の輸出ライセンスの発行件数一万八九九七件のうち特定武器の件数は四一〇件と全体の三〜四％にとどまり、却下された件数はわずかに三件のみであった。一九二九年から一九三五年末までの特定武器の輸出申請総計二七一六件のなかでも却下は二六件を数えたに過ぎなかった[36]。とはいえ、もちろん、ここで問題なのは、却下件数の少なさではない。武器輸出ライセンス総数に占める特定武器の件数の割合が極端に小さいという現実が問題なのであった。

各ライセンスの有効期間は発給から三か月に限られていた。しかも、特定武器の場合には、有効期間内においてすらライセンスの修正・取消し、すなわち輸出の緊急差し止めのありうることが、特記事項として商務院によって示された。たしかに、イギリス政府が武器輸出に直接統制を加えることはほとんどなかった。その点は商務院によって却下されたライセンス申請の少なさからも明らかであろう。しかし、問題は特定武器の輸出ライセンスの発給に際して、その都度示される政府干渉の留保条件にあった。この不確実性のために多くの海外注文が他国へと流れていったのである[37]。

ちなみに、ここで言う特定武器とは一九三一年の武器輸出禁止令（Arms Export Prohibition Order）によって定められたものであり、次の二〇の範疇から成っていた。(1)大砲、(2)弾薬筒・砲架、(3)弾丸の装薬、(4)爆薬、(5)小火器、(6)手榴弾、(7)機関銃および内部部品、(8)弾丸、(9)地雷・水雷、(10)爆雷・発射装置、(11)爆弾、(12)火炎放射器、(13)信管、(14)魚雷、(15)魚雷発射管、(16)射撃統制器および照準器、(17)戦闘用付属機器、(18)銃剣・刀・槍、(19)戦車・装甲車、(20)航空機・エンジン、以上ならびにその各部品から成っていた。ただし、この二〇分類のうちでも、(3)のうちの滑腔式散弾銃用の弾薬と個人用火器証明書に基づいた弾薬、(4)のうちの指定種類の産業用爆薬と散弾銃用無煙火薬、(5)のうちの滑腔式散弾銃および警察発行の火器証明に基づいた民間用火器、(18)のほぼ全部、ならびに(20)のうちの戦闘用装備の施されていない航空機、おおよそこれらに限っては上記の特定武器の範疇から除外されており、輸出に際して必要なライセンスも期間を限定せずに自由輸出を認める一般ライセンス（open general license）でよかった。一方、これらを除く(1)〜(20)の特定武器に関しては、輸出に際してその都度、特別ライセンス（specific export license）が必要とされたのである[38]。それは三か月の期間限定で、その期間内においてすら政府による輸出差し止めの可能性が留保されていた。問題はこの点にあった。この点を改正しない限り、イギリス兵器企業は海外市場において外国企業と対等に競争することなど到底出来ない。

一九二五年にジュネーヴで開催された武器取引に関する国際会議（Arms Traffic Conference）では、武器生産能力を有しない小国側が、武器輸出ライセンス制と武器取引の情報公開は、自国の主権と安全を脅かすものであるとして、強硬に反対していた。しかし、その後、一九三〇年代にはようやくベルギー（一九三三年）、スウェーデン（一九三五年）、アメリカ合衆国（一九三五年）、フランス（一九三九年）が相次いで平時における武器輸出ライセンス制導入に踏み切っている[39]。

イギリスでも第一次大戦以前には武器輸出ライセンス制そのものがなかった。第一次大戦の勃発と同時に、武器輸

表3－4　特定兵器製造企業リスト

1	Vickers-Armstrongs, Ltd.
2	Imperial Chemical Industries, Ltd.
3	I. C. I. Metals Ltd.
4	Barr and Stroud Ltd.
5	B. S. A. Guns Ltd.
6	Whitehead Torpedo Co. Ltd.
7	Hadfields Ltd.
8	T. Firth & J. Brown Ltd.
9	W. Beardmore & Co. Ltd.
10	English Steel Corporation
11	J. I. Thornycroft & Co. Ltd.

出典：Memorandum shewing information to be communicated to the selected firms orally: a Board of Trade representative being present where possible, December 1933 [PRO WO 32/3338].

表3－5　特定航空機製造企業リスト

1	Armstrong Siddeley Mortors, Ltd. (engines)
2	Sir W. G. Armstrong Whitworth Aircraft, Ltd. (aircraft)
3	Blackburn Aeroplane and Motor, Co. Ltd. (aircraft)
4	Boulton Paul Aircraft, Ltd. (aircraft)
5	Bristol Aeroplane, Co. Ltd. (aircraft)
6	De Havilland Aircraft, Co. Ltd. (aircraft and engines)
7	Fairey Aviation, Co. Ltd. (aircraft)
8	Gloster Aircraft, Co. Ltd. (aircraft)
9	Hawker Aircraft, Ltd. (aircraft)
10	D. Napier & Son, Ltd. (engines)
11	Handley Page, Ltd. (aircraft)
12	A. V. Roe &, Co. Ltd. (aircraft)
13	Rolls-Royce, Ltd. (engines)
14	Sanders-Roe, Ltd. (aircraft)
15	Short Bros. (Rochester and Bedford), Ltd (aircraft)
16	Supermarine Aviation Works (Vickers) Ltd. (aircraft)
17	Vickers (Aviation) Ltd. (aircraft)
18	Westland Aircraft, Ltd. (aircraft)

出典：Minutes of Evidence taken before the Royal Commission on the Private Manufacture of and Trading in Arms, 17th Day, 7th February, 1936, Appendix I, pp. 531-532より作成。

出の全面禁止が宣言されるが、翌年には戦時貿易局が創設されて、戦略的な武器輸出を目的としたライセンス発行が開始された。そして、戦後に全面禁輸が解除されても商務院輸出入ライセンス局を新たな窓口としてライセンス制だけが残った。その後、一九二一年には特定武器の輸出が恒久的な平時統制の対象として明確化され、武器輸出禁止令によってライセンス制そのものの整備も進んだのである。すなわち、特別ライセンスを必要とする特定武器とそれ以外の一般ライセンスに属する武器とが明確に峻別されたのであり、すでに紹介した一九三一年の武器輸出禁止令は、特定武器と自由輸出品の両方の対象を一九二一年禁止法よりも拡大した改訂版であった。[40]

では、はたしてイギリスの武器輸出ライセンス制度の抜本的改訂は可能であったのか。どのような内容の改訂案が示されたのか。制度改訂を検討した委員会報告では、いささか予想外の次の二点が提案された。すなわち、(1)陸海空三軍がその国家的重要性を認める兵器製造業者に限定して、政府の外交方針と国際条約に反しない限りで、武器輸出禁止令で列挙されているすべての特定武器の輸出に関しても一般ライセンス（自由輸出）を認める。(2)上記の特定企業（approved firms）は、兵器製造企業一〇〜一二社、航空機製造企業一六社の範囲に限定して、陸海空三軍が選定リストを作成する。このような提案がなされた(41)。

一九三三年一二月二〇日には、以上の委員会提案が正式に閣議で決定され、翌年二月の実施に向けて特定兵器製造企業の選定が極秘裡に進められた。「不公平な差別化」との批判が十分に予想されただけに、選定に際して細心の注意が払われたことは言うまでもない。その当面の結論が表3－4の兵器製造企業一一社ならびに表3－5の航空機製造企業一八社であった。表3－4の一一社は、軍艦・大砲・小火器・潜水艦・魚雷・射撃統制器・爆薬など兵器製造のおおよそすべての兵器部門でイギリスを代表する企業であった。また表3－5の一八社は、イギリス航空機業界を代表するイギリス航空機製造業者協会（Society of British Aircraft Constructors：一九一六年創設）の常任企業であり、いわゆる the Air Ministry Ring に属していた(42)。

武器輸出ライセンス制そのものを廃止することなく、すなわち武器取引に対するイギリス主導の国際協定への可能性を残しつつ、帝国防衛を担う特定の企業に限っては、外国企業と対等の条件を付与し、国内兵器製造基盤のたて直しを図ろうとしたのである。これは明らかに、国際連盟を舞台にしたイギリスの軍縮・平和外交と再軍備計画との妥協の産物にほかならなかった(43)。

イギリス政府は、国際武器取引に対する国民の反発や国際連盟での軍縮交渉の動向に配慮しつつも、海外市場においてイギリス兵器製造企業を不利な立場に追いやる輸出信用保証制度や武器輸出ライセンス制については、極力その

表3－6　ヴィッカーズ＝アームストロング社の各工場の操業率（1933～39年）

工　場	1933	1934	1935	1936	1937	1938	1939
Barrow 造船・造艦	57%	60%	63%	96%	97%	91%	96%
Elswick 砲・砲架	47%	54%	76%	61%	90%	92%	完全操業
Crayford 機関銃	72%	63%	63%	99%	99%	完全操業	完全操業
Dartford 航空兵器	52%	77%	93%	96%	96%	完全操業	完全操業
Scotswood 砲・砲架	1937年にV社に接収				41%	68%	81%
Supermarine, Weybridge 航空機	1938年にV＝A社に移管				完全操業	完全操業	完全操業
Naval Yard 造艦	－	－	4隻	16隻	7隻	5隻	16隻
Chertsey 戦車	パーセンテージでの生産表示は不可能						

出典：Extent to which work occupied during disarmament period 1929-34,［VA 716］.

改訂に努めてきた。結果的には、陸海空三軍が指定する主要特定企業（表3－4、表3－5を参照）に対してのみ非公式にライセンス制の規制緩和を認めるだけにとどまったが、それがイギリス政府に実行しえた精一杯の対応であったのである。

4　「再軍備宣言」以降の武器輸出政策の展開

(1)　国内軍需の拡大と武器輸出市場の序列化

「再軍備」の公式宣言（一九三五年三月四日）以降、ヴィッカーズ＝アームストロング社にとって、これまで論じてきた武器輸出問題は急速に緊急性を失っていった。いまや国内軍需の拡大にいかに対応するかが焦眉の課題となったのである（表3－6参照）。一九三五年夏には、同社のクレイヴンをはじめとする首脳陣によって、ヴィッカーズ・グループの全面戦争時の生産拡張能力が詳細に検討されはじめ[44]、翌年からは再軍備計画に対応して、生産設備の拡張が開始されていく[45]。

だが、たとえ再軍備計画が本格化しても、それに終りがある以上、ヴィッカーズ＝アームストロング社にとって武器輸出を放棄することは好ましくなかった。「現在、わが社の工場は、イギリス政府からの通常の要請、海外兵器ビジネス全般、通常の商業ビジネス、以上をこなすだけで手一杯である。したがって、政府の防衛計画に対応するために必要とされる追加設備支出は、通常の仕事に対してはまったく過剰な生産力を我々に付加するものである。」[46]ヴィッカーズ社側は再軍備計画を意外なほど冷淡かつ消極的に捉えていた。

このような関係上、政府としても武器輸出に規制を加えることは難しかった。この点はいくつかの資料からも確認することができる。たとえば、一九三六年三月に行われたイギリス航空機製造業者協会と航空省との会談の席上、航空大臣も産業諮問委員会代表のウィアーも、過去の経験に即して航空機産業の生産能力の一定割合を海外注文向けに留保することの必要性を認めていた。[47]イギリスは当時なおも主要な航空機輸出国であったと言われているが、[48]それもこうした政府の容認姿勢を前提としていたのである。なお、軍用タイプの航空機に関しては、輸出に際して商務院の特別ライセンスが必要であったものの、政府は現行の武器輸出管理体制の統制強化を求める「民間兵器製造および取引に関する王立調査委員会」（以下、バンクス委員会と略記）の勧告にはあくまでも否定的であった。「現状では、兵器注文をめぐる国際競争で、イギリス企業を不利な立場に追いやるべきではない」という判断を示すとともに、「（バンクス）委員会勧告は、帝国防衛機構において武器輸出貿易が果たす役割に対する誤解に基づいている」という批判まで加えている。[49]政府の武器輸出に対する基本方針に変更はない。

もっとも、武器輸出に関して、一切の見直しも修正もなかったというのではなかった。イギリスの再軍備計画に深刻な打撃をおよぼさない限りは、たとえ陸海空三省への武器納入に若干の遅延が生じようとも、民間兵器製造企業が海外注文を受けることは、なおも認められていた。それを禁じれば、諸外国の武器注文の多くがヒトラーのもとで再軍備が進められているドイツに流れる、という危惧もあった。[50]事実、ナチス＝ドイツでは一九三五年以降、外貨獲得を目的として武器輸出が積極的に支援されるようになっていた。[51]とはいえ、内外の兵器需要へ対応するイギリス兵器産業にも限界がある。このような状況のもとで、再軍備計画への対応を促しつつ、その一方で引き続き武器輸出を容認する妥協の産物として、表3－7および表3－8のような武器輸出対象国に関する「優先リスト」（priority list）

表 3-7　海軍軍事物資の輸出に関する優先リスト（1937年 7 月）

(A) 同盟国	(B) 地中海諸国	(C) 他のヨーロッパ諸国	(D) 南米諸国	(E) 極東諸国	(F) 近東諸国
1. エジプト	4. トルコ	12. ポーランド	5. アルゼンチン	6. シャム	9. ペルシア
2. イラク	7. ギリシア	13. オランダ	10. その他	11. 中国	
3. ポルトガル	8. ユーゴスラビア	15. ソ連		14. 日本	

出典：Export of Warships and Naval Armaments Manufactured in Great Britain, July, 1937［PRO CAB 16/187］pp. 78, 85-86 より作成。

表 3-8　軍事物資全般の輸出に関する優先リスト（1939年 2 月）

グループⅠ		グループⅡ		グループⅢ	
1	エジプト	11	サウジアラビア	26	ポーランド
2	イラク	12	スウェーデン	27	デンマーク
3	ベルギー	13	フィンランド	28	スイス
4	ポルトガル	14	エストニア	29	ウルグアイ
5	トルコ	15	ラトビア	30	ペルー
6	ギリシア	16	リトアニア	31	コロンビア
7	オランダ	17	ブルガリア	32	ベネズエラ
8	ルーマニア	18	アルゼンチン	33	ボリビア
9	ユーゴスラビア	19	ブラジル	34	パラグアイ
10	アフガニスタン	20	チリ	35	メキシコ
		21	中国	36	ソ連
		22	イラン		
		23	イエメン		
		24	ノルウェー		
		25	シャム		

出典：C. I. D. Sub-Committee on Armament Order from Foreign Countries, Minutes of fourth meeting, 14th Feb., 1939［PRO CAB 16/187］p. 53.

が外務省の手によって作成されたのである。

再軍備計画によって、すでに国内兵器生産基盤には大きな負荷がかかっているが、今後も引き続き国内軍需への対応が強く求められる。このような状況認識のもとで、外務省の政治的判断によって、武器輸出市場の序列化が行われたのである。海外市場においては、ドイツ、イタリアなどの外国企業との熾烈な競争を強いられることは避け難い。それらの諸国は、武器輸出を支援するのみならず、兵器産業の大規模拡充をも奨励しており、海外市場からそうした諸国の兵器企業を駆逐することなどとても望めない。そうである以上、イギリスとしては戦略的および経済的に重要な市場のみに武器輸出を集中するのが望ましい。いまや国内生産設備は再軍備に総動員されており、武器輸出の意味も軍縮期とは大きく違っていた。民間兵器企業にとっても、武器輸出の目的は軍事生産設備の維持ではなく、兵器購入国との「コネクション」の開拓と将来の受注確保に置かれるようになっていたのである。(52)

なお、武器輸出対象国に関する「優先リスト」は厳格なものではなく、あくまでも「おおよその指針」（rough guide）であり、なんの強制力もなかった。また、前掲の表3－2が示すように、イギリスの海外兵器市場のなかでは英領市場が圧倒的な地位を占めていたが、「優先リスト」では英領市場は対象外に置かれていた。

(2)　武器輸出「優先リスト」からの日本の退場

表3－7は、外務省からの打診を受けて一九三七年七月に海軍省が作成した試案段階のリストであり、A～Fまでの六分類のもとに一五カ国が海軍軍事物資（軍艦ならびに海軍兵器）の注文（naval orders）の期待できる国として序列化されていた。序列化に際して加えられた各国情勢分析の一端を示せば、次のとおりである。表3－7の(A)同盟国のなかでも、エジプトとイラクは条約によりイギリスと同型の兵器・装備品の使用を強いているために、イギリスの独占市場であった。これに対してポルトガルでは、最近になってイギリスの供給独占がドイツによって脅かされつつある。「優先リスト」の最下位に位置づけられているソ連(C)15）は、独自の艦隊建設に向かいつつあり、いまだ経験不足とはいえ、それもイギリスからの軍艦や機械の購入によって補われつつある。ソ連への武器輸出に将来性はなかった。南米諸国にはかなりの受注が期待できるが、アルゼンチンを除いた諸国（(D)10）は金融危機に陥っており、そこではドイツとイタリアが有利な信用条件を提供して、競争を優位に展開している。最後に極東市場では、中国（(E)11）よりもシャム（(E)6）が上位に位置づけられているが、それらはいずれも日本との関係――すなわち日本によるシャム支配の危険性と中国から日本への武器発注の非現実性――を考慮してのものであった。そして、日本

（E）14）については、いまなお海軍装備（naval equipment）に関してはイギリスへの一定数の注文があるものの、それらはイギリスからの情報収集を目的としたものであり、それ以外の意義は何もないとして外務省も海軍省もソ連に次ぐ低い評価を与えている。(53)

これに対して表3－8は、一九三九年二月に外務省と陸海空三省の代表によって——すなわち、海軍のみならず陸軍と空軍の判断もふまえて——作成された「優先リスト」である。表3－8にも「おおよその指針」であるという前置きが付されてはいたが、対象国は三グループ三六カ国にまで増加している。にもかかわらず、表3－8では日本は外されていた。イギリス政府にとって、日本はついに武器輸出の対象国ではなくなったのである。

5　ヴィッカーズ＝アームストロング社の対日武器輸出

(1)　日中戦争期まで続いた航空機エンジンと機関銃の輸出

一九三七年、日中戦争の渦中にあっても、イギリス航空省は、中国への航空機輸出や日本への航空機エンジンの輸出を認可しているが、それは本国の再軍備計画に支障を来たさない限りにおいて、日中両国の市場的重要性を考慮して下された決定であった。これとは反対に、ヴィッカーズ社（スーパーマリン航空機工場）がワルラス水陸両用機を日本に輸出する契約は、イギリスの再軍備計画に支障をもたらすという理由で、空相スウィントンによって差し止められていた。(54)一九〇七年に始まったヴィッカーズ社の日本への潜水艦輸出は一九二七年が最後であったが、(55)対日航空機輸出はその一〇年後のこの段階でほぼ終っていたとみていい。

ちなみに、一九三八年三月までの第一四半期に、スーパーマリン航空機工場はイギリス航空省との契約でワルラス

表3-9　日本における機銃生産と海外輸入

（単位：挺）

製造地および機種	1931年	1933年	1934年	1935年	1936年	1937年
（横須賀工廠）：						
毘式7.7mm固定機銃	0（30）	30（82）	30（152）	52（125）	275（110）	400（448）
（呉工廠）：						
毘式40mm機銃	3（30）	12（30）	20（21）	18（5）	4（2）	－（－）
（英）毘式7.7mm固定機銃	70	－	92	－	300	200
（英）毘式7.7mm旋回機銃	－	150	4	－	－	－
（英）留式7.7mm旋回機銃	207	－	－	－	－	716
（仏）保式13.2mm連装機銃	25組	－	－	－	－	
（仏）保式25mm連装機銃	－	－	－	64組	62組	30組

出典：『海軍省年報』昭和6年および8～12年より作成。
注：(1)（　）内の数字は各年度の製造中の数量（外数）である。
(2)（英）（仏）はイギリスとフランスからの輸入を指す。
(3) 毘式はヴィッカーズ（Vickers）式、留式はルイス（Lewis）式、保式はホッチキス（Hotchkiss）式を指す。
(4) 1932（昭和7）年に関しては関連資料を特定できず。
(5) 横須賀工廠造兵部で機銃工場が新築落成したのは1934年である。
(6) 1934～45年の間に横須賀工廠造兵部で毎年生産された艦上および陸上用機銃の数量については、横須賀海軍工廠会編［1991］を参照。ちなみに、1934～37年の合計では、25mm機銃が270挺、13mm機銃が640挺、7.7mm機銃が1,100挺とされている（同書96頁）。

水陸両用機を一六八機、スピットファイアー戦闘機を三一〇機の製造を請負い、さらにその一方では、ワルラスをトルコに六機、アルゼンチンに二機輸出する計画であった(56)。翌年六月にはスピットファイアー一機をフランスに輸出していたが、エストニアとギリシアへの同機各々一二機の輸出計画は、戦争勃発のためにさすがに中止となった(57)。イギリスからの航空機輸出は再軍備期においてもけっして禁止されてはいなかったが、それは表3-8（グループI・II）の範囲でのみ、かろうじて許されていたのである。

次に、日本への機関銃輸出について見ておこう。ヴィッカーズ社（クレイフォード工場）は、日本の中国侵略がイギリスの再軍備開始の重要契機であったにもかかわらず、かねてより日本に対して多数の機関銃を輸出していた。航空用固定機銃（Vickers Class 'E' 7.7mm × 58R）に限ってみても、一九二〇年に三井物産が一六挺を輸入して以来、日中戦争が始まった一九三七年に輸入が停止されるまでの一七年間に合計一六七四挺を輸入していたが(58)、ここで注目すべきは一九三七年の最後の二〇〇挺の契約である（表3-9参照）。同年一月、ヴィッカーズ社は日本政府との間で同型機銃二〇〇挺の販売契約を結び、すでに契約金総額四万一〇〇〇ポンド（約三五万円）の半分までの支払いを受けていた。この契約に基づいて、同年一一月一一日までに最初の二五挺を、そしてその後は毎月一一日に五〇挺ずつ納品し、一九三八年三月一一日に最後の二五挺で完納する。以上がヴィッカーズ社側の契約義務であり、日本（海軍）側は合計二〇〇挺が完納されてから五日以内に残額を清算しなければならなかった。

一九三六年一二月の段階では、イギリス空軍は、上記の契約が空軍とヴィッカーズ社との先行契約に支障を来たすものではないと判断したのであり、それを前提としてヴィッカーズ社は翌年二月に商務院より輸出ライセンスを得ていた。このライセンスとは一九三三年末の閣議決定に基づいて翌年二月に採用された特定兵器製造企業一二社に限定的に発給されるライセンスであった。通常の特別ライセンスの有効期限が発給時点から三カ月なのに対して、この特定企業限定の特別ライセンスの期限は帝国防衛の利害と国際協定に反しない限り、無期限とされた。

ところが、当時の内閣ではヴィッカーズ社が予想もしない問題が検討されていた。すなわち、最初の二五挺が日本に搬送される段階になって、ライセンスの取消しが検討されていたのである。それは、ヴィッカーズ社にとっては日本市場喪失につながりかねない重大問題であったが、空軍からの緊急要請をうけてイギリス政府は日本向け機銃を急遽イギリス空軍に振り向ける方策を検討し始めていた。クレイフォード工場は、同時期にオランダ、シャム、アルジェリア、リトアニアの各政府とも陸空軍用機銃の製造契約を結んでいたが、残念ながら、それらは数量的に不十分であるばかりか、仕様的にもイギリス空軍向けに転用するのが不可能であった(59)。

再軍備計画遂行のためとはいえ、以上の日本向け機銃の輸出差し止め、徴用は、ヴィッカーズ社が長年にわたって築いてきた日本との取引関係に破壊的な影響をもたらしかねないものであり、同社からは上海事変時の日中武器禁輸措置と同様の強い反発が予想された。結果的には、上記の航空用固定機銃二〇〇挺はすべて日本の手に渡っており、イギリス空軍への強制的転用は実行に移されなかった。しかし、再軍備計画の立ち後れという問題そのものは解決されてはいない。その直後にはＰＳＯＣが、機関銃を含む兵器製造の立ち後れに関して、陸海空三軍へ警告を発していた[60]。さらに一九三八年五月には、軍用改造機の購入を目的として、アメリカに使節団が派遣され、イギリス空軍がダグラス社やロッキード社などへ発注するまでにおよんでいた[61]。イギリス航空機生産は一九三八年後半に飛躍的な増産体制を実現して、ドイツに追い着くまでになっていたが[62]、それでもイギリスが航空機を輸出する余地などほとんどなくなっていた。すでに見たように、もっぱら戦略的判断（表3－8参照）に基づいて、なおも若干の輸出が行われていたとはいえ、情勢は予断を許さなかった。

かくして、イギリス軍需省が復活した一九三九年八月には、ヴィッカーズ社に対して陸軍と空軍より、⑴現在の特殊事情を鑑み、特定諸国への兵器・航空機の販売はイギリス政府が統轄する。⑵特定諸国政府と民間企業との取引交渉は中止する、という通告がなされた。これは明らかに武器輸出制度そのものに対する国家統制である。ヴィッカーズ社のクレイヴンは直ちに国防調整相に書簡を送り、「特定諸国」とは具体的にどこを指すのかを質すとともに、この措置が同社にとっていかに深刻な影響をもたらすものであるかを次のように訴えている[63]。

イギリス政府からの受注が見込めない時に、生産設備を維持し、熟練工を確保するためには、海外注文を獲得する努力が不可欠であったが、海外市場での契約獲得競争も熾烈をきわめ、経済的にも大きなリスクを伴うものになってきた。しかし、ともあれこれまでは海外市場に依拠して、国内軍需生産基盤は維持されてきたのであり、もしも海外注文が獲得できなかったなら、イギリス政府の再軍備計画によって課された大規模かつ喫緊の課題にも対応しえなかったであろう。その意味において、海外兵器注文は国益（national interest）に適ったものであった。以上がクレイヴンの第一の指摘であるが、それに加えて第二には、再軍備計画終了後のいわば「保険」として、継続的な武器輸出の重要性が強調されていた。再軍備計画が終焉を迎えた時にヴィッカーズ社が直面する問題の深刻さを懸念するクレイヴンは、イギリス政府による武器輸出統制の事実が諸外国に誇張して伝えられ、長年かけて築き上げてきた同社の

表3-10　イギリス製機銃の主な海外市場

（単位：千ポンド）

年	1928	1929	1930	1931	1932	1933	1934	1935	1936
イタリア	0.1	5.1	2.1	22.4	1.2	0.8	0.6	−	−
オランダ	0.1	33.6	22.2	28.8	20.1	5.2	8.5	0.4	3.2
ボリビア	79.9	15.6	−	−	8.1	25.5	27.8	1.9	−
中国	−	0.5	16.7	24.6	7.3	34.6	0.9	0.5	2.1
日本	117.8	1.0	62.2	84.2	154.8	94.0	1.9	10.8	10.0

出典：League of Nations, *Statistical Year-Book of the Trade in Arms and Ammunitions,* Geneva, 1934, p. 270 および1938, pp. 231-232 より作成。

信用が破壊されることのないよう、つまりヴィッカーズ社の海外市場における地位をこれ以上悪化させることのないよう訴えたのである。(64)

(2)　日本のイギリス依存脱却の意味

すでに見たとおり、第二次大戦前夜にはイギリスの武器輸出にも厳しい統制が加えられるに至ったが、その背景には再軍備計画に対する危機感があった。実際、ヴィッカーズ＝アームストロング社による表3-8（グループⅠ）への兵器部品の輸出ですら、一九三九年以降には厳しい規制が課せられていた。(65)日本への武器輸出など論外であった。

ところで前掲表3-2および表3-3を見る限り、イギリスの対日武器輸出は一九三四年以降急速に減少しているが、これは日本の兵器国産化（「軍器独立」）を反映したものとして捉えることができるのであろうか。最後にこの点を問題にしたい。中国侵略による国際的孤立と武器禁輸措置に対抗して、日本では機関銃の国産化が本格的に検討されはじめ、一九三四年には横須賀工廠造兵部に機銃工場も新築されていた。表3-10も一九三四年におけるイギリス製機銃の対日輸出の激減を示している。

ヴィッカーズ＝アームストロング社の日本市場の窓口は、日本製鋼所、三井物産、三菱商事、大倉商事、日本海軍、海軍少将油谷堅蔵、以上から成っており、一九二八～三四年に関して見ると、クリノメーター（経線儀）、硬度試験機、ニッケル、銃座用旋回リングなどとともに、兵器としては唯一機関銃が（日本海軍と三井物産を窓口として）日本に輸出されていた。[66]一九三七年には既述のとおり、ヴィッカーズ式七・七㎜航空用固定機銃二〇〇挺がなおも輸出されていたが、表３－９から明らかなように、横須賀で同型機銃の量産が始まっており、この頃にはイギリスから日本への兵器・機械類の輸出は、すなわち日英間の武器移転はほぼ終焉を迎えていたと考えられる。

ただし、それは日本の兵器生産が海外依存から脱却したことを意味するものではなかった。一九四〇年九月の日独伊三国同盟の締結を背景として、同年一二月には陸軍の軍事視察団が、そして翌年一月には海軍の軍事視察団がドイツへと向かい、その後にはベルリンの日本大使館付駐独武官によってさまざまな分野での技術移転交渉が進められた。[67]その一方で、一九四〇年一二月にはアメリカが日本への工作機械の輸出を禁止していた。かくして、最先端技術と兵器の輸入先は英米から同盟国ドイツへとシフトしていったのである。

交渉先の企業は、ラインメタル社、カールツァイス社、クルップ社、ジーメンス社など、そして購入品目は、ネジ切りフライス盤、刃物フライス盤、銃腔検査機械、ばね製作機、ばね検査機、ネジ測定器、堅弾丸検定機、顕微鏡などの各種特殊工作機械、光学硝子、ピアノワイアー、高周波用絶縁材料などの各種武器資材、さらには戦車用超短波無線機、無線測定機、携帯無線機などの特殊装置、これらの先端的軍事物資が戦時下にドイツから、三菱商事、三井物産、昭和通商、大倉商事の各ベルリン支店を介して日本に輸入されていた。[68]一九三九年九月の欧州大戦の勃発とともに海路を封鎖されても、シベリア鉄道経由での輸入路に依拠することができた。一九四一年六月に独ソ戦が勃発するとシベリア経由のルートも断たれ、その後は潜水艦による決死の輸送作戦が展開されたと言われているが、当時（一九四一～四二年頃）はまだ上記の機械類はドイツの仮装商船（仮装巡洋艦）によって神戸・横浜に運び込まれていた。[69]

航空機に関しても、次のような事実を指摘することができる。ヴィッカーズ（エヴィエーション）社は、一九三〇年に油谷堅蔵海軍少将を同社の日本代理人に任命していたが、油谷は早くもその時点で、日本の航空機市場をきわめて悲観的に評価していた[70]。日本は航空機でもすでに国産化を達成しつつあったのである。日本の航空機工業は軍需的性格を先行させて発展し、日露戦争後から第一次大戦勃発時までの「輸入時代」と第一次大戦から満州事変までの「模倣時代」を経て、昭和初頭には「自立時代」に到達し、一九三二年には海軍によって横須賀市外浦郷に海軍航空廠が創設されていた[71]。

もっとも、日本の航空機生産能力が戦時下の軍需にも十分に対応しえたというわけではもちろんなかった。日本政府が本格的な航空機増産に取り組み始めたのは、一九四三年以降のことであった[72]。かつての世界最大の航空機輸出国イギリスが、一九三八年にはアメリカに使節団を派遣して航空機の大量調達を行ったのと同様、日本もアメリカから大量の航空機を輸入していたのである。同年一一月には軍備拡張を主張するロウズベルト大統領が航空機一万機の生産計画を指示して、アメリカ航空機産業の設備拡張は急速に進みつつあった[73]。一九三五年八月に制定されたアメリカの「中立法」（武器禁輸条項は一九三九年一一月に撤廃）も日本への兵器積出しを妨げなかったのであり、一九三九年二月時点でも『ニューヨーク・タイムズ』紙は、ロッキード社の日本への航空機引き渡し契約を報じていた[74]。

もちろん、アメリカだけではなかった。航空機の輸入はドイツからも行われていた。日本陸軍は早くも一九三五年にドイツ視察団を派遣して、航空機の開発・生産体制の調査を行っており、その後、とりわけ三国同盟締結以降には、ドイツからの技術移転・航空機輸入もかなりの規模で進められた。戦時下に輸送状況が悪化していくなかで、結局、日本への航空機技術の提供国としてもドイツだけが残ったのである[75]。

注

（1） League of Nations, *Statistical Year-Book of the Trade in Arms and Ammunitions*, Geneva, 1934, p. 192 および 1938, p. 208, Krause［1992］p. 74, Table 3を参照。

（2） 本章の内容は、横井［二〇〇二］に加筆・修正を加えたものである。

（3）CID. PSOC, Sub-Committee on System of Licensing Exports of Arms and Ammunitions, Report: First Draft, 3rd May, 1933［PRO CAB 60/26］p. 5.

（4）国際連盟の一般軍縮会議におけるイギリス代表の発言に関しては、外務省編［一九八八］を参照した。ちなみに、イギリスに次いで平時における武器輸出ライセンス制を採用したのはベルギー（一九三三年）であった。その他の国については後出の注（50）を参照。

（5）Shay［1977］pp. 11, 19–21, 28, ニッシュ［一九八二］五七〜六一頁、ガウ［二〇〇一b］一〇六〜一〇八頁。ヒトラーのドイツ再軍備の極秘指令は三四年四月四日、ナチス＝ドイツの再軍備宣言は三五年三月一六日であった。

（6）帝国防衛委員会は、防衛問題全般に関する広範な調査研究・答申を目的とする首相の柔軟な諮問委員会として、一九〇六年に創設された。同委員会は、首相を議長とし、その委員は陸相、海相、空相、外相、自治領事務相、植民相、インド事務相、蔵相、枢密院議長、大蔵総務常任委員および陸海空の各参謀総長によって構成されていた。同委員会のもとには約五〇の常任委員会が配置され、さらに各常任委員会には各種の専門的問題を審議する臨時委員会が付設されていた。Cf. Hancock and Gowing［1949］pp. 41–44.

（7）Committee of Imperial Defence. The Need for an Organization to Study Industrial Intelligence (Including Industrial Mobilization) in Foreign Countries, 9th August, 1928［PRO CAB 48/1］cf. Whaley［1984］p. 51.

（8）Committee of Imperial Defence, Position of Foreign Armaments Industries, Report by Sub-Committee on Industrial Intelligence in Foreign Countries, 13th March, 1933［PRO CAB 4/22］.

（9）以上の点に関しては、Davenport-Hines［1986］が包括的な紹介を行っており、本稿もその成果に依拠するところが多い。

（10）この点に関しては、Leitz［1998］がドイツのクルップ社を対象として詳細な研究を行っている。

（11）CID. PSOC, The Position of Private Armaments Industry in Imperial Defence, 1933. 3. 31, Report［PRO CAB 21/371］.

（12）Hankey to MacDonald, 6th March, 1933［PRO CAB 21/371］.

（13）Arms and Ammunition to Tsingtao from Germany, 1926［PRO FO 228/3114］.

（14）Arms Traffic in the Far East, 27th February, 1933［PRO CAB 21/371］.

（15）Parliamentary Debates, House of Commons, Fifth Ser., vol. 275, 1932–33, cols. 55, 59.

(16) Birn [1981] pp. 97, 104.
(17) 外務省編［一九八一］五九六～五九七、五九九頁。
(18) Thorne [1970], pp. 146-149, Thorne [1972] pp. 200-300, ソーン［一九九四］（下）一八七、三三三～三三四頁。
(19) Atwater [1939] pp. 304-305.
(20) Quarterly Report on Military and Air Armament, 4th Quarter from 1/10/31 to 31/12/31 [VA 163].
(21) Shipbuilding and Armament Industry, Noel Birch to Maurice Hankey, 1933. 3. 2 [PRO CAB 21/371].
(22) C. Craven to B. E. Monsell, 1933. 3. 2 [VA 624].
(23) Foreign Armament Sales Correspondence, Notes for the Interview with Sir Edward Crowe, Dept. of Overseas Trade (7/9/1932) [VA 776].
(24) Davenport-Hines [1986] p. 175.
(25) Leitz [1998] pp. 137-138.
(26) Armaments-Request for extension of Export Credits Guarantees Scheme to assist in securing foreign orders (Vickers Armstrong Ltd.), 1930 [PRO BT 56/18].
(27) Purchase of Armament from Messrs. Vickers Armstrong. Letters from Vickers (1932) [PRO CAB 21/371].
(28) Cabinet : Committee on the British Armament Industry. Report (1933. 12. 8) [PRO CAB 27/551].
(29) 商工省商務局貿易課［一九二八］一四～一七頁、同［一九二九］一～七頁、上坂［一九三六］七五～七七頁。
(30) Cabinet: Committee on the British Armament Industry. Report (1933. 12. 8) [PRO CAB 27/551].
(31) 外務省編［一九八八］三六一～三六二頁。
(32) Record of Meeting. Export Credits: "Munitions of War", 15th April, 1937 [PRO BT 60/49/7], Munitions of War and Export Credits, 30th June 1937 [PRO BT 11/661].
(33) CID. PSOC, Sub-Committee on System of Licensing Exports of Arms and Ammunitions. Report, 23rd June, 1933 [PRO CAB 60/26].
(34) Ibid., p. 6.

（35） 外務省編［一九八八］七一一頁。
（36） Minutes of Evidence taken before the Royal Commission on the Private Manufacture of and Trading in Arms, 12th Day, 27th November, 1935, Appendix, p. 340.
（37） CID. PSOC, Sub-Committee on System of Licensing Exports of Arms and Ammunitions. Report, 23rd June, 1933［PRO CAB 60/26］p. 9.
（38） なお、軍艦輸出は武器輸出禁止令の対象外であり、海軍省の専管事項に属し、ワシントン海軍軍縮条約とロンドン海軍軍縮条約によって規定されていた。しかし、一九三三年二月に国際連盟から脱退した日本が、三六年一月にはロンドン海軍軍縮会議からの脱退も通告し、同年末に上記の二条約は無効となった。
（39） Stone［2000］pp. 222, 230. 中立法（Neutrality Act, 1935. 8. 31）の制定以前のアメリカには、武器輸出に関するライセンス制そのものが存在していなかったが、一九三五年に武器取引の監督・統制機構が整備されても、アメリカの武器輸出ライセンスは規制力を欠いた形式的なものにとどまっていた。Cf. Green［1937］pp. 731-738. 全国武器管理委員会（the National Munitions Control Board）が連邦議会に提出した年次報告によると、中立法のもとで実際にライセンスが初めて発行された一九三五年一一月以降一九三七年四月までの間に六〇五六件（総額四三四四万三〇四二・六四ドル、うち二割が中国向け）のライセンスが発行され、その大宗は航空機とその部品であった（ibid., pp. 743-744）。
（40） Atwater［1939］pp. 297-303.
（41） CID. PSOC, Sub-Committee on System of Licensing Exports of Arms and Ammunitions. Report, June 23, 1933［PRO CAB 60/26］p. 10.
（42） Edgerton［1991］pp. 24-27.
（43） Davenport-Hines［1986］p. 173.
（44） CID. PSOC, Supply Board, Supply Committee No.1 (Armaments), 8th Annual Report（1935. 7. 16）［WEIR 18/3］p. 4.
（45） Minutes of Meeting of Directors of Vickers Limited, 1936, 5, 21［VA 1371］p. 123. cf. Ashworth［1953］pp. 197-228.
（46）［Copy］To The Director of Naval Contracts Adm. from V A Limited J.R. Young（Secretary), 28th May 1936［VA 722］.
（47） Conference between the Air Ministry and the Society of British Aircraft Contractors（1936. 3. 19）［WEIR 19/1］p. 8.

（48） Edgerton［1991］pp. 25-26.

（49） Statement Relating to Report of the Royal Commission on the Private Manufacture of and Trading in Arms, 1935-36（Cmd. 5292 of 1936）Presented by the Prime Minister to Parliament by Command of his majesty, May, 1937, p. 17.

（50） Armaments orders from foreign countries, 1937［PRO SUPP 3/54］.

（51） Leitz［1998］pp. 138-139.

（52） Export of Warships and Naval Armaments manufactured in Great Britain, July, 1937［PRO CAB 16/187］pp. 75-76.

（53） Ibid., pp. 78-85. 一九三六年六月三日に、日本は「帝国国防方針」を改訂して、イギリスをアメリカ合衆国、ソ連、中国とともに仮想敵国に加えている。にもかかわらず、イギリス政府はその後も日本への武器輸出を原則として容認していたのである。

（54） Committee of Imperial Defence: Sub-Committee of Defence Policy and Requirements, 1937［PRO CAB 16/137］pp. 228-229, 257-258.

（55） ヴィッカーズ社との技術提携によって三菱神戸造船所でL4型潜水艦が竣工したのが一九二七年七月であった。日本海軍の潜水艦輸入は一九〇五年のエレクトリック・ボート社（米）に始まり、以降、一九二七年頃まではヴィッカーズ社（英）、シュネーデル社（仏）、フィアット社（伊）などからの購入または模倣建造を行っていたが、その一方では呉、横須賀、佐世保の各工廠、川崎造船所、三菱神戸造船所などで、潜水艦の独自の設計建造も行っており、一九一九年から一九二七年までの間に合計二二隻を建造していた（福井［一九五六］一六一～一六三頁、防衛庁防衛研修所戦史部［一九七九］七～八頁）。

（56） Supermarine quarterly report to March 1938［VA 188］.

（57） Vickers-Armstrong Limited, Works Reports to Directors Quarter ended 30th September, 1939［VA 194］.

（58） Goldsmith［1994］p. 398.

（59） Contract for Sale of 200 class ‘E’ Machine Guns by Messrs. Vickers to the Japanese Government, 1937［PRO PREM 1/219］,Vickers-Armstrong Limited Works Reports to Directors Quarter ended 30th June, 1937［VA 185］.

（60） CID, PSOC, Supply Board, 11th Annual Report (1938.6.16)［WEIR 18/3］p. 25.

（61） Edgerton［1991］p. 74, CID, Purchase of Aircraft from the United States of America（1938. 3. 30）［WEIR 17/6］, Mission to North America ： report, 1938 ［PRO AVIA 10/119］.

(62) Ritchie ［1997］ pp. 90-91, 259.

(63) Foreign armament sales, correspondence ［VA 863］.

(64) Ibid., pp. 2-3, 5-6.

(65) Aircraft Equipment: General (Code 8/1):Vickers Armstrong Aircraft and Equipment; requests for permission to export, 1939-1946 ［PRO AVIA 15/85］.

(66) Japan Contracts and Commission 1905-1936 ［VA 685］.

(67) NHK取材班［一九九七］一三九〜一四三頁および横山［二〇〇〇］参照。

(68) 防衛研究所図書館蔵［一九四〇］、同［一九四一］、同［一九四三］を参照。なお、ドイツに進出した日本商社については、工藤［一九九二］四九〜五一頁を参照。

(69) 鳥居［一九九六］一四五〜一五一頁。

(70) Vickers（Aviation）Limited, Minutes Book, 1933-35, Minutes of Meeting of Directors（1934. 6. 5）［VA 318］ p. 138.

(71) 日本航空協会編［一九七五］八六四〜八六五頁。

(72) 山崎［一九九〇］八〜一二頁、前田［二〇〇一］八七〜八八頁。

(73) 山崎［一九九一］一七〜二〇頁、藤村［一九七二］五二〜五三頁。

(74) Simonson ［1968］ pp. 128-130, シモンソン［一九七八］一二八〜一三〇頁。ちなみに、一九四二年六月における航空機の日米月産比較は、アメリカ五〇〇〇機に対して、日本は六三九機であった。アメリカの武器禁輸が撤廃されたのは一九三九年一一月であり、レンド・リース法（武器貸与法）の制定は一九四一年三月であった。

(75) カスパリ［一九九五］参照。

第Ⅱ部　ヴィッカーズ・金剛事件再訪——競争・結託・贈収賄——

別表1　金剛の計画・契約・起工、および14インチ砲採用の経過

1909年12月	山内万寿治、13.5インチ砲の仕様・価格等をA社に問い合わす。
1910年1月12日	松本和艦政本部長、財部彪海軍次官に「大船一隻外国ニ注文ノ必要ヲ」伝える。
1月	加藤寛治駐英武官、13.5インチ砲についてジェリコウ少将に問い合わす。
2～3月頃	日本海軍、装甲巡洋艦の外国注文を決定。
3月5日	海軍省から加藤駐英武官に、14インチ試製砲の価格交渉を命じる。
3月21日	A社取締役会、日本向け2万トン級装甲巡洋艦の設計準備を開始した旨報告。
3月下旬	藤井光五郎機関大佐、造船監督官として英国出張を命じられる。
4月上旬	近藤基樹造船総監・山本開蔵造兵大監、英国出張を命じられる。 加藤寛治は14インチ砲の価格等について日本へ打電、試製砲をV社に注文［？］。
4月13～18日	諮問会議・将官会議で、装甲巡洋艦基本仕様について審議、12インチ50口径砲を主砲に選定。
5月18日	B46案（12インチ砲装備の装甲巡洋艦詳細仕様）確定。斎藤海相、松尾鶴太郎を招見。
5月23日	近藤基樹・山本開蔵・藤井光五郎、要領書・B46案を携えて日本を出発。
6月11日	近藤ら英国に到着、要領書を加藤寛治に手交。
6月25日	加藤寛治よりA、V両社に入札公告。
7月21日	A社取締役会、V社より結託の申し出について報告。
7月29日	V社が結託協定案をA社宛送付。
7月30日	財部次官「十四吋砲装備計画、テンダー取方」について起案 入札（公告から5週間後）。加藤、両社より設計書・見積書を徴す。
8月2日	松本艦政本部長、試験用14インチ砲弾10発注文を起案。
8月4日	A・V両社間に結託協定成立。
8月9日	藤井より艦政本部長宛審査所見の作成。V社案が「遙ニ優ル」。
8月16日	在英造船監督官による審査終了。
8月17日	加藤より艦政本部長宛、武藤稲太郎造兵小監を砲熕計画説明のため派日の提案。
8月19日	近藤・山本離英。
8月20日	近藤らの審査意見に基づき、加藤より海軍大臣宛報告書発送。V社案優勢。
8月25日	V社より加藤宛、14インチ試製砲の11月中旬完成は無理で、翌年2月と通知。
9月1日頃	武藤稲太郎、「重要書類ヲ携ヘ」シベリア経由で7週間の日本出張。
9月6日	近藤・山本帰着。
9月15日	A社取締役会、日本向け26,000トン巡洋艦の設計案は審査中と報告。
9月18日	武藤稲太郎帰着。以後、村上格一艦本第1部長、財部、松本、斎藤らに面会。
9月21日	加藤寛治より海軍次官宛、装甲巡洋艦の発注先について照会。
9月23日	14インチ砲発射試験用火薬の発注。また30日に砲弾120発をV社へ発注。
9月26日	装甲巡洋艦の設計案は、V社の472C案に内定。
9月27日	財部次官より加藤宛暗号電、V社の「四七二ノC採用ニ決内定セリ」（原文では「決」に二重線による字消しあり）。
10月5日	472C案に内定の旨、海相より外相宛、艦政本部長より加藤宛通知、設計変更について指示。
10月13日	山本開蔵、契約に関する指示を携えて、英国に向けて出発。
10月14日	藤井帰着（18日報告）。
11月1日	卯号装甲巡洋艦（比叡）用14インチ砲砲架を横須賀・呉両工廠に発注。
11月4日	日本製鋼所、V社に対して手数料要求。当初拒否されるが、8日にA社同席のもと手数料支払いが認められる。
11月14日	卯号装甲巡洋艦用14インチ砲を呉工廠に発注。
11月17日	契約。A社取締役会、V社より「ある程度の超過額支払い」の申し出について報告。
12月23日	加藤寛治、一時帰朝を命じられ、敦賀着。
1911年1月14日	加藤寛治、イギリスへ帰任のため、東京を発つ。
1月17日	金剛起工式、加藤に代わり、藤原英三郎中佐が出席。
3月	14インチ試製砲、V社エスクミールズ射場で試射、その後、イギリス海軍シューベリネス射場へ移設して公式試験（5月まで）。

出典：斎藤実関係文書、『公文備考』、『財部彪日記』、藤井光五郎判決書（花井［1930］）、『東京日日新聞』、『時事新報』、Armstrong & Co. Ltd., Board Minute [TWAS 130/1278], Secret Agreement between Armstrong and Vickers re. Japanese Cruiser, 29 July 1910 [TWAS 130/1519], Vickers Ltd. to Commander H. Kato, 25 August 1910 [VA 665], Albert Vickers to Saxton W. A. Noble, 3 November 1910, Albert Vickers to G. Matsukata, 7 November 1910, Albert Vickers to G. Matsukata, 12 November 1910 [VA 1006A].

注：アームストロング社、ヴィッカーズ社をそれぞれ、A社、V社と略記した。

別表2　ジーメンス事件経過小年表

	［予兆（発端）］
1913年11月3日	ジーメンス・シュッケルト社（ドイツ）日本支社員カール・リヒテル、同社秘密文書の買い取りをロイター（イギリス）通信員プーレイに要請。
4日	プーレイはロイター通信出張所主任ブランデルと相談の上、同文書買取り（750円）。
11日頃	プーレイ、帝国ホテル滞在中のヴィッカーズ社取締役ダグラス・ヴィッカーズに面会。
17日	ジーメンス社支配人ヴィクトル・ヘルマン、海軍大臣（斎藤実）に面会、プーレイ所持のジーメンス社秘密書類中に日本海軍高官名がある旨知らせる。
24日頃	ジーメンス社ヘルマン及びウィルヘルム、プーレイに同文書売り戻しを要請。
26日	プーレイ、売り戻しに応ずる（5万円）。受領金中より5千円をブランデルに渡す。
	［発覚］
1914年1月21日	ロイター通信社電報：ドイツ・ベルリンよりの報道として、ジーメンス・シュッケルト社社員カール・リヒテル、東京支店より重要書類窃取し、脅迫。恐喝罪で懲役2年判決（ベルリン地方裁判所）。窃取書類中には贈収賄関係と思われる事実あり（会社側から日本海軍高官に高額の「コミッション」支払）。
23日	『時事新報』、上記外電全文を掲載。島田三郎（立憲同志会）、帝国議会衆議院予算委員会にて政府（山本権兵衛総理大臣・斎藤実海軍大臣）追及。 以後連日、議会にて島田、花井卓蔵（弁護士）、林毅陸（政友倶楽部）ら政府追及。
28日	海軍大臣、司法大臣（奥田義人）宛に文書「独逸人ヴィクトル・ヘルマンニ関スル件」送付（以後検察陣始動）。海軍省内に査問委員会設置（委員長出羽重遠大将）。
29日	海軍大臣、事件の予兆（前年11月）認める。プーレイ、検察聴取に応じて経過自白。
2月2日	検察、ジーメンス社支配人ヘルマン及び商務代理人吉田収吉の取り調べ開始。
4日	検察、ヴィッカーズ社日本派遣員B.H.ウィンダー召喚、取り調べ。
7日	藤井光五郎機関少将、沢崎寛猛海軍大佐検挙、海軍軍法会議に付す。
9日	政友会、議会対策上、海軍充実費1億5400万円中より3千万円削減方を海軍大臣・総理大臣に提起・承諾させる。（政府、予算修正案を12日に衆議院予算委員会に提出。）
10日	立憲同志会・中正会・国民党三派による山本権兵衛内閣弾劾決議案上程。 内閣糾弾国民大会（東京日比谷）。
15日	検察、藤井光五郎（海軍機関少将）の取り調べ開始。
18日	検察、呉鎮守府司令長官（松本和）及び呉海軍工廠長（村上格一）官舎捜索。
21日	検察、加賀亀蔵（藤井の実兄陸軍中将藤井茂太の義弟）宅捜索。加賀は取り調べの際に藤井より多額の有価証券（公債・株券等）預かっている旨告白。
26日	海軍高等軍法会議、藤井光五郎より聴取。
3月6-7日	検察、元三井物産技術顧問・機械部長松尾鶴太郎（予備海軍造船総監）取り調べ。
12日	吉田収吉、監房内で縊死。 三井物産常務岩原謙三検挙。引き続き、同飯田義一、山本条太郎取り調べ（→起訴）。
13日	貴族院本会議、予算案中の海軍充実費をさらに4千万円（計7千万円）削減。
23日	予算案に関する両院協議会不成立。
24日	山本内閣総辞職。
25日	松本和中将、待命（30日、軍法会議に付す）。
4月16日	大隈重信内閣成立（海軍大臣八代六郎海軍中将）。
17日	山本権兵衛大将及び斎藤実中将、待命。
5月7日	検察事情聴取：松方五郎（前日本製鋼所常務取締役）。
8日	検察事情聴取：山内万寿治（海軍中将・前日本製鋼所取締役会長）。
11日	検察事情聴取：井上角五郎（元日本製鋼所取締役会長）。 八代海軍大臣、山本権兵衛及び斎藤実を予備役に編入、前海軍次官財部彪中将待命。
15日	海軍高等軍法会議判決：沢崎寛猛、懲役1年、追徴金11,500円。
19日	海軍高等軍法会議判決：松本和、懲役3年、409,800円追徴。
6月26日	山内万寿治自殺未遂。
7月18日	東京地裁判決：飯田義一懲役1年6月（執行猶予3年）、山本条太郎懲役1年6月、岩原謙三懲役2年、松尾鶴太郎懲役2年、ヘルマン懲役1年（執行猶予3年）、ブランデル懲役10月（執行猶予3年）、プーレイ懲役2年及び罰金200円、他省略。
9月3日	海軍高等軍法会議判決：藤井光五郎懲役4年6月、追徴金368,305.05円。
1915年4月30日	東京控訴院判決：山本条太郎、岩原謙三、松尾鶴太郎いずれも執行猶予4年。他略。
10月4日	東京控訴院判決：ヘルマン懲役10月（執行猶予3年）、ブランデル無罪、プーレイ上告棄却（ヘルマンさらに上告したが棄却、プーレイ逃亡）。

出典：花井［1929］、小原［1966］、大島［1969］、盛［1976］、『時事新報』、等。

第4章　ヴィッカーズ社の事件関与と日本製鋼所

1　はじめに

(1)　ジーメンス事件の経過概要

いわゆるジーメンス事件ないしジーメンス・ヴィッカーズ事件[1]は、周知のごとく、軍艦・軍需品納入にまつわる海軍関係の国際的な一大贈収賄事件であり、一九一四年一月下旬発覚以来三月下旬山本権兵衛内閣崩壊に至る日本政治史上の大事件である。その経過概要をごく簡単に述べておくと以下のごとくである（別表2参照[2]）。

一月二一日午後発イギリスのロイター通信社電報は、ドイツ・ベルリンよりの報道として、ジーメンス・シュッケルト社社員カール・リヒテルが東京支店より重要書類を窃取して会社を脅迫、ベルリン地方裁判所にて恐喝罪で懲役二年の判決を受けたこと、リヒテルが窃取した書類中には、会社が注文を得るために日本海軍高官に高額の「コミッション」支払いをしている事実が含まれていることを報道した。二三日の『時事新報』はその外電全文を掲載した。外電報道中には不確かな面も含まれていたが、ジーメンス社と日本海軍高官との間の贈収賄関係を示すと思われる指摘がなされていたため一大問題となった。折しも開会中の帝国議会衆議院では予算審議の真最中であり、立憲同志会領袖・島田三郎が直ちにその外電報道をもとに政府を激しく追及した。翌日以降も連日、議会において島田、花井卓蔵（弁護士）、林毅陸（政友倶楽部）らが政府を追及した。山本権兵衛海軍大将を総理とする第一次山本内閣（海軍大臣斎藤実中将）は、海軍拡張予算（海軍軍備充実費一億五四〇〇万円）とその財源としての営業税・織物消費税・通行税などの増徴を含む予算案を提出していた。政府・与党（政友会）は前年の第一次護憲運動（→「大正政変」）と攻守所を変え防戦一方に追い込まれた。なお、「帝国国防方針」（一九〇七年四月策定）のもとで陸海軍ともに拡張計画が実施されていたが、海軍の大拡張に比して陸軍拡張がやや抑制されていたことは陸軍側の反発を招いていたことに注意を払っておこう。(3)

一四年一月末には検察も始動しはじめ、海軍省内にも査問委員会が設置され、海軍大臣は議会答弁で事件の前兆（発端）が前年一一月にあったことを認めた。検察による捜査は、前年一一月にリヒテルからジーメンス社秘密文書を買い取ったロイター通信員プーレイの自白をきっかけにジーメンス社関係者に及び、さらに、先の外電報道に記されていた海軍機関少将藤井光五郎《てるごろう》（艦政本部第四部長）の取り調べ過程で、二月中旬頃から、ドイツ・ジーメンス社関係の事件からイギリス・ヴィッカーズ社関係の事件へと発展していった（それに先立ち、二月四日にはヴィッカーズ社日本派遣員、B・H・ウィンダー取調べ）。ジーメンス・リヒテル事件からヴィッカーズ・金剛事件への展開である。(4) 後者の内容は、言うまでもなく、巡洋戦艦金剛のヴィッカーズ社による受注（一九一〇年一一月契約）をめぐる同社・三井物産・海軍高官の間の贈収賄事件である。

一四年三月六・七日には、検察による元三井物産技術顧問・機械部長（予備海軍造船総監）松尾鶴太郎の取り調べが行われ、さらに、引き続き同社常務岩原謙三・飯田義一・山本条太郎らが取り調べを受け、一二日以降に相次いで起訴された。そして、物産関係者取り調べ過程で、海軍中将松本和《かず》呉鎮守府司令長官（一九一〇年当時艦政本部長）が巡洋戦艦金剛発注に関連して、三井物産関係者から賄賂を受けていたことが判明した。

この間、議会では、与党政友会が議会対策上一九一四年度予算案の海軍充実費一億五四〇〇万円中より三千万円の削減を海軍大臣・総理大臣に提起・承諾させたが（二月九日）、議会による政府追及は激しく（一〇日立憲同志会・中正会・国民党三派による山本権兵衛内閣弾劾決議案提出）、院外でも内閣糾弾国民大会が開催された（同日東京日比谷）。三月一三日、貴族院本会議では一九一四年度予算案より海軍充実費をさらに四〇〇〇万円（原案から計七〇〇〇万円）削減を可決したため、両院協議会が開催されたが、二三日に至るも結局は予算案に関する両院協議会は不成立となり[5]、翌二四日山本内閣は総辞職した。

以後の裁判での審理過程などはここでは割愛する（判決等については別表2参照）。

以上のごとく、ジーメンス事件は内容的に異なる二つの事件（ジーメンス・リヒテル事件とヴィッカーズ・金剛事件）を含むが、以下で検討対象とするのは、後者のヴィッカーズ・金剛事件である。

(2)　ヴィッカーズ・金剛事件の背景

ところで、一九世紀末から第一次世界大戦に至る時期は世界的な大建艦競争時代であり、英・独・米・仏・露の欧米諸列強の激しい建艦競争に後発資本主義国日本も加わり、日英同盟（一九〇二年成立）を梃子に、とりわけ日露戦争を契機に諸列強の建艦競争に追随してゆく。その過程は第1・2章で述べた通りであるが、ここでも注意しておくべきことは日英同盟下のイギリス兵器産業と日本海軍との緊密な関係である。とくに日露戦争に日本海軍が使用した軍艦はそのほとんどがイギリス製の新鋭艦であり、しかもアームストロング社製が多かった事実を想起されたい。日露戦争後には改訂日英同盟（〇五年改訂）のもとで、海軍大拡張計画が建てられ、日露戦争を契機とした主力艦の国産化方針（「内地建艦方針」）がいっそう推進された。

横須賀・呉両海軍工廠での戦艦薩摩・安芸、装甲巡洋艦筑波・生駒・鞍馬の建造等（一九〇五・〇六年相次いで起工）、日本海軍の艦艇建造能力の向上はめざましいものがあったが、英・独など各国がド級戦艦を建造する「大艦巨砲主義」競争時代にあっては日本製最新軍艦はただちに旧式艦となり、日本もド級戦艦（呉で摂津、横須賀で河内）を起工した一九〇九年にはイギリスは超ド級戦艦（ライオン型巡洋戦艦とオライオン型戦艦）を起工するという状態であった。

こうした中で、日本海軍はイギリスからの最新鋭軍艦（超ド級戦艦）建造技術導入の意味をも込めて、巡洋戦艦金剛のイギリス発注に踏み切った（事実軍艦購入のみでなく設計図購入と技術研修により、その後金剛同型艦三隻の国内建造がなされ、実際に金剛が日本海軍最後の外国発注主力艦となる）。そして、この日本海軍による金剛発注をめぐって、イギリス二大兵器会社ヴィッカーズ社およびアームストロング社がそれぞれの日本代理店（三井物産および高田商会）を巻き込んで激しい受注競争を展開したと言われている（両社の「競争と結託」関係について詳しくは次章を、日本海軍による巡洋戦艦金剛のヴィッカーズ社への発注に至る経過については、別表1を参照されたい。）

(3) 見過ごされてきた問題点

さて、ヴィッカーズ・金剛事件について、従来多くの場合、当然のことではあるが、金剛受注を仲介した三井物産と日本海軍高官との間の贈収賄事件として議論されてきた。しかし、そこにはいくつか見過ごされてきた重要な問題点が存在する。

第一に、贈賄側のヴィッカーズ社の関与実態については十分検討されていない。この点について日本でほとんど議論されてこなかったことはある意味ではやむをえない面があるが、イギリス側でも事件発覚当時政府当局はヴィッカーズ社を調査することに終始消極的であっただけでなく、(6) 一九三五～三六年の「民間兵器製造および取引に関する王立調査委員会」（以下委員長名をとりバンクス委員会と略）の公式報告書においても解明は不十分であった。すなわち、同報告書では、日本政府への軍艦売り込みをめぐるアームストロング社とヴィッカーズ社の競合関係、アジア等への売り込みに際しては一定のリベートは慣行となっていたことなどを指摘しているが、ヴィッカーズ社による贈賄については、J・マッケクニ（ヴィッカーズ社バロウ造船所長・取締役）の個人的責任に帰せられている。(7)バンクス委員会でのヴィッカーズ・金剛事件の追及が不十分であったことについての詳しい考察は第6章において論ぜられるとおりであり、(8)その後のイギリス側の文献においてもバンクス委員会公式報告書の範囲を出ていないことは後述のとおりである。

第二の問題点は、ヴィッカーズ社から日本海軍高官への金銭提供ルートは二通りあるが、三井物産ルートの解明に比して、直接海軍高官へ提供された金銭に関する解明はきわめて不十分なことである。すなわち、三井物産経由で松本和に渡った分については三井物産関係者（松尾鶴太郎、岩原謙三、飯田義一、山本条太郎ら）の裁判記録などにより、贈賄原資は金剛受注の手数料の増額（通常契約価格の二・五％を三井物産の要求により五・〇％に引上げ）により捻出され、そのコミッション料（以下「金剛コミッション」）の約三分の一にあたる金銭が松尾から松本にわたったことなどが明らかにされてきたが、もう一つのルートであるヴィッカーズ社から直接藤井光五郎（金剛契約当時海軍機関大佐・横須賀工廠造機部長兼造船監督官［一九一〇年一二月艦政本部第四部長］）に渡った分については、藤井の裁判が軍法会議で行われたことも起因して（「判決書」を除き資料的に不詳）、ヴィッカーズ社側の原資捻出の仕方や送金方法などは不確かなままである（図4-1参照）。

第三に、ヴィッカーズ・金剛事件における日本製鋼所の関与については、従来正確な指摘がなされてこなかったことである。事件発覚直後から新聞報道等では日本製鋼所、とくに山内万寿治海軍中将（一九一〇年八月から一三年一一月まで日本製鋼所取締役会長、その前後も同社技術顧問）についてはさまざまにうわさされた。そして、山内は検

図4－1　ヴィッカーズ社による金剛受注をめぐる金銭の流れ

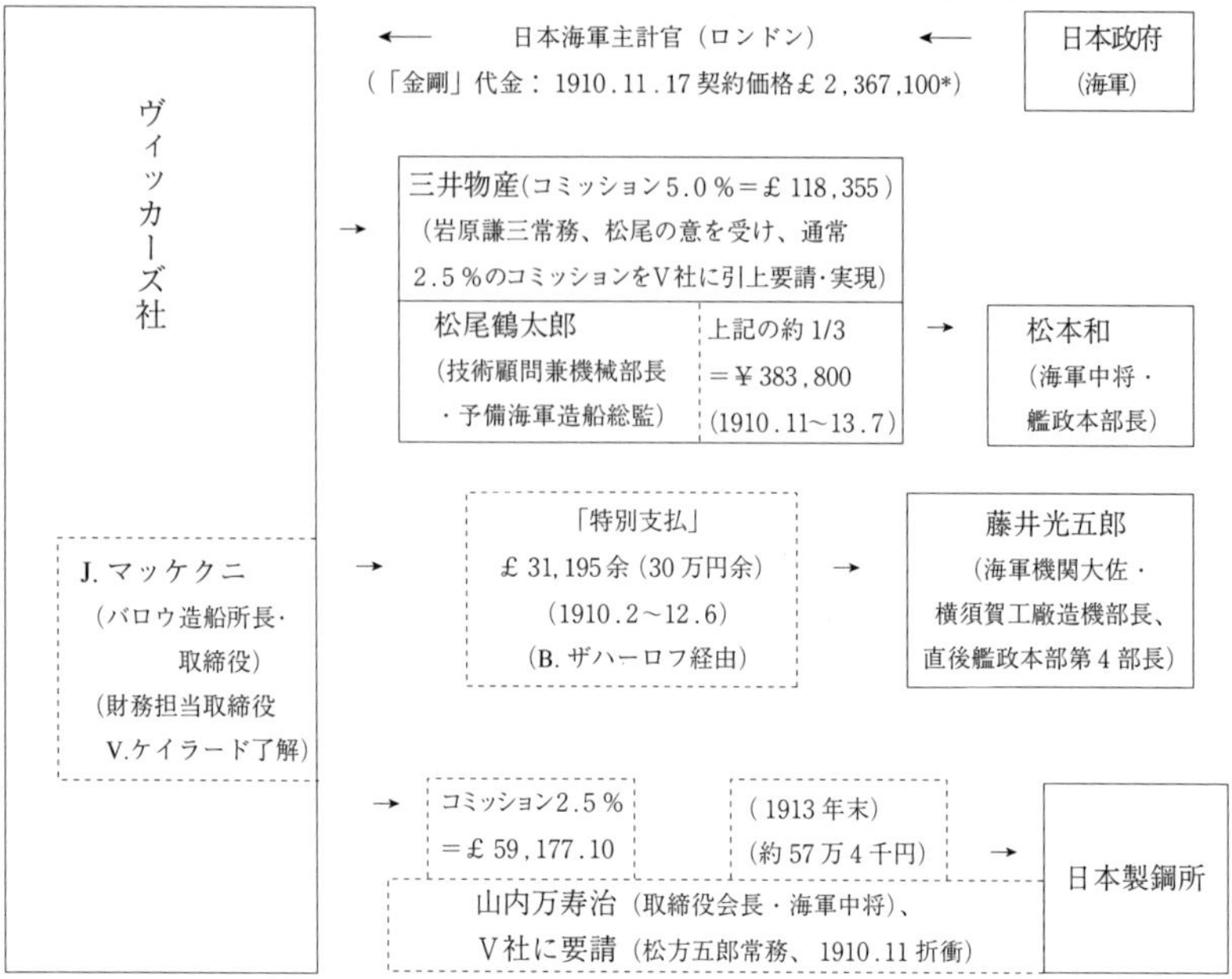

注：(1) V社：ヴィッカーズ社。
(2) 肩書きは1910年11月当時。
(3) ＊印、金剛契約価格はのちに£50,000（1911年5月）、£148（12年9月）追加されるが、コミッション料は当初契約価格をもとに算出。
(4) 実線部分は従来比較的知られていたこと、点線部分が本書による解明。

察当局から「事情聴取」を受け「灰色」として処理されたのであるが、[9] その後の諸文献においても憶測的叙述の範囲を出ておらず、[10] とくに日本製鋼所の関与については正確な記述はなされていない。

しかし、筆者は既にヴィッカーズ社が三井物産に「金剛コミッション」を増額支払したのみではなく、日本製鋼所に対しても同社の要求にしたがって二・五％の「金剛コミッション」を支払ったことを明らかにした。[11] しかし、そこではヴィッカーズ・金剛事件の解明は目的としてはおらず、日本製鋼所による「金剛コミッション」取得についても、その概略的経過と日本製鋼所にとって持つ意味を簡単に指摘しただけであった。そこで本章では、それをふまえつつ、日本製鋼所による「金剛コミッション」取得という事実が、日本製鋼所側にとってのみならず、事件をめぐる日英兵器産業会社間の競合関係全体の中でどのような意味を持ったのかを明確にする必要があると思われる。

本章では、すでに解明されている事柄については既存文献に委ね、これらの従来見過ごされてきた問題点を重点的に解明することとする。その場合、主としてイギリスに現存するヴィッカーズ社側の諸資料[12]を検討することにより課題解明に迫ることとしたい。なぜならば、そのことにより日本側の文献資料によっては明らかにされえない前記諸問題が浮き彫りにされうると考えるからである。

2　ヴィッカーズ社の関与実態と藤井光五郎宛金銭提供プロセス

本節では、前記問題点の第一および第二を併せ検討することにより、ヴィッカーズ社の関与と金銭提供プロセスを具体的に明らかにしたい。

(1)　公式見解とその踏襲

まず、この点について従来指摘されていることを整理しておこう。

バンクス委員会の公式報告書も、日本海軍高官への金銭提供ルートが二通りあって、松本和には三井物産から支払われ、藤井光五郎にはヴィッカーズ社によって支払われたこと自体は指摘している。しかし、当時の同社バロウ造船所マネジャー（マッケクニのこと）はすでに亡くなっていて、同社議事録類には藤井との関係は何も記されていないこと、生存している同社取締役はこの件については何も知らず、今や会社内には事件に関わったり、事件の解明に役立つ人は誰もいない（ただし会社帳簿類を検討すると藤井が裁判で受領したと認めた金額が艦船経費として借方記入されていることを唯一例外として）と述べている。同報告書で最も注目されるのは実はこのカッコ内の但し書きと筆者は考えるのだが、報告書はその直後には『ジャパン・クロニクル』（事件発覚当時日本で発行されていた英字新聞）の抜粋記事によって藤井関係の事件経過を語らしめるにとどまり、結局はヴィッカーズ社の具体的関与の追及を事実上放棄している。(13)

ヴィッカーズ社の社史を執筆したJ・D・スコットは、マッケクニが藤井に賄賂を送ったことは疑いないと指摘しつつも、バンクス委員会でのヴィッカーズ社取締役C・W・クレイヴンの証言をもとにして、もしも戦争（第一次世界大戦）が勃発しなかったならばマッケクニは解雇されたであろうが、彼は失われるにはあまりにも有能な製造家であったと記すにとどまっている。(14)

ヴィッカーズ社の経営史に関する名著を著したC・トレビルコック(15)も、同社と藤井光五郎との間の贈収賄事件を「藤井事件」と呼びつつも、同事件に関する事柄はヴィッカーズ社の取締役会には提起されたことはなく、会社はマッケクニが個人的に責任を負うべきものと結論づけていると述べ、(16)ヴィッカーズ社としての関与については言及を避けている。その意味でやはりバンクス委員会の公式見解の範囲を出ていない。

もっとも、スコットの場合は、ヴィッカーズ社の社史執筆前の調査過程で多くの同社内部資料を検討できる立場にあって、もしも同社が資料を公開すれば会社にとって都合の悪いことがそこら中に出てくると認識していた。(17)ということは、当時の同社内部資料にはより重要な諸事実が伏在している可能性があることを意味する。事実、ヴィッカーズ社はバンクス委員会の喚問および照会に対処するために数回にわたる社内調査を実施していた。「ヴィッカーズ史料」（'Vickers Archives'）には当時は「厳秘」とされたそれらの貴重な関係諸資料も残存している。(18)そこで、以下、それらの諸資料を精査・分析することによってわかる事実関係を整理して示そう。

(2) ヴィッカーズ社支払の「金剛コミッション」内訳と「特別支払」

ヴィッカーズ社による「金剛コミッション」支払いの内実検討に先立ち、前提として巡洋戦艦金剛の契約価格を記しておくと、日本政府とヴィッカーズ社との当初契約価格は二三六万七一〇〇ポンド（一九一〇年一一月一七日契約）であるが、その後若干の補足ないし追加契約を結んでいる。すなわち、日本政府は翌一一年五月二日には五万ポンドの追加支払を認め（「新式甲鉄鈑ヲ使用スルコトニ変更ノ為メ」）[19]、一二年四月四日にはその五万ポンドを含む補足契約を締結し（計二四一万七一〇〇ポンド）[20]、さらに同年九月二八日には「アートメタル追加契約ノ為メ」という理由でごくわずかであるが（一四八ポンド）、ふたたび増加支払いを認めた（その結果合計二四一万七二四八ポンドとなる）[21]。

しかしながら、以下の「金剛コミッション」料は、当初契約価格（二三六万七一〇〇ポンド）に基づいて算出されている。すなわち、ヴィッカーズ社支払の「金剛コミッション」は、一九三六年二月時点の社内調査資料から次のとおり判明する。

三井物産に対する支払い分一一万八三五四ポンド一九シリング一一ペンス（これは金剛の当初契約価格二三六万七一〇〇ポンドの五％に相当する）、および、日本製鋼所に対する支払い分五万九一七七ポンド一〇シリング（同じく当初契約価格の二・五％）。支払期日は、三井物産分は日本政府による金剛代金の払込期日に対応して一九一一年一一月から一三年九月まで八回に分けて各五％ずつ支払われており、日本製鋼所に対する支払分は一九一三年一二月一八日付で一括実施されている[22]（支払方式は後述）。

なお、ヴィッカーズ社に対するバンクス委員会の「金剛コミッション」料増額に関する照会（一九三六年八月）[23]に対して、ヴィッカーズ社はその情報が正しいかどうかを示す文書は見つけられないと回答しているが[24]、同社社内調査

表4-1　サバーロフ経由日本向け金銭支出

ヴィッカーズ社よりサバーロフ宛送金日	ポンド・シリング・ペンス
1910年12月13日	5013.0.0.
1911年 2月22日	5000.0.0.
4月22日	5000.0.0.
7月7日	5000.0.0.
9月23日	5000.0.0.
12月27日	1033.0.0.
12月31日	35.13.8.
同日（交換レート差額調整用）	94.0.1.
1912年6月18日	5000.0.0.
同日（交換レート差額調整用）	19.11.3.
計	31,195.5.0.

出典：Vickers Limited, Account Office, to the Secretary, 13th February 1936 [VA 59/133].

ではコミッション料総額は七・五%、その三分の二は三井へ、三分の一は日本製鋼所へ支払われた旨明白に記されている(25)。

さらに、ここで特に重要なことは、この「金剛コミッション」（総額で金剛価格の七・五%）のほかに、ヴィッカーズ社が「特別支払」（Special Payment）と呼んだ日本海軍高官（藤井光五郎）への支払いが存在したことである(26)。しかも、この「特別支払」がヴィッカーズ社代理人バジル・ザハーロフ（ザハロフ）を通じて支払われたことが確認される。「ヨーロッパの謎の男」と称され、「死の商人」の代名詞のごとく言われるザハーロフは、当時すでにヴィッカーズ社の全ヨーロッパ販売代理権をもって武器取引を中心に暗躍していた(27)。ヴィッカーズ社による藤井光五郎宛送金は、このザハーロフ経由で実施されたのである。

すなわち、一九三六年二月のヴィッカーズ社社内調査結果によれば、バロウ造船所長マッケクニの依頼により、日本への送金のために「B・Z」（バジル・ザハーロフ）に支払われた金額は、表4-1のごとく、一九一〇年一二月から一二年六月にかけて計一〇回、三万一一九五ポンド五シリングである（三回分は交換レート差額調整用などの少額）(28)。

この三六年二月の社内調査資料は、これらのヴィッカーズ社からザハーロフ宛の送金は、マッケクニの「日本の友人」の口座用であったと述べており、それを裏づけるものとして、一九一一年当時ヴィッカーズ社財務担当取締役V・ケイラードによる一連のザハーロフ宛書状(29)を添付しているのであるが、同時に、それはビジネスの性質上非公開であると断っていることに注意しておきたい[30]。なお、マッケクニの「日本の友人」（藤井光五郎）宛の送金をザハーロフ経由で行ったのは、ケイラード自身の言葉によれば、「ロシア向け」という体裁をとるのが「ふさわしい」[31]と考えたからであるという（ザハーロフは特にロシア・東欧関係を一手に扱っていたので[32]）。

以上のヴィッカーズ社送金額および年月は、藤井光五郎「調書」および「判決書」記載事実（藤井授受金額および年月）と符合する[33]。

また、藤井「判決書」中では、送金者マッケクニが送付した為替手形はイギリスからではなくフランス・リヨン香港上海銀行支店にて振り出され、かつ、第二回以後の分は「受取人トシテラザルフナル存否不詳ノ人名ヲ記入シ、同人ノ名義ニテ裏書ヲ為シタル上」送付されたこと、つまり発送地発送人および受取人を隠秘したことが記されている[34]が、その存否不詳の「ラザルフ」なる人物こそ、これまでの分析結果から明らかなごとく、実在人物ザハーロフであったことが判明する。

ところで、ザハーロフについては、当然のことながら、バンクス委員会においても問い質されているが、ヴィッカーズ社側の証人は社内で果たした彼の役割を極力低めに評価する発言に終始している（一九二五年以降は「スペイン・ビジネス」を除いてエイジェントとしての役割も果たさず、総代理店的役割を果たしたのはそれより二〇年以上も前のことで当時のことを知っている者はすでにいない、など[35]）。

しかし、一九三六年三月時点のヴィッカーズ社からのバンクス委員会宛回答[36]においては、次のごとく、ザハーロフの役割についてより積極的に記している。ザハーロフは、ある時期においてはヴィッカーズ社にとって非常に重要な人物で、長い間すべての対外ビジネス（受注交渉や代理店管轄など）は彼のコントロール下にあり、会社の政策や全般的なマネジメントに関しても彼のアドバイスが求められた、と。これは、同社の社内調査結果[37]をある程度反映している。すなわち、一九〇五年七月の取締役会はザハーロフを「対外アドバイザー」として表彰し、彼に取締役相当の報奨金を与えたこと、ザハーロフと会社との関係は第一次大戦勃発までそのように推移したこと、そして、ザハーロフのアドバイスは外国取引関係のみならず会社全般の政策に関する重要点にまで求められたとして、一九一二〜一四年のA・T・ドーソン（当時ヴィッカーズ社専任取締役）のザハーロフ宛書状を三通掲げている。

もっとも、ザハーロフの主たる活動舞台は大陸ヨーロッパであったからか、日本との取引については、バンクス委員会において質問されなかったばかりでなく、ヴィッカーズ社からの回答においても言及されていない。

その後の諸文献においても、ザハーロフが日本との取引に関与したということは知られておらず[38]、特にヴィッカーズ・金剛事件については関与していないと言われていた[39]。しかし、前述のごとく、ヴィッカーズ社からの藤井光五郎宛送金は、「発送地発送人及び受取人を隠秘」すべく、同社財務担当取締役の指示により、ザハーロフを経由して行われたのである。

なお、ヴィッカーズ社社内調査諸資料中には、前記「特別支払」の事後的会計処理に関する書類も多く残されている。特に「特別支払」額中の二万五千ポンド余（当初「ザハーロフ日本ビジネス」として処理された金額など、注28参照）をバロウ、シェフィールド、ロンドンのどの部署でいくらずつ負担すべきかというものが多い[40]（たとえばそれぞれ六六・五％、二九・九％、三・六％という案など）。こうした諸資料の残存は、藤井に対する贈賄金銭の提供がマッケクニの個人的責任においてなされたわけでは決してないことを明瞭に物語っている。

以上、ヴィッカーズ・金剛事件におけるヴィッカーズ社の関与実態と藤井光五郎宛金銭提供プロセスについて、考察の結果を要約すると、バロウ造船所長（取締役）マッケクニの依頼により、財務担当取締役V・ケイラードの了解と指示のもとに、同社代理人ザハーロフを通じて、つまりヴィッカーズ社としての組織的関与のもとに、七回にわたり（一九一〇年一二月、一一年二・四・七・九・一二月および一二年六月）、藤井光五郎宛に計三万一一九五ポンド余（邦貨換算三〇万円余）の送金がなされたことが明らかにされた、と言えよう。

3　日本製鋼所による関与内容と「金剛コミッション」取得

(1)　日本製鋼所による「金剛コミッション」取得の経過

本節では、ヴィッカーズ・金剛事件における日本製鋼所による関与内容と「金剛コミッション」取得の意義を明らかにするのが課題であるが、それに先立ち「金剛コミッション」取得経過を明らかにしておこう。

ヴィッカーズ社の金剛受注を仲介したのは言うまでもなく三井物産であるが、日本製鋼所も「金剛コミッション」を取得した[41]。したがって、ここでの検討の焦点は、まず、本来仲介手数料を得る立場にないと思われる日本製鋼所がどのようにして「金剛コミッション」を取得するに至ったかに置かれる。

日本製鋼所は、「創業期」においてイギリス二大兵器会社（アームストロング社およびヴィッカーズ社）の出資のみならず全面的な技術援助をも得ていたことはすでに述べたとおりである（第2章第2節）。その点に関連して、日本製鋼所創立契約書「付属覚書」（一九〇七年七月三〇日）は、次のように定めていた。第一条でイギリス側両社が日本製鋼所の工場建設において必要な助言を行うことを約束し、第二条で日本製鋼所の工場完成・維持に必要な諸機械器具類で日本で供給不可能なものについてはイギリス側両社の製造優先権を定め、第三条では日本製鋼所が受注する艦船兵器類のうちいまだ自己の工場で製造不可能なものについてはイギリス両社に注文を振り向けること、そして、その代償としてイギリス会社は日本製鋼所に対して契約価格の二・五％（事情によってはそれ以上）の手数料（コミッション）を支払う、と[42]。

したがって、この創立契約書「付属覚書」第三条は、本来は日本製鋼所が製造不可能な艦船兵器類の受注を受ける場合のイギリス会社への引き渡しまたは斡旋とその場合の手数料授受に関する取決めであることは明らかであり、同社創業期の過渡的規定と思われるのだが、日本製鋼所はこの規定を拡張解釈し、イギリス側両社が日本政府から得る艦船兵器類の受注品すべてについて両社にコミッションを要求していく(43)。

しかしながら、イギリス側両社は、日本製鋼所設立以前から日本における代理店を指名して活動していた。アームストロング社はジャーディン・マセソン商会および高田商会、ヴィッカーズ社は三井物産である(44)。それゆえ、日本製鋼所の前記要求はともするとイギリス側両社代理店の活動と抵触するものであり、事実、イギリス側両社は井上角五郎の日本製鋼所会長時代（一九〇七年一一月～一九一〇年四月）は受け入れていなかった(45)。

ところが、山内万寿治海軍中将の取締役会長就任（一九一〇年八月）後、事態は急速に進展する。その大きな契機になったのが、以下のごとく「金剛コミッション」の取得であった。

山内は、金剛のヴィッカーズ社による受注内定（同年一〇月五日、事実上は九月二六日、別表1参照）直後に松方五郎常務をイギリスに派遣し、「金剛コミッション」を取得すべくヴィッカーズ社との交渉に臨ませた。

もちろん、ヴィッカーズ社は日本製鋼所側の要請に直ちに応じたわけではなかった。アルバート・ヴィッカーズ（ヴィッカーズ社取締役会長）は、松方に対して、金剛受注に際しては日本製鋼所からは何の手助けも情報も得られなかった旨の返答をして（一一月七日付）(46)、日本製鋼所側の「金剛コミッション」支払要求に難色を示した。

しかし、翌一一月八日に開催されたヴィッカーズ社とアームストロング社との会合には松方も出席し、金剛および同装備兵器について契約価格の二・五％のコミッションを強く要請した結果、ヴィッカーズ社は結局は同意した(47)。

ここで注意しておくべきことは、金剛受注はヴィッカーズ社によるものであったにもかかわらず、日本製鋼所イギリス側株主両社の会議において日本製鋼所に対する「金剛コミッション」の支払が協議・合意されたことである（第2章第2節で述べたごとく、当時は比較的定期的に日本製鋼所イギリス側取締役会議が開催されており、前記会議はそれに準ずる形で開催され、松方の同会議出席も前記A・ヴィッカーズ書状によるとヴィッカーズ社側の招請によるものであった)。これは日本製鋼所による「金剛コミッション」支払要請が、前述のごとく日本製鋼所創立契約書「付属覚書」(イギリス側両社に関連する)に基づくものであったことも一因であると思われる。

もっとも、同会議に出席した松方自身は、渡英前に同契約書に基づいて交渉するように山内に指示を受けつつも、「契約書ヲ見テ、果シテコレカラ金剛ニツイテ口銭ヲ貰ウ事ガ出来ルカドウカ、疑問ト思」っていたというほど、説得根拠に確信を持っていたわけではなかったのだが、指示に従って談判したところ「多クノ異議ナク」承認が得られたと、のちに検事「聴取書」において述べている。(48)

日本製鋼所に対する「金剛コミッション」支払を認めたヴィッカーズ社は、前記会議直後の財務担当取締役ケイラードより松方宛書状の中で、会議結果を確認しつつ、山内会長に対して以下の内容を伝えるべく強く要請している。

ヴィッカーズ社は金剛代金総額の二・五%のコミッション支払に同意したが、その代償として日本製鋼所が日本政府からエキストラ価格の支払を得られるように最善の努力をしてもらいたい。金剛受注以前には何の内報も日本製鋼所から得ていなかったので金剛価格には日本製鋼所に対するコミッションは何も用意されておらず、同コミッション支払はわれわれ(ヴィッカーズ社)の利益からの控除になる。そして、今後、日本製鋼所が両社(アームストロング社とヴィッカーズ社)に代わって日本政府と交渉を行う場合は、日本製鋼所に対して支払われるべきコミッションについて事前に取決めがなされ、しかも、そのコミッション金額が日本政府提示価格に含まれるように、われわれ両社と十分に情報連絡をとること、と。(49)

前述のごとく、金剛契約価格は一九一〇年一一月以後二回改訂されている。それが日本製鋼所による金剛コミッション取得と関連しているのかは資料的には定かではない。もちろん明文化されている改訂理由は異なる(新式甲鉄鈑使用に変更のため)。しかし、一回目の改訂による「五万ポンドの追加支払」と日本製鋼所取得の金剛コミッション料（五万九千ポンド余）は数値的に近似しており、ヴィッカーズ社としては日本製鋼所に対する追加コミッション支払分をほぼ取り返していることを意味することに注意しておきたい。

ところで、松方からイギリスでの交渉結果を電報で受け取った日本製鋼所は重役会でその内容を紹介したが（一九一〇年一一月一二日）、その席上、山内会長は次のような説明と弁明を行っている。

巡洋戦艦（金剛）のヴィッカーズ社への「日本製鋼所を通じた発注」を詳細に説明したのち、自分（山内）は本年（一九一〇年）初めから日本製鋼所に対する特別な恩典を得るために海軍当局と交渉していたこと、しかし、「厳秘」を当局に約束していたために重役会にもイギリス側同僚にも交渉経過を知らせられなかったこと、そのことは詫びつつも、今後も事前に知らせることが出来ない場合も残念ながらありうると断っている。そして、自分が最大の努力をした結果として、金剛入札がヴィッカーズ社とアームストロング社に限定されたことが付言されている。(50)

ここには極めて注目すべき諸点が示されている。すなわち、金剛のヴィッカーズ社への発注を「日本製鋼所を通じた発注」と明言していること、山内による海軍当局への交渉が自ら言うごとく一九一〇年初めからだとすると日本製鋼所会長就任前の技術顧問時代（現役中将、呉鎮守府司令長官後待命）で当時は未だ装甲巡洋艦（巡洋戦艦）のイギリス発注さえ海軍当局で決めていなかった時期であること（ただし山内はすでに前年一二月に松本和艦政本部長の依頼を受けて新造艦計画と関連してアームストロング社会長アンドルー・ノウブルに「新十三伊半砲熕之要領並ニ代価等ヲ内密ニ」問い合わせていることに注意(51)［別表1参照］）、金剛発注がイギリス両社（アームストロング社およびヴィッカーズ社）の指名入札になったのは山内が日本製鋼所の特別の便宜のために最大限努力した結果と自らの成果と誇示していること、などである。

なお、山内が海軍当局との交渉事項については今後も重役会に事前の報告承認を求めないことがありうることを断っていることにも注目しておきたい。このようなことは軍事機密上ありうるが、ここで注意を要するのは日本製鋼所重役会の特殊事情である。すなわち、当時の日本製鋼所重役会にはイギリス両社を代表する取締役（「代理人」）も出席していたので（第2章第2節参照）[52]、重役会における報告内容は当然のことながらイギリス両社に知られるところとなる。前述のヴィッカーズ社の日本製鋼所（山内）への要請全般に対しては後日の重役会で検討するのものとされているが[53]、山内のこの言明は、そのうちの今後の日本政府注文についても事前にイギリス両社と十分に情報連絡を取るようにとの要請に対する否定的回答とも理解される[54]。

(2)「コミッション問題」の解決と「総代理店問題」の進展

第2章第2節で述べたごとく、「創業期」日本製鋼所にとっては、「コミッション問題」および「総代理店問題」は、イギリス側株主との間で争点となった重要問題であった。日本製鋼所による「金剛コミッション」取得を大きな画期として、「コミッション問題」と「総代理店問題」は以下のように展開した。

前述のごとく、日本製鋼所は、一九一〇年一一月八日のイギリス両社の会議において、ヴィッカーズ社による「金剛コミッション」支払を認めさせたのであるが、さらに、引き続いて一一月二四日に開催された同様の会議においては（ふたたび松方五郎も出席）、より一般化する形でイギリス両社が日本政府から受注する大砲類（素材の鍛造品を含む）について二・五％のコミッションを日本製鋼所に対して支払うことを承認させた[55]。

さらに、ヴィッカーズ社は、遅くとも一九一二年初頭には、日本政府注文に関する限り、たとえ日本製鋼所を経由しない場合でも、同社に対する二・五％（一部品目についてはそれ以上）のコミッションを支払うことを認めるに至った。

この点は、一九一二年二月のヴィッカーズ社取締役（ダグラス・ヴィッカーズ）からB・H・ウィンダー（ヴィッカーズ社日本駐在員で日本製鋼所取締役ダグラス・ヴィッカーズの「代理人」）に宛てた書状[56]から明らかになる。アームストロング社については資料的に確認されないが同様であったと推察される。なぜならば、次のごとく、同書状において両社の競合関係が記されているからである。

すなわち、同書状は、前記一九一〇年一一月八日付松方五郎宛V・ケイラード書状を添付して説明した上で、次のような趣旨を述べる。

日本製鋼所のコミッション要求は、日本製鋼所創立契約書「付属覚書」第三条を根拠として掲げているが、その条項は必ずしも日本製鋼所が「総代理店」的地位を占めることは意味しない。しかし、われわれ（ヴィッカーズ社）は日本製鋼所を経由しない日本政府の注文の場合でも（大砲や砲架の例だけでなく巡洋戦艦「金剛」の例をもあげる）寛大に解釈してコミッションを認めてきた。このような譲歩は政策的な問題として今後も続けられることになる。もしもわれわれがコミッションを支払わないという選択をするならば、日本製鋼所は注文をアームストロング社に変更するだろう、と。

こうして、遅くとも一九一二年初頭以降、日本製鋼所は、軍需品等の日本政府注文に関する限り、事実上イギリス両社の「総代理店」的な地位を占めるに至った。日本政府注文以外の分野では、ヴィッカーズ社の日本代理店三井物産やアームストロング社の日本代理店ジャーディン・マセソンおよび高田商会との調整がまだ残っており、正式の総代理店としての契約は一九一七年までずれ込むが、その進展の契機となったのも皮肉なことにヴィッカーズ・金剛事件の発覚である。すなわち、事件発覚後三井物産がヴィッカーズ社の代理店を返上したことを契機に進展する。(57)

それはともかく、日本製鋼所による「金剛コミッション」の取得が同社の「コミッション問題」の解決と「総代理店問題」の進展にとって大きな画期となったことは今まで述べてきたことから明らかであろう。(58)

(3) 日本製鋼所とイギリス両兵器会社との緊密な関係と競合関係

ヴィッカーズ社が日本製鋼所に対して「金剛コミッション」の支払を認めた背景には、日本製鋼所創立以来の同社とイギリス両社との緊密な関係とともに、両社の競合関係が存在したという事情があった。両社の「結託と競争」関係については詳しくは第5章で述べられるが、ここでは、日本製鋼所による「金剛コミッション」取得と直接関連する以下の点にだけ注意しておきたい。

まず、第一に、金剛発注形式がイギリス両社による指名入札になったのは、山内が指摘するように（前記一九一〇年一一月一二日日本製鋼所重役会での発言）自ら海軍当局に要請したことが作用したかどうかは確定しがたいが（両社のイギリス最大の総合兵器会社としての地位から敢えて「指名入札」にしなくても両社のいずれかになるのは自然）、両社と日本製鋼所との緊密な関係の存在が一要因となったことは大いに考えられる。山内はのちの検事「聴取書」においても、元々金剛受注がアームストロング社とヴィッカーズ社との指名入札になったのは日本製鋼所と両社との特別な関係があったからと述べるとともに、やはり前記日本製鋼所創立契約書「付属覚書」第三条をコミッション要求の根拠にあげている[59]。

第二に、日本製鋼所は、両社との緊密な関係を前提としつつも、「金剛コミッション」取得に際して両社の競合関係を巧みに利用した。前記ダグラス・ヴィッカーズよりB・H・ウィンダー宛書状（一九一二年二月一五日付、注56）の中で、ヴィッカーズ社が日本製鋼所に対するコミッション支払を認めない場合には、注文がアームストロング社に振り向けられるおそれが指摘されているが、日本製鋼所の側からすれば、イギリス両社のそうした競合関係を利用したということになる。しかも同書状は、他方では、ジョン・ブラウン社などに対しては「共同の敵」として両社と日本製鋼所が協同して対処すべき旨が強調されていることはきわめて興味深い[60]。

(4)「金剛コミッション」の日本製鋼所への入金

日本製鋼所による「金剛コミッション」取得の結果、コミッション料は日本製鋼所に入金したが、その金額と処理の方法については、やや説明が必要である。

まず、ヴィッカーズ社側の資料によれば、前述のごとく、一九一三年一二月一八日付で五万九一七七ポンド一〇シリングを日本製鋼所側に支払っている[61]。その支払方法は、ヴィッカーズ社から日本への送金という方法は採らず、日本製鋼所がヴィッカーズ社に負っている債務との相殺という形で処理された[62]。

そのためか、日本製鋼所が取得した「金剛コミッション」の金額は、資料により誤差がある。前記五万九一七七ポンド一〇シリングは日本円に換算すると約五七万四〇〇〇円に相当するので、ここではこの金額を採用しておく。この金額は、ヴィッカーズ社と交渉した当事者の日本製鋼所常務松方五郎の記憶に基づく陳述（五八万円内外）とほぼ一致する[63]。なお、アームストロング社財務委員会議事録によると日本製鋼所への入金額は六万二五五〇ポンド（日本円換算六〇万七〇〇〇円弱）とされている[64]。ただし、この金額には「金剛コミッション」料のみならず、日本製鋼所がイギリス両社から取得した他のコミッション料で当該時期（一九一三年度）に入金した金額が含まれていたと思われる（第2章第2節参照）。

いずれにせよ、「金剛コミッション」約五七万四〇〇〇円（他のコミッション料も含めて六〇万七〇〇〇円弱）が一九一三年末に日本製鋼所に入金した結果、同社は同年下期に初めて利益金（五八万円三〇〇〇円）を計上しただけでなく、創立以来の累積欠損金（六二万円）もほぼ一掃しえた（前掲表2－2参照）[65]。当時の日本製鋼所の資本金一五〇〇万円の四%にあたる一時金が入金したことは、「創業期」日本製鋼所の経営上、きわめて大きな意味を持ったのである。

4　おわりに

本章では、まず、ヴィッカーズ・金剛事件に関するヴィッカーズ社側の関与実態と金銭提供（とりわけ藤井光五郎宛）の具体的事実関係を、ヴィッカーズ社側の内部資料、とりわけバンクス委員会の召喚・照会に応ずるための内部調査資料に基づいて明らかにした。その要点を繰り返すと、バロウ造船所長マッケクニの依頼により、財務担当取締役ケイラードの了解と指示のもとに、ザハーロフを通じて、藤井光五郎宛に七回にわたり計三万一一九五ポンド余（邦貨換算三〇万円余）の送金がなされたことを解明した。そうした藤井宛金銭提供がヴィッカーズ社の一取締役（マッケクニ）の個人的行動と言えるものでは決してないことは明白である。同社が、「三井物産ルート」と同様に、アームストロング社との競争過程で、金剛受注をより確実にするためにとった組織的な資金提供行動（ヴィッカーズ社にとっては「三井物産ルート」以上に明白な贈賄行動）であったと言えよう。

さらに、本章では、日本製鋼所による「金剛コミッション」取得の経過と意義を明らかにしてきた。日本製鋼所にとってはコミッション料の入金が経理上大きな意味を持ち、また、「コミッション問題」「総代理店問題」の進展にとって画期をなしたのであるが、その持つ意義はそれにとどまらない。とりわけ、日本製鋼所がイギリス側出資者両社との緊密な関係を前提にしつつ両社の競合関係を巧みに利用して「金剛コミッション」を取得したことの持つ意味は大きい。

また、その過程で当時の日本製鋼所会長山内万寿治海軍中将のはたした役割はきわめて大きかった。最後にこの点について若干補足しつつ、残された課題を示して本章を終えよう。

「金剛コミッション」料の日本製鋼所への入金は山内の会長退任（一九一三年一一月一二日）直後のことであるが、

山内の経歴からも、ヴィッカーズ・金剛事件発覚後に山内の事件関与はさまざまに噂された。しかしながら、その多くのものは金剛のイギリス発注以前のことであり[66]、とりわけ従前からの山内とアームストロング社との緊密な関係に基づく憶測的記述である[67]。また、前述の日本製鋼所が取得した「金剛コミッション」に関して誤った記述をしているものもある[68]。

ここでそれらの内容を詳しく紹介する余裕はないが、ヴィッカーズ・金剛事件における日本製鋼所の関与との関係で、残された検討課題を一つだけ指摘しておこう。すなわち、山内のはたした役割とアームストロング社・高田商会との関係である[69]。

山内が従前から高田商会・アームストロング社と緊密な関係にあったことは公然の事実であり、そもそも三井物産が松尾鶴太郎（予備海軍造船総監）を技術顧問兼機械部長として採用し、海軍高官（松本和）とのコネクションをつけて金剛受注をはかろうとしたのも山内との対抗上からであったと言われているほどである。とすれば、金剛受注競争裡に山内がどのような役割を果たしたのかを、高田商会・アームストロング社との関係を具体的に示しつつ明らかにする必要がある。

すでに見たごとく、山内中将は、あたかも海軍がイギリスへの新たな装甲巡洋艦（金剛）発注を決めるちょうどその頃に日本製鋼所会長に就任するが、それ以前からアームストロング社会長アンドルー・ノウブルとの親密な関係に基づいて新型艦載砲などの情報を海軍当局に提供しており、また、海軍側の装甲巡洋艦基本仕様の決定過程を知りうる立場にいた（別表1参照）。そして、前述のごとく、山内は金剛の二社（アームストロング社・ヴィッカーズ社）指名入札を積極的に働きかけたとのちに回顧しており、少なくとも二社指名入札方針を早くから知りえたことは確かである[70]。

とすれば、山内はアームストロング社・高田商会と何らかの連携した行動を行ったのか否かが明らかにされることがきわめて重要になるのだが、残念ながら高田商会・アームストロング社側の金剛受注競争を示す史料はきわめて乏しく、山内との具体的関係も明確に示しえないのが現状である。(71) そうした状況の下で、次章で詳細に論じられるイギリス二社側から見た金剛受注をめぐる競争と結託関係についての考察は、ヴィッカーズ・金剛事件についても新たな光をあてることになるであろう。

注

(1) 事件のさまざまな呼称および表記については序章（5および注12）を参照のこと。

(2) ジーメンス事件全体の経過と評価については、小山［一九六六］大島［一九六九］、盛［一九七六］、吉村［一九七五］、紀［一九七九］、山本［一九八二］、竹中［一九九二］、辻［一九九二］等を参照。基本的資料としては、当時の新聞報道や帝国議会議事速記録などを別として、大島［一九六九］、盛［一九七六］はじめ、花井［一九二九］、平沼［一九五五］、小原［一九六六］、専修大学［一九七七〜七九］などが貴重である。

(3) 日本政治史上、ジーメンス事件に至る流れを、陸軍二個師団増設問題→「大正政変」（「閥族打破憲政擁護」）→海軍大将山本権兵衛内閣のもと帝国議会における予算審議過程（海軍大拡張費を含む）でのジーメンス事件発覚→山本内閣倒壊、として描くことは比較的一般的で、その過程に当時の入り組んだ政党間の抗争が複雑に絡んでいたことは事実だが、最後者のジーメンス事件発覚→山本内閣倒壊の背後に陸軍の策謀（特に長閥陸軍の大御所山県有朋の薩閥海軍の統領山本権兵衛の失脚をねらった陰謀）を見る見解（陸軍山県陰謀説）は近年においても流布されている（紀［一九七九］はその典型）。なお、帝国国防方針と陸軍二個師団増設問題および海軍拡張過程との関係については、増田［一九八二］を参照のこと。

(4) 吉村［一九七五］。

(5) 海軍拡張予算の審議過程をめぐる問題については、海軍歴史保存会［一九九五］第二巻二四七〜二五四頁参照。

(6) 吉村［一九七五］一四〜一五頁、二四頁。本書第6章第2節をも参照。ここで詳論する余裕はないが、日本政府の外交ルートを通じた「証人尋問嘱託」要請に対しても、イギリス政府は、ヴィッカーズ社バロウ造船所長J・マッケクニおよび取締役会長A・ヴィッカーズの証言拒否文書を送付するにとどまる。Ralph Paget (for the Secretary of State) to His

Excellency Monsieur K. Inouyé［在英特命全権大使井上勝之助］, June 6, 1914『独国「ジーメンス・シュッケルト」会社旧東京出張員「リヒテル」ノ脅喝取材並ニ帝国海軍当局者ノ収賄事件関係雑纂』第一巻（外務省外交史料館所蔵、戦前期外務省記録、四-一-四-七二）。

（7） *Report on the Royal Commission on the Private Manufacture of and trading in Arms, 1935-36* [Cmd. 5292, pp. 100-101].

（8） バンクス委員会の性格や調査結果などについては横井［一九九七］第7章、より詳しくは本書第6章参照。なお、横井［一九九七］は同委員会報告書を利用してジーメンス事件についても言及しており（一三三～一三九頁）、荒井［一九八一］も同委員会の議論を簡単に紹介している。

（9）「検事聴取書：山内万寿治」一九一四年五月八日（盛［一九七六］および専修大学［一九七七］⑴所収）。小原［一九六六］六九頁。

（10） 辻［一九九二］は、同事件に対する日本製鋼所および山内の関与についても「埋れた室蘭日鋼事件」として比較的多くを割いているが（四八二～五九二頁）、新聞報道等に基づく憶測的で不正確な記述が多い（後述）。

（11） 奈倉［一九九八］（特に第3章第5節）、［二〇〇二］（特に第3節）。

（12） 主として元ヴィッカーズ社本社所蔵の'Vickers Archives'（現在ケンブリッジ大学図書館蔵、［VA ］と略）。巻末史料解説参照。

（13） *Report on the Royal Commission on the Private Manufacture of and trading in Arms, 1935-36* [Cmd. 5292, pp. 100-101].『ジャパン・クロニクル』の抜粋記事もヴィッカーズ社により同委員会に提供されたものである。

（14） Scott [1962] p. 252. バンクス委員会でのクレイヴンの証言はより抽象的である（Minutes of Evidence taken before the Royal Commission on the Private Manufacture of and trading in Arms, fourteenth day, Thursday, 9th January, 1936, pp. 382, 394）。スコットのこの部分の叙述は、非公開調査会におけるクレイヴンの証言に基づいていると思われるが、その証言では、マッケクニが関わった事件がイギリス内で明らかになったのは一九一四年九月のことであって、当時は彼は軍需大臣指定工場（national factories）を統括する立場にあり、わが国（イギリス）において最も優秀な製造責任者の一人であったと述べている（Royal Commission on the Private Manufacture of and trading in Arms, Minutes of Evidence taken at a private meeting on Thursday, 7th May, 1936［VA 60]）。

(15) Trebilcock [1977].

(16) Trebilcock [1990] p. 111.

(17) 以下のスコットのメモ参照。Note of an interview with Sir James Reid Young at Vickers House on the 18th May. Notes on the Minutes of Evidence. Notes on the Fujii Case (Notes on the papers in Vickers House, Royal Commission on the Private Manufacture [sic] and trading in Arms, 1935/36). いずれも [VA 789]。

(18) 「ヴィッカーズ史料」中、バンクス委員会関係資料をまとめてファイルしてあるのは [VA 57～60] であるが（奈倉 [近刊]）、特に [VA 59] ファイルには ‘Admiral Fuzii Case’ としてバンクス委員会に対処するために行った社内調査資料が一括されていて（[VA 59/133]）きわめて貴重である。その内容を大別すると、バンクス委員会におけるヴィッカーズ社関係者の証言（一九三六年一月八日および九日）後、委員会からの照会に応じて二月に行った社内調査資料および八月の再度の照会（コミッション料増額に関する照会）に対応して行った社内調査資料であるが、その中に一九一三・一四年当時の社内文書や一九一一年時点のザハーロフ宛書状（後述）なども添付されている。

(19) 艦本機密第四二八号「贈賄等被告事件ニ関スル件」（一九一四年六月一九日付、海軍艦政本部長村上格一より東京地方裁判所検事正中川一介宛。盛 [一九七六] および専修大学 [一九七七] ⑴所収）。

(20) A. T. Dawson (Vickers Limited, Director) to Captain Kenji Ide, I. J. N., 4th April 1912 および添付資料 ‘SUPPLEMENTARY AGREEMENT: Cruiser “I”. [VA 1010].

この間値下げ改訂の動きもあり（年利子率三・五%の五一日分一一五八ポンドの値引きにより二三六万五九四二ポンドとする案）。A.T. Dawson (Vickers Limited, Director) & Philip Thaine (Vickers Limited, Secretary) to The Fleet Paymaster, Imperial Japanese Navy, Cruiser “I”-Payments, 10th & 13th February 1912, および添付資料 SUPPLEMENTARY AGREEMENT: Cruiser “I” [VA 1009].

(21) 前掲艦本機密第四二八号「贈賄等被告事件ニ関スル件」。Vickers Ltd., Minute Book No. 6 (1907-1914), 16th Oct. 1912 [VA 1364]. なお、専修大学 [一九七八] ⑵所収の「金剛契約」では、契約日を当初契約の一九一〇年一一月一七日としつつも契約代金は改訂後の合計金額にあたる二四一万七二四八ポンド（二四〇〇余万円）を記し、三井物産「代理店口銭」額は当初契約価格の五%にあたる金額（一一五万八七三〇円余）を表記するなど一貫していない（九～一一頁）。

(22) Commission debited to us by London Office in respect of Japanese Contracts（Hurbert Thompson [Vickers-Armstrongs Limited, Naval Construction Works, Barrow-in-Furness] to F. C. Yapp [London Office], 14th February, 1936, 添付書類）および添付メモ [VA 59/133].

(23) Edward Twentyman to Mr Yapp, 20th August 1936 [VA 59/133]. これは『ジャパン・クロニクル』抜粋記事（一九一四年六月四日付）中に、松尾鶴太郎が海軍高官（松本）への贈賄資金を捻出するために三井物産重役と話し合い、三井物産からヴィッカーズ社へ「金剛コミッション」の増額を要求し、五％のコミッションを取得した経過が記されていることにバンクス委員会が着目してヴィッカーズ社に照会したものである。

(24) J. Reid Young to Sir Charles Craven, Barrow-in-Furness, 22nd August, 1936 [VA 59/133]. F. C. Yapp to Mr Twentyman, 24th August, 1936 [VA 59/133].

(25) J. Reid Young to J. Callender, Barrow-in-Furness, 21st August, 1936 [VA 59/133]. Mr. Callander, Barrow to Mr. Reid Young, London, 24/8/36（電文）[VA 59/133]。最後の電文内容（コミッション料総額七・五％、三分の二は三井へ、三分の一は日本製鋼所へ）がヴィッカーズ社からバンクス委員会への回答（前注記載のF. C. Yapp to Mr Twentyman, 24th August, 1936）にまったく反映されていないのは、電報と回答がクロスして間に合わなかったからか、意識的に採用しなかったのかは定かではない。

(26) Commission debited to us by London Office in respect of Japanese Contracts [VA 59/133].

(27) 床井［一九八三］七八頁。ヴィッカーズ社の社史を記したスコットも、ザハーロフは一九〇〇〜一四年には外国取引では主導権を握り、あたかも同社取締役の一員のごとくであったと述べている（Scott [1962] p. 80）。

(28) Vickers Limited, Account Office, to the Secretary, 13th February 1936 [VA 59/133].
これらの支払のうち最初の4回は当初「ザハーロフ日本ビジネス」として処理されたのちに「バロウ現金前貸勘定」に振り替えられたが、残りの支払は直接「バロウ現金前貸」として処理された。

(29) V. Caillard to Zaharoff, April 21st, 5th July, August 11th, 20th September,（September 23rd),（27th December), 1911 [VA 59/133]. 最後の二通（カッコ書き）は発信人が記されていないがV.Caillardと推定される。次の電報および書状も参照。J. McKechinie to B. H. Winder（Imperial Hotel, Tokio), Feb. 21st 1911 [VA 1006A]; V.C. to Messrs Vickers Limited,

Naval Construction Works, Barrow-in-Furness, 23rd September 1911 [VA 1008]; Philip Thaine (sign) to Messrs Vickers Limited, Naval Construction Works, Barrow-in-Furness, 13th January, 1912 [VA 1009].

(30) Vickers Limited, Account Office, to the Secretary, 13th February 1936 [VA 59/133].

(31) V. Caillard to Zaharoff, April 21st, 1911 [VA 59/133].

(32) 以上の内容はヴィッカーズ社による一九三六年二月時点の社内調査資料（一九一一～一四年時点の添付資料を含む）から明らかになるのだが、社内調査結果をふまえた同社会長からバンクス委員会宛の回答書（H. A. Lawrence, Vickers Limited, Chairman, to the secretary of the Royal Commission on the Private Manufacture of and trading in Arms, 19th February 1936 [VA 59/133]）にはその内容はほとんど反映されていない。同回答書は、主としてバンクス委員会におけるヴィッカーズ社関係者（特にクレイヴン）の証言内容の不十分さを補うという趣旨で書かれており、新たな調査結果も示しているが、藤井宛金銭提供については次のように回答している。事件関係報告書類（日本での裁判結果や新聞報道などを指す）で指摘されているほぼ同額の支払いが金剛契約に関連してなされたこと、その総額が会社帳簿には「借方記入」されていること、会社記録にはどこにも受取人として藤井の名前は記されていないこと、しかし、総合的に判断すれば、当該金額が当人（藤井）宛であったということは十分想定されうる、と。また、回答書は、マッケクニに責任があることは明白と認め、さらに当時の取締役のうち、ケイラード、T・ドーソン、F・バーカーらは相談にのったことはありうるとしつつも、彼らは全員すでに亡くなっていること、生存している当時の二人の取締役（ダグラス・ヴィッカーズとウィリアム・クラーク）は、そうした事態は一切取締役会に出されたこともなく裁可も受けていないと明白に述べていると付加している。このヴィッカーズ社の回答書が委員会の公式報告書においてはさらに抽象的な形で採用されるにとどまる（前述の公式報告書の内容参照）。

(33) 藤井光五郎に対する「調書」一九一四年三月三一日、東京地方裁判所（盛［一九七六］所収、特に八七～八八頁）、および藤井に対する「判決書」一九一四年九月三日（一四日宣告）高等軍法会議（花井［一九二九］所収、特に一七四～一七五頁）。後者では、一九一一年一二月分の送金額（邦貨換算九九七一・〇四円）は、巡洋戦艦比叡装置のタービンのヴィッカーズ社への発注に対する「報酬」として別記されている。

なお、マッケクニと「日本の友人」藤井との関係は、前記藤井の「判決書」でも「豫テ懇意ノ間柄」で、マッケクニは藤井に対してヴィッカーズ社のために「好意ヲ表セラレタキ旨依頼」したと指摘されているが、さらに注目されることは、前記藤井の「調書」においては、藤井はヴィッカーズ社「ロンドン本店ノ『ダン』トイウ人ヨリ」建造予定の巡洋艦を同社で引き受けたい旨の話がたびたびあったと述べていることである。というのは、ダン（James Dunn）はマッケクニの前任者であり（一九一〇年一月取締役も交替）、「三井物産ルート」贈賄側の主役松尾鶴太郎が一旦松本和に供与した金銭中から山本条太郎に「謝礼」（一万五〇〇〇円）を渡した理由が山本が「別懇」であったヴィッカーズ社の重役（ダンを指す）に対して手紙を出すなどの「尽力」をしてくれた「御礼」とされているからである（盛［一九七六］二二七〜二二九頁）。つまり、三井物産は、松尾→松本への働きかけの他に、山本条太郎→ヴィッカーズ社（ダン）→藤井、という工作ルートも使っていたということになる。

（34）花井［一九二九］一八三頁。

（35）Minutes of Evidence taken before the Royal Commission on the Private Manufacture of and trading in Arms, fourteenth day, Wednesday, 8th January, 1936, p. 360.

（36）H. A. Lawrence, Vickers Limited, Chairman, to the Royal Commission on the Private Manufacture of and trading in Arms, 11th March 1936［VA 59/134］.

（37）ファイル 'SIR BASIL ZAHAROFF'［VA 59/134］.

（38）ザハーロフについての文献は多いが、日本との取引に関する記述は不正確なものが多い。たとえば、Davenport［1934］pp. 136, 141（大江訳［一九三五］一七四、一七九頁）、および McCormick［1965］p. 88（阿部訳［一九六七］七一頁）。両者ともザハーロフが日露戦争前後に日露双方と商売をしていたことを述べているほかに、後者はヴィッカーズ・金剛事件に関しても『タイムズ』（一九一四年四月二七日）の報道をザハーロフが「賄賂作戦」に関わった「証拠」としており、前者は、ヴィッカーズ社の日本との関わり（日本製鋼所への投資など）をザハーロフの「東洋旅行」と併せ述べることによってあたかもザハーロフが直接関わったかのごとき叙述をしているが、いずれも論拠薄弱である。それに対して、ザハーロフに関する比較的近年の本格的学術書は、ザハーロフは日本や中国での取引（贈収賄などの汚れた取引の代表と述べつつ）に関わった形跡はないと記している（Allfrey［1989］p. 74）。

（39）Sampson［1977］p. 52（大前訳［一九七七］上、七二頁）。しかし、ザハーロフがヴィッカーズ・金剛事件に関わったかのごとく記している文献も前注記文献のほかにもある（Neumann［1938］pp. 105-112）。その叙述はライバル会社アームストロング社の私的エイジェント（公的にはタイムズ特派員）の活動を紹介しつつ対比させる物語的記述で興味深いが、結論的には藤井に賄賂を提供したのはザハーロフではなくバロウ工場のマネジャー（マッケクニを指す）であったと指摘するにとどまる。

(40) たとえば、A.M.（Miller: 筆者推定）to J. McKechnie, "KONGO", 20th December, 1913 [VA 59/133]; V. Caillard（Vickers House, London）to Messrs Vickers Limited, Naval Construction works, Barrow-in-Furness, 31st December 1913［VA 59/133]; Naval Construction works, Barrow-in-Furness（サイン判読難）to Mr Barr, 31st December 1913 [VA 59/133].

(41) 後述のごとく、日本製鋼所にとって「金剛コミッション」の取得はきわめて重要な意義を持ったにもかかわらず、日本製鋼所［一九六八ａ］においては何も言及されていない。これは、やはりヴィッカーズ・金剛事件と世間の日本製鋼所に対する疑惑を考慮したためと思われる。同書の前段階の資料にあたる『日本製鋼所五十年史資料』（稿本資料集）には「金剛コミッション」に関連した指摘がいくつかあるが、そのうちの一つ『資料摘録(1)』において、「金剛コミッション」取得は、ヴィッカーズ・金剛事件発覚後は、「当然の商行為」と言うだけでは世情においては許されなくなったと指摘しているのは（六七頁）、その意味で興味深い。

(42) 日本製鋼所［一九六八ａ］六五〜六六頁（英文）、七四〜七五頁（和文）。

(43) 本文では「艦船兵器類」と一括したが、前記創立契約書「付属覚書」第三条の文言は正確には「艦船、兵器、砲、機械類、弾薬其他」である。日本製鋼所の場合、艦船建造は予定していなかったにもかかわらず、こうした規定になっているのは一見不思議に思えるが、実は日本製鋼所創立時の定款第二条の事業目的の一つに当初原案にはなかった「船艦」（'ships, vessels'）の製造・販売も加えられている（奈倉［一九九八］四六頁）。日本製鋼所設立以降も艦船建造が具体的に企図された形跡はまったく認められないが、「金剛コミッション」要求の際にはこの規定を活用している。

(44) ジャーディン・マセソン商会は一八八六年に日本代理店になり（石井［一九八四］四〇四頁）、三井物産がヴィッカーズ社の代理店になった一八九七年頃に高田商会もアームストロング社の代理店になったと言われている（中川［一九九五］）。一九一〇年三月時点ではジャーディン・マセソン商会、高田商会ともにアームストロング社の代理店である（奈倉［一九九八］一一五頁）。

(45) 日本製鋼所［一九六八ａ］一二五頁では、前記創立契約書「付属覚書」第三条の記述年月どおり、一九〇九年四月一日以後の注文品について、日本製鋼所が名実ともにイギリス側両社の代理店となったと記されているが、明らかに誤りである。日本製鋼所初代会長の井上角五郎自身も後日次のように記している。一九〇九年二月にイギリス側両社から重役が来日した時（ジョン・ノーブルおよびダグラス・ヴィッカーズ来日時のこと）日本製鋼所を総代理店とすべく要求したが、両社とも九月まで（ジャーディン・マセソン商会および三井物産の代理店の期限が来るので）猶予してもらいたき旨の返事であったのでその際は同意し、九月に至るも何らの措置もとられないので書面にて両社に迫ったが、イギリス側は山内に一任すると言ってきただけ（山内は言を左右にする）と述べている（井上［一九三三］三九～四〇頁）。

(46) Albert Vickers to G. Matsukata, 7th November, 1910 [VA 1006A].

(47) Minutes of a Meeting at Messrs Vickers' Office, London, 8th November 1910 [VA G267, & R287].

(48) 「検事聴取書：松方五郎」一九一四年五月七日（盛［一九七六］及び専修大学［一九七七］(1)所収）。

(49) V. Caillard to G. Matsukata, 8th November, 1910 [VA 1009].

(50) Minutes of the 71st Meeting of the Bord of Directors [of the Japan Steel Works], November 12th, 1910（日本製鋼所室蘭製作所所蔵）。

(51) 一九〇九年一二月二一日付、山内万寿治より斎藤実宛書状、斎藤実文書、書翰の部一五七七－一〇七）。

(52) 事実、前記報告がなされた日本製鋼所重役会には四人のイギリス側重役「代理人」（F・ブリンクリ、F・H・バグバード、広沢金次郎、W・B・メイソン）が出席している（注(50)注記資料に同じ）。

(53) 今後の検討に委ねられることとともに、アームストロング社およびヴィッカーズ社両社に対して日本に代表を派遣して協議をすることも求めている（同前）。

(54) なお、松方の帰国後、前記松方宛ヴィッカーズ社書状が日本製鋼所重役会に提出されたのは第七三回重役会（一九一〇年一二月二八日）、松方が出席報告したのは第七四回重役会（一九一一年一月二〇日）である（Minutes of the Meeting of the Board of Directors of the Japan Steel Works, December 28th, 1910 & January 20th, 1911 [VA R287]）。

(55) Minutes of a Meeting held in London on 24th November 1910 [VA G267 & R287].

(56) A director of Vickers [Dougalas Vickers] to Basil H. Winder, 15th February, 1912 [VA 1009].

(57) 奈倉［一九九八］一一五、一一九、一五九～一六〇頁。

（58）奈倉［一九九八］の「コミッション問題」「総代理店問題」に関する疑問に対する回答は奈倉［二〇〇二］三七～四〇頁。
（59）「元来金剛ヲ二社ニ指名シタノハ、製鋼所ガ二社トノ特別ナ関係ガアルカラデアル」（「検事聴取書：山内万寿治」一九一四年五月八日、盛［一九七六］および専修大学［一九七七］⑴所収）。
（60）イギリス兵器諸企業の競争関係と秘密協定の同時存在については奈倉［一九九八］でも指摘した（一一八～一一九頁）。
（61）Commission debited to us by London Office in respect of Japanese Contracts［VA 59/133］.
なお、支払期日が金剛契約日から三年余も経ているが、これは前記日本製鋼所創立契約書「付属覚書」第三条の規定に基づくものと思われる（手数料の支払は注文あるいは請負契約の履行を終えた時、すなわち金剛の場合は竣工引き渡しの時となる）。
（62）前掲「検事聴取書：松方五郎」。前掲「検事聴取書：山内万寿治」。
（63）前掲「検事聴取書：松方五郎」。前掲「検事聴取書：山内万寿治」によれば五〇万円と言うが、その金額は過小である。
（64）Armstrong & Co. Ltd. Finance Commitee, No. 1（1911－1918）22nd April. 1914［TWAS 130/1287］.
（65）奈倉［一九九八］一三九頁をも参照。なお、そこでは前記アームストロング社財務委員会議事録記載の六万二五五〇ポンド全額を「金剛コミッション」金額のように記したが、本文のように訂正しておく。
（66）その中には日本製鋼所へのイギリス側両社の出資そのものが、一種の「コミッション」からなっているなどの的はずれの批評もある（一九一四年一月二九日、衆議院における蔵原惟郭の質問演説、『時事新報』一九一四年一月三〇日、辻［一九九二］五三九～五四二頁も掲載）。
（67）たとえば、海軍部内で私財の最も豊かな者と言われた山本権兵衛と山内、その蓄財の手段の一つが軍艦購入などでアームストロング社などからコミッションを取得したことにあるとの指摘（雑誌『日本及び日本人』中での鵜崎鷺城の記述、盛［一九七六］一六五～一六六頁掲載）。さらには、ジーメンス事件発覚後に海軍の腐敗を遡って内部告発した二人の海軍軍人（片桐西次郎主計中監と太田三次郎大佐）のうち、太田は、「有力なる海軍武官の一人」が「呉造兵廠」建設時に渡英して大量に買い付け、盛んに「コミッション」を取ったことがそもそも海軍高官の「コミッション」とりの端緒をつくったと指摘した（『法律新聞』一九一四年一月三〇日、盛［一九七六］三六～三九頁掲載）。
（68）そのうちの一つ（『東京日日新聞』一九一四年七月三〇日）は、検事取調べで追及された山内の預金一〇万円の出所として「金剛コミッション」を指摘している。そこでは日本製鋼所が金剛の口銭三〇〇万円をえてその中から一二〇万円ずつ三井物産と日本製鋼所がとり、残り六〇万円を山内自身が取得したとまったく誤った憶測的記述がなされているのだが、辻［一九九二］はそのまま受け入れた記述をしている（五六三～五六七頁）。

(69) 山内・高田商会・アームストロング社の関係については、笠井［一九九一］、中川［一九九五］参照。

(70) 山内と海軍大臣斎藤実は海軍同期（海兵六期）できわめて親しく、また、一九一〇年六～八月にイギリス二社から装甲巡洋艦の設計書・見積書の聴取に当たった造船総監近藤基樹は、山内の義兄にあたることにもここで注意しておこう。辻［一九九二］は、山内が「検事聴取書」の中で金剛のイギリス兵器会社二社への指名入札の話を事前に松本（和）から聞いていたと述べていることから、さらに進んですでにヴィッカーズ社への発注が決まっていたことを聞いていたはずと推測しているが、その根拠は示されていない（五二〇～五二二頁）。

(71) 前掲「検事聴取書：山内万寿治」によれば、山内は日本製鋼所会長在任時代に高田商会を日本製鋼所の代理店にも指名し、日本製鋼所の民間受注関係および海軍工廠のうちの小さな注文を扱わせた（大きな注文は直接受注）。しかし、これは金剛のヴィッカーズ社・三井物産受注後の一九一三年八月のことである（前掲「検事聴取書：松方五郎」）。

第5章　兵器製造業者の結託と競争——アームストロング社とヴィッカーズ社——

1　本章の課題

前章で詳述されたヴィッカーズ・金剛事件における賄賂・手数料にはいくつもの不可解な点が残されている。三井物産から艦政本部長松本和に贈られた賄賂が、日本海軍向けに行われた営業活動上の主たる金銭授受であったとしてほぼ問題なさそうなのだが、そうだとすると他の二つのルートは何のための金銭授受だったのだろうか。

藤井光五郎に対する贈賄は、①その支払いにバロウ造船所長マッケクニが強く関与し、②代理店を介さずザハーロフの隠密の介在で直接藤井に支払われているという二つの点で特異である。ヴィッカーズ本社が三井物産に対して多額の手数料を約束しているにもかかわらず、それに加えて造船所長がなぜ、日本海軍の建艦当事者へはたらきかけなければならなかったのだろうか。また、日本製鋼所への手数料支払いにもいくつもの不思議な点がある。日本製鋼所はそもそもアームストロング、ヴィッカーズ両社から同額の出資を受けており、両社から等距離の位置にあったから、両社が参加した指名入札において一方のみを海軍当局に働きかけることはできなかったはずである。実際に日本製鋼所あるいは山内万寿治会長がこの入札に際して何らかの動きをした形跡はない(1)。ところが、日本製鋼所はヴィッカーズ社の四七二C案に内定した後になって、手数料を要求している。ヴィッカーズ側も受注に何ら寄与しなかった日本製鋼所への手数料支払いをいったんは拒否したのだが、奇妙なことに結局は支払いに同意している。金剛の契約額の二・五%は決してはした金ではなく、いわれなく払われるものとは到底考えられない。

従来、日本製鋼所が事後的に手数料を取得したことはあまり知られておらず、三井物産―松本和のルートと、マッケクニ―藤井光五郎のルートは、いずれも受注をめぐってヴィッカーズ社とアームストロング社が激しく競争したからであると解釈されてきた。しかし、そこでも、ヴィッカーズ本社―三井―松本のメイン・ルートのほかに、なぜ造船所長が積極的に関与して贈賄しなければならなかったのかは不明のままに残されている。藤井自身は取り調べにおいて、伊吹に搭載されたカーティス式タービンに関する技術情報をバロウ造船所に提供した見返りであると強弁したが、軍法会議はこれを採用していない(2)。では、バロウ造船所長は何を目的にして巨額の金銭を、しかも秘密裏に藤井に支払うことを主張したのだろうか。

本章は、新たに発見された史料も用いて、この時期のアームストロング、ヴィッカーズ両社をはじめとする兵器製造企業が、常にむき出しの競争を繰り広げたのではなく、しばしば、競争防止、利益の安定化、自国への受注確保などを目的とした巧妙な結託関係を作って受注結果を調整していたことを明らかにし、その観点から、ヴィッカーズ・金剛事件についての上述の謎に新たな解釈を提示する。結託関係の形成にとっての外国市場、殊に日本市場の重要性が、また、結託の裏に潜む競争の意味が浮かび上がるであろう。

2　結託関係の概要

(1)「結託」

「結託」を本書では、入札・引き合いに先立って、複数の業者が競争制限や作業確保を目的として取り決めをすることと理解しておこう。土木の官公需に見られる「談合」と異なるのは、同種の入札・発注が繰り返されるのではなく、それゆえ、次は誰が受注するかを申し合わせることはしないという点にある。つまり、注文が単発的である場合に受注結果を調整する仕組みとして談合とは異なるかたちで形成されたのである。

注文に応じて主力艦まで製造できる企業は、二〇世紀初頭の時点で、イギリスだけで少なくとも八社（アームストロング、ヴィッカーズ、ジョン・ブラウン、テムズ鉄工所、フェアフィールド、キャメル・レアード、パーマー、スコット）、フランス、ドイツ、イタリア、アメリカにもそれぞれ数社ずつあったから、潜在的には十を超える数の企業が世界各国政府からの受注をめぐって競争していることになる。とはいえ、発注側からすれば、入札とは自己の将来の兵器調達・配備計画の秘密を外に漏らす機会となるから、不特定多数の業者が（つまり仮想敵国の業者も含めて）競合する公開入札は必ずしも好都合ではない(3)。したがって、各企業の建造実績・輸出実績や、これまでの取引関係などを考慮して、入札参加企業を予め制限する形で受注企業を選定することになる(4)。

兵器製造企業の側でも、ある国の特定の建艦計画の入札に誰が参加するか予めわかっている場合に、容易に結託関係を形成することができるし、結託の効果もかなり確実に予見できたであろう。艦艇建造は、特に小国海軍の場合、頻繁になされるわけではなく、軍事情勢や財政状況に翻弄されるから、建艦計画がある程度具体化する以前から一般的・包括的な結託協定ができる可能性は現実にはまずない。兵器製造業者の間の外国市場をめぐる結託は、小国・新興海軍国の建艦が本格化した二〇世紀初頭（ド級・超ド級期）に、個別的な建艦計画に即して発生し、そうした経験を重ねた後に、より一般的で包括的な結託協定が生み出された。二〇世紀初頭のいかなる状況に結託が発生し、進化したのかを見る前にここでは、結託とは具体的にどのような取り決めから構成されていたのか整理してみよう。

(2) 結託関係の構成要素

一九〇六年から一九二四年にいたるアームストロング社・ヴィッカーズ社を中心とした結託関係は、表5－1の年表にあらましが示されている。(5) このうち一九一〇年の金剛入札時の日本向け協定はその後のさまざまな結託協定に比べるならシンプルであるが、その後の協定文書の原型となった。それらの結託協定は三種の取決めの複合物であった。第一は、各部の基準単価の設定である。一九一〇年日本向け協定では以下のように定められていた。「装甲板価格はトン当たり九五ポンドとする。／砲・砲架・砲弾の価格は日本及びイギリス海軍の通常の価格とし、口頭で取り決めるものとする。／砲塔天蓋の垂直装甲の価格、および天井・床など［の防御甲板］の価格はイギリス海軍軍艦ハーキュリーズと同じとする。／機関価格はパースンズ式の場合馬力当たり七ポンドちょうど、カーティス式の場合馬力当たり七ポンド一五シリングとする。／船体及び艤装価格はトン当たり二六ポンド五シリングとする」。(6) 発注側の要求仕様を満たす設計の幅は限られているから、基準単価を設定すれば入札価格は自ずと制限され、極端に安い値段はつけにくくなる。こうして基準単価設定は価格競争を排除しようとするカルテル的な効果をもつが、多くの場合、以下の利潤分割や作業分割の前提条件ともなった。

第二の取り決めが作業分割である。受注企業がいうまでもなく主契約者となるのだが、製造作業を独占するのではなく、結託関係にある非受注企業に分担させることを事前に取り決めておく。第一の取り決めで設定された各部

表５－１ アームストロング社・ヴィッカーズ社を中心とした結託の概史

1903年２～12月	日本向け戦艦入札で最低価格の取決め（A＋V）
1906年	イタリア向け協定（A＋V）各部基準単価設定のみ
1906年秋～７年春	日本製鋼所設立交渉
1907年３月９日	トルコ向け協定（A＋V＋Schneider, 原文フランス語） 英仏間で作業分割（ただし、単価設定と利潤分割を欠き、具体性に乏しい）
1909年	スペイン艦艇建造会社（SECN）設立（A＋V＋J.B.）
1909年２～３月	トルコ向け結合関係（combination）のための協議開始（A＋V＋J.B.）
1909年11月	アームストロング社取締役会で利潤分割の原則について確認、生産費を確定するための小委員会をヴィッカーズ社と共同で設置
1910年２月22日	トルコ向け協定（Memoranda A, A＋V＋J.B.）基準単価設定、利潤分割
1910年７月29日	日本向け協定（A＋V）独自設計、基準単価設定、作業分割＋利潤分割
1910年12月	ブラジル向け協定に、日本向けの方式の適用を検討（A＋V）
1911年７月	ノルウェー向け協定の提案（Vより、8月A拒絶）
1911年８月8/9日	トルコ向け協定（Memoranda B, A＋V＋J.B.）基準単価設定、３社作業分割.
1911年12月14日	ギリシア向け協定（A＋V）作業分割、利潤分割
1912年８月27日	トルコ向け協定（融資保証とトルコ側請求権への義務負担の整理）
1912年９月５日	ポルトガル向け協定（A＋V, Yarrowとの協定の可能性） 合同設計、入札価格協定、設計と入札も合同、作業分割＋利潤分割
1913年２月22日	トルコ向け協定改定（A＋V＋J.B.）
1913年６月12日	スペイン向け協定（A＋V＋J.B.）作業分割、利潤分割
1913年10月	ブラジル向け協定改定協議開始
1913年12月31日	トルコおよびバルカン諸国向け協定（A＋V完全統合型） 単一設計の合同提案、対象国向け業務の会計統合、作業および費用の折半、利潤・損失の折半、作業分割不可能な場合は基準価格と既定比率に基づいて利潤分割、トルコ向けには1913年２月22日の三社協定を優先する
1914年１月22日	ブラジル向け協定改定（A＋V）
1924年５月26日	包括協定（“Maker to Non Maker Agreement”）（A＋V） 対象国：南米全体、日本・中国、スペイン・ポルトガル、ギリシア、トルコ、需要・引合いの情報共有、相互に検討のうえ両者が独自設計を提示（統合設計もありうる） 作業分割（不可能な場合は契約金額の所定比率を支払う） 火薬など両社製品範囲外は適用除外、両社製品でも潜水艦・航空機など外注可能（ただし、非受注企業は受注企業に割引価格を提示して、両社内に仕事を確保すべく努力する）

出典：注５に記載。
注：アームストロング社、ヴィッカーズ社、ジョン・ブラウン社をそれぞれ、A、V、J.B.と略記した。

表5－2　トルコ戦艦レシャディエの価格構成

	契約額（A）	手数料等（B）	B/A（%）	製造価格（A－B）
船体と機関	796,350	46,075	5.8	750,275
装甲	371,550	30,425	8.2	341,125
武装	700,000	90,500	12.9	609,500
合計	1,867,900	167,000	8.9	1,700,900

単価を基礎にして作業量を価格で計ることにより、分担量ができるだけ均等になるように分割するのである。日本向け協定では次のように定められていた。「この契約を受注した企業は、その仕事をできるだけ均等に他企業へ分割することと協定する。ただし、日本政府がこの取り決めについて明確に反対しない限りとする」。日本向けの装甲巡洋艦では、後述のように、実際には作業を分割しなかったから、作業分割の実例としてトルコ向け戦艦レシャディエ（Res-adiye）[7]の各部がどのように分割されたのかを見てみよう（表5－2参照）。レシャディエ一隻全体の総契約額は以下の各部価格（単位は英貨ポンド）から構成されていた[8]。

船体と機関の製造価格は、基準単価を用いて、排水量二万三〇〇〇トンをトン当たり二三ポンドで船体価格五二万九〇〇〇ポンド、機関は設計出力二万六五〇〇馬力を馬力当たり八ポンド七シリングで二二万一二七五ポンドと計算され、その合計と契約額との差額四万六〇七五ポンドが主契約者の支出する手数料等に当てられることとされた。

トルコ向け協定はアームストロング、ヴィッカーズ、ジョン・ブラウンの三社の間で結ばれており、船体・機関・装甲の製造作業と利潤は三社で分割し、武装はアームストロングとヴィッカーズの二社で分割することとされ、その製造能力を持たないジョン・ブラウン社は武装については利害関係外とされた[9]。主契約者が手数料等を上の計算どおりに用いたかどうかはわからないが、製造作業は、契約額から手数料等を控除した製造価格で表示され、三社間で分割された。つまり、船体・機関・装甲の製造価格合計一〇九万一四〇〇ポンドを三等分した三六万三八〇〇ポンド（総額の二一・四%）がジョン・ブラウン社の分担量で、これに武装価格の半分三〇万四七五〇ポンドを加えた六六万八五五〇ポンド（三九・三%）がアームストロング社とヴィッカーズ社の分担量となる。

さて、船体の製造作業は当時の建造方法では事実上分割不可能だが、機関と汽罐（レシャディエの場合４軸15罐）は分割可能であり、武装も構成要素（主砲、副砲、それぞれの砲架、砲塔、管制装置、砲弾など）に分割可能だし、装甲もかなり細かい分割が可能であるから、受注が一隻でも上述のような比率への分割は可能だし[10]、船体価格が製造価格総額の三分の一を越えない限り単純な三等分も可能である。二社間の等分が可能なことは言うまでもない。ある部分の製造作業を分担する企業は「製造企業（the maker）」、分担しない企業は「非製造企業（the non maker）」と呼ばれ、完全な均等分割にならない場合や、発注側が作業分割を拒否した場合に備えて、次の利潤分割と組み合わされることになる。

結託関係を構成した第三の取り決めは利潤分割で、受注企業が非受注企業に、あるいは製造企業が非製造企業に、各部契約価格の一定割合を支払うというものである。日本向け協定では以下のごとくであった。「この契約から発生する利潤は両社間で以下の通り分割することと協定した。すなわち、装甲板について製造企業は非製造企業にトン当たり一〇ポンドを支払う。／武装について製造企業は非製造企業に［武装の］総契約額の一二・五％を支払う（武装には砲、砲架、砲弾のすべてを含み、装薬は含まない）。／船体について製造企業は非製造企業に契約額の三％を支払う。／機関について製造［あるいは受注］企業は非製造企業に、内製するか外注するかに関わりなく、契約額の三・五％を支払う。／砲塔天蓋・防御甲板について製造企業は非製造企業にトン当たり一五ポンドを支払う」。この取り決めによって、受注企業と非受注企業（あるいは製造企業と非製造企業）の金銭的な得失（受注結果の不平等）や経営的な得失（殊に一時帰休による労働力の喪失、後述）を減殺することにより、過度の競争（コミッションや賄賂の過大な支出）を防止する効果が期待された。

(3) 結託関係の二類型

実際に形成された結託関係は、「設計と入札（design & tender）」を別々に行うか、統合して行うかで二つに分けることができる。一九一〇年の日本向け協定は各社が独自の設計をもって入札する独自設計型の例で、基準単価設定、作業分割、利潤分割の三要素から成ることはすでに見たとおりである。その際に独自設計型の一般的な雛形が策定され[11]、一九一三年のブラジル向け、二四年の包括協定などに継承されている。これに対して一九一二年のポルトガル向け、一九一三年トルコ・バルカン諸国向け包括協定は合同設計型で、いずれか一社の設計を合同設計案として、結託企業は単一のグループとして入札する。したがって基準単価設定は不要になる――むろん落札可能で利幅の大きな入札価格が研究されたであろう――が、作業分割と利潤分割という業務・会計面の統合は独自設計型と同様になされる。

独自設計型の結託関係では、「設計と入札」のコストを各社がそれぞれ負担しなければならないが、それにもかかわらず独自設計型が結託協定の主流として一九二四年まで維持された。一九二四年包括協定では、さらに、「外部競合企業に対抗」できるようにするため、両社の独自設計案は両社間で事前に検討することとされた。このように手間暇をかけた独自設計型協定を続けたのには以下のような事情が作用していたと考えられる。

調達側は入札募集に際して要求仕様を公表するが、それはある範囲を持っていることが多いし、調達側は要求が一義的に明瞭ではなく、設計案を見て初めて自らの最適仕様がわかることもある。結託する企業が合同設計一本に絞れば、「設計と入札」のコストを節約できるから有利だが、調達側の潜在的な要求ポイントを逃す危険性も増大し、合同設計案とは異なる外部競合企業案にさらわれる可能性が大きくなる。そこで、結託企業はそれぞれの設計案を提出し、しかも近似したものにならないように事前調整することになる。有力な外部競合企業が存在しない場合は合同設計もありえたのだと考えられよう。実際に一九一〇年八月の独自設計型協定の雛形は、合同設計だと「両社間に何ら競争がなく、価格をつり上げる手段と思われてしまう」ことを危惧し、独自設計を原則としたのであった。

3　結託関係が生成した状況

(1)　結託の前史

アームストロングとヴィッカーズの両社に注目した場合、結託の形成される前史として二つのできごとがある。第一は、砲と砲架の設計が共有される方向に進んだことである。一九世紀末の時点でイギリスの重砲はウリッジ造兵廠、アームストロング社、および老舗のウィットワース社の三者によって製造されており、ウィットワースは一八九七年にアームストロングに吸収されるから、高度な寡占体制が成立していた。ヴィッカーズ社は機関銃など小火器から銃砲製造に参入したが、一九世紀末から二〇世紀初頭にかけて軍当局に強烈に働き掛けながら、重砲製造にも乗り出し、その過程で設計の交換・共有をアームストロング社に認めさせた。これは有り体に言えば、はるかに先行していたアームストロング社の実績と開発能力をヴィッカーズ社が利用するようになったということである。

第二は、両社が同一国向けに二隻の戦艦を同時に建造したことである。用兵側にとっては二隻同時引き渡しが訓練や配備の点からは好都合だが、大型艦二隻の建造を全く同時に進行させるためには、工事の進捗のどの過程においてもまったく同時に戦艦二隻分に必要な労働力を職種ごとに調達しなければならない。これは単一の造船所では事実上無理で、どの造船所にあっても大型船の建造は短くても数カ月の開きを設けて進められざるをえなかった。それゆえ調達側が同時建造を求める場合、複数の企業に同時発注することになる。チリが発注したコンスティトゥシオンとリベルタードは一九〇二年二月二六日に同時に起工し、進水・竣工もほとんど同時であるが、これはチリ政府がアームストロングとヴィッカーズの両社を指名して発注したのであった。[12] リベルタードの受注で、ヴィッカーズ社はアームストロング社の開発したチリ市場に参入することになったから、砲・砲架の設計共有と同様に、ヴィッカーズ社が後を追った事例である。

日本向け鹿島と香取も同時建造の例であるが、こちらは六社指名入札（一九〇三年）で両社が受注したのであった。これらの二隻同時建造の事例では、両社がいずれも主契約者で、利潤分割・作業分割の取決めはなされていないから、本章で言うところの結託には当たらない。ただし、鹿島と香取の入札において、両社は入札最低価格を設定した。[13] この場合には両社が独自の設計を別個に提出しており、アームストロング社案の方が有意に大きかったにもかかわらず、[14] 船体・機関についてヴィッカーズ社とアームストロング社の価格差は後者が〇・四％高いだけで、その他四社（フェアフィールド、ジョン・ブラウン、テムズ鉄工所、レアード）が両社より八〜二七％高かったのと鋭い対照を見せている。しかも兵器価格では逆にアームストロングがヴィッカーズよりわずかに安かったため、契約総額では〇・二％の差しかない奇跡的な近似を示した。[15] しかも、最低価格を設定しておきながらヴィッカーズ社は、アルバート・ヴィッカーズ自ら日本に赴いただけでなく、イギリス外務省を通じても日本側へ働きかけて老舗のアームストロング社を脅かし、当初一隻であった注文をいったんは単独で受注している。[16] つまり、この事例は結果こそ異なるが、取決めの裏でヴィッカーズ社が抜け駆けした点で、のちに見る金剛の入札・契約の経緯と似ている。

(2) 日本製鋼所設立と日本市場の意味変化

これらを前史とするなら、結託関係を生み出した直接的なきっかけは海外への共同投資であった。年表を見てわかるとおり、一九〇六年イタリア向け協定と一九〇七年トルコ向けの英仏三社協定を除けば、一九〇九／一〇年以降に結託関係の形成は本格化している。一九〇六年イタリア向けは基準単価設定だけのプリミティブな協定であり、一九〇七年トルコ向けは作業分割を定めてはいるものの基準単価設定も利潤分割の取り決めも欠いて具体性・実行の可能性の乏しい協定であった。では、その後、結託関係が本格化した背景に何があったのだろうか。

アームストロングとヴィッカーズ両社にとって、日本は一国としては最大の海外市場であったが、日本市場の意味は、一九〇七年の日本製鋼所設立によって大きく変化した。つまり、製造販売で競争する市場から、共同出資企業で製造してリスクを分担し、利潤を分割する市場へと変わったのである。また、日本製鋼所は火砲の製造だけでなく、限定的ながら両社に日本政府発注を斡旋する業務も担うことになったから（第4章第3節参照）、両社は日本製鋼所設立に参加することを決意した時点（一九〇七年初頭）で、受注活動や利潤分割などの面で運命の共有に向けて大きな一歩を踏み出し、日本製鋼所が山内体制に移行した一九一〇年にはその路線はほぼ固まったといってよい。

(3)　他の共同投資事例との関係

両社は一九〇六年に、フィウメとウェイマスの両ホワイトヘッド社の株式を買収したが、前者が海外共同投資の最初であった。第1章でも触れたようにホワイトヘッドは当初イギリスで認められず、アドリア海に出て、一九世紀末以降の世界の海軍と海戦のあり方を大きく変えた魚雷の先駆者企業を起こした。二〇世紀初頭に経営陣の連続死から経営危機に陥ったため、海外勢力の影響下に入るのを恐れたイギリス海軍省の要請で同社救済に乗り出したのであった。むろん、アームストロングとヴィッカーズの両社にとって魚雷を技術と製品の両面からわがものにすることが有利であったことは言うまでもないが、この事例はフィウメ・ホワイトヘッド社のあるオーストリア＝ハンガリー帝国の市場を協調の場に変えたわけではない。

これに対して、海外市場のあり方を激変させた共同出資事例としては日本製鋼所が最初であり、しかも、その出資規模はその後のものと比べても大きかった。こうして日本製鋼所の設立を通じて、海外市場における運命の共有に向かって進み始めた両社の間の結託協定としては、やはり日本向け装甲巡洋艦（のちの金剛）に関する取り決めがそれ以前のものと比べてもはるかに具体的かつ現実的で、その後の結託関係の原型となったことは先に述べたとおりである。

(4) スペインへの出資と三社結託関係

一九〇九年のスペイン艦艇建造会社の設立も、同様にして、海外への共同投資が結託関係発生の苗床となった事例で、これはジョン・ブラウン社を加えた三社関係を生み出した。一九〇九年以降進展するトルコ向け結託の「結合関係（combination）は、スペインと同じ路線で準備された」とアームストロング社取締役会議事録には記されている。(17) ヴィッカーズ社が重砲分野に乗り出したのち、他の軍艦・装甲板製造業者の側でもこの分野への参入の動きが見られ、リヴァプールのキャメル・レアード社、クライド（グラスゴウ）のフェアフィールド社とジョン・ブラウン社の三社は共同で一九〇五年にコヴェントリ造兵会社を設立した。しかし、アームストロングとヴィッカーズの壁は厚く、ジョン・ブラウン社は外国市場ではこの寡占体制に対抗するのではなく、協調する道を選んだのである。

4 結託と競争の関係

(1) 結託の「目的」と「失敗」

結託協定に語られた明示的な目的は、たとえば、一九〇七年トルコ向けの英仏三社協定では、「競争を排除し」、「両国間のみで仕事を折半すること」と表現されていた。(18) また、一九一三年にアームストロング社が作成した結託関係に関する覚え書きには、「これら［一九〇六年以降の諸結託協定］に通底する目的はもちろん、不必要な価格切り下げを防止し、可能な場合はイングランドへ仕事を持ってくること」と記されていた[19]。このように明示された目的は確かに理解しやすい。では実際に競争は排除されたのであろうか。

一九一三年の秋にアームストロング社が作成した結託についての覚え書きは、「この［結託の］政策はスペイン、トルコ、のちにチリでは成功した」と指摘しているが、それ以外の国では必ずしも成功しなかったことを暗示している。実際にアルゼンチンやギリシアでは独・米・仏などの外国勢に敗退したし、以下で見るように日本では両社間の競争を排除できなかったばかりか、不信感まで醸成したようである。

ここで、ヴィッカーズ・金剛事件に注目して、日本向け結託関係が競争を排除しえたかどうかを見てみよう。のちに巡洋戦艦金剛として竣工する明治四〇年度計画の新型装甲巡洋艦の入札と発注は一九一〇年のことだが、その際にヴィッカーズ社は何のために、あれほど巨額の手数料と賄賂を、しかも複数の経路で用いたのであろうか。従来、この事例は、兵器製造業者の熾烈な競争と贈収賄慣行の存在を物語るものと理解されてきたのだが、金剛はアームストロング社とヴィッカーズ社のみの指名入札であって、競合勢力に仕事をさらわれる危険性はもとよりありはしなかった。また、両社は作業分割と利潤分割について周到に規定した協定を結ぶことにより、両社間の競争も制限しようとしていた。それなのになぜヴィッカーズ社はあれほどの手数料と賄賂を使わなければならなかったのだろうか。

(2)　労働市場要因

結託下にも主契約者の地位や名誉をめぐって競争の余地はあるし、それによって作業分割のされ方も変わるのだが、ここで、特に重視したいのは作業分割の労働市場面での意味である。先に見たように、受注が一隻でも均等な作業分割は可能である。しかし、作業が分割されれば、その分、自社の仕事は減り、雇用も減らさなければならない。当時のイギリス造船機械産業にとって重要なことは、造船所や工場の諸作業をできる限り安定的に、仕事の繁閑の差を緩和して、維持することであった。造船所の雇用する職種は実に多種多様だが、どの労働者も建造の全工程を通じて必要なわけではない。ある職種の作業が閑散期に入るとその職種は帰休させる、つまり一時解雇（lay-off）することになる。

ところで、一九世紀から二〇世紀前半にかけてのイギリスでは造船機械産業に限らず、熟練労働者とは徒弟修業を終えた者でなければならないという規範が労使双方を非常に厳格に縛っていた。熟練労働力の給源がこうした有資格者のみに限定されているため、その供給は硬直的で、造船機械産業の労働市場は供給不足が基調であった。この状況で労働者を帰休させれば、それは労働力喪失の原因となり、再募集のためには大きなコストが必要となる。それゆえ、造船所では雇用を、したがって諸職種の作業を安定的に維持することが非常に大切なことだったのである。殊にヴィッカーズ社バロウ造船所は他の同種企業から孤立して立地していたから、近隣企業の作業繁閑とのずれを利用して不足労働力を調達することが困難であった。同じ地区内にはバロウ鉄道の車両工場があったものの、職種が若干異なるし、雇用規模は比較にならぬほど小さく、それはバロウ造船所にとって労働力プールの役割を果たさなかった。バロウから最も近い造船重機地域はリヴァプールとニューカッスルであるが、どちらも地域内に多数の造船重機企業を擁し、そこでは労働力は同一地域内の企業間を移動するのが基本であった。しかも、リヴァプールもニューカッスルもバロウから鉄道を利用して約三時間はかかるから、バロウで解雇された労働者にとって通勤可能な場所ではなく、彼らはバロウ以外に職を求めたら住居を移さなければならなかった。(20)

近隣の同種企業間で希少な労働力の奪い合いをすることは、一八八〇年代までには各地の使用者団体の機能（調査書制度や争議参加者雇用禁止協定など）によって抑止されていたから、近隣企業はこの状況では労働力の「略奪者(pirates)」ではなく、一時的に不要になった労働力を保存するプールの役割を果したのだが、そうしたプールを

図5-1　バロウ造船所の建造作業

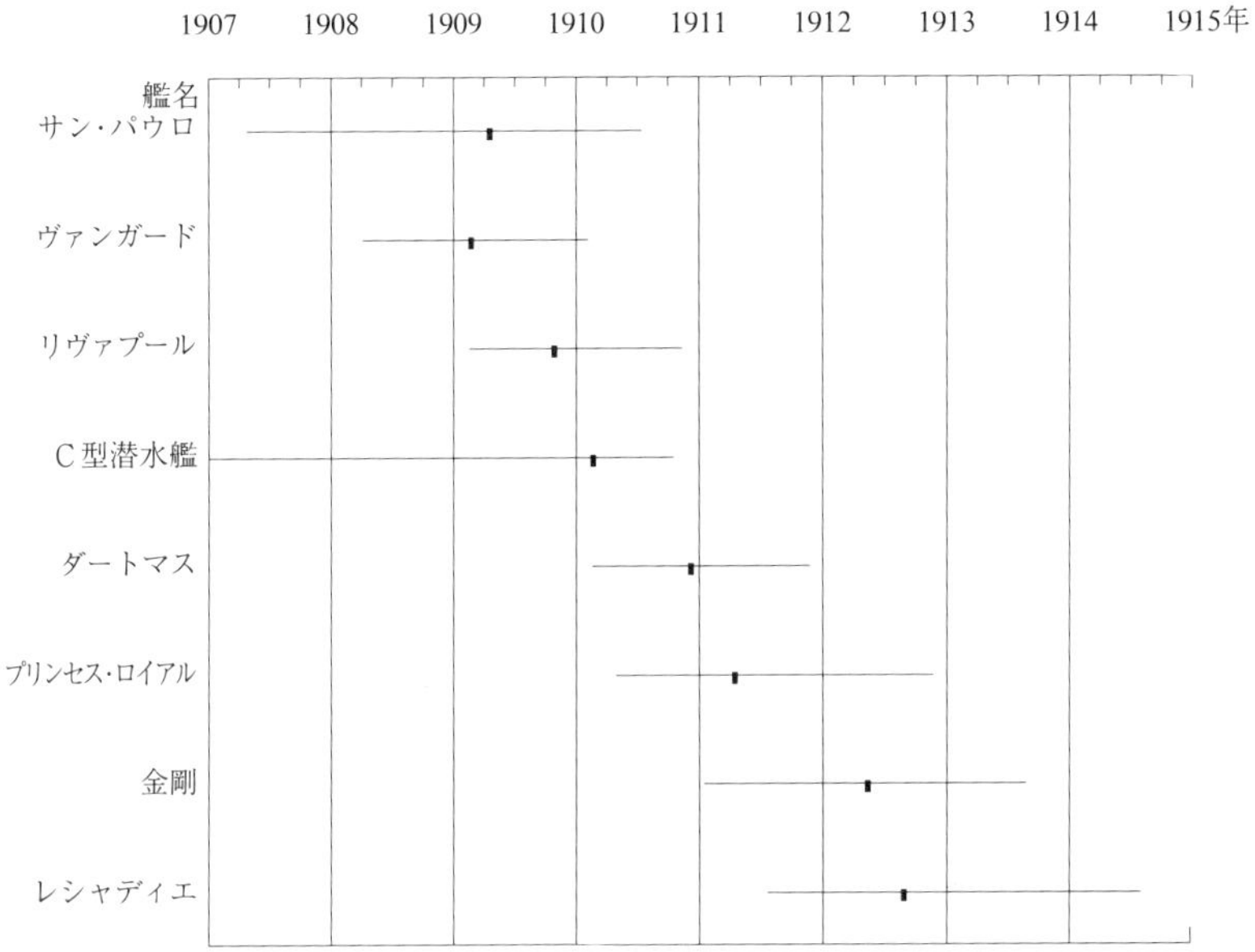

出典：Conway's［1979］,［1985］より算出。
注：各艦の線の左端が起工、黒点が進水、右端が竣工の時期をそれぞれ表す。

欠くバロウ造船所にとって、雇用の、それゆえ作業の安定的な確保は非常に大切なことだったのである。[21]

(3)　作業分割の危険性

日本向け装甲巡洋艦の入札前後の時期のヴィッカーズ社バロウ造船所では、艦艇建造の作業はどのような状況にあったのだろうか。図5-1からわかるとおり、ブラジル戦艦サン・パウロ（一万九二八一トン）とイギリス戦艦ヴァンガード（一万九五六〇トン）が進水する一九〇九年春までには巡洋艦リヴァプール（四八〇〇トン）が起工しているし、一九〇六年から一九一〇年二月にかけて三二隻のC型潜水艦（二九〇トン）の船体建造が続いていた。それらの作業が終わる頃には巡洋艦ダートマス（五二五〇トン）と巡洋戦艦プリンセス・ロイアル（二万六二七〇トン）の船体建造が始まった。ところがダートマスは一九一〇年末に、プリンセス・ロイアルも翌年春には進水する予定だったうえに、C型の次のD型潜水艦は半年に一隻ほどという受注量であった。それゆえ、一九一〇年夏の時点でバロウ造船所は、大型船の新規受注がなければ、船台上で船体の建造に携わる労働者は年末から順次大量に帰休させなければならない見込みであった。実際には、清国向けの練習巡洋艦一隻とイギリス海軍駆逐艦が一九一〇年末から翌春にかけて起工しているとはいえ、いずれも小型艦で、十分な作業量と雇用を維持するにはまったく不足していた。むろん、進水後の艤装工程でも上述の船台上作業と若干のずれをもって遊休が発生するのは避けがたかった。一九一〇年前半の入札で、アルゼンチン海軍向けの戦艦二隻ではアメリカ勢に破れ、ブラジル戦艦リオ・デ・ジャネイロはアームストロング社が受注したから、この時期のバロウ造船所に残された機会は日本向け装甲巡洋艦とトルコ向け戦艦だけであった。トルコの建艦計画は同国の財政状況に規定されて不確実で、早期の起工は望めない状況だったから、日本向け装甲巡洋艦を受注できなかった場合はかなり危機的な状態に陥ったはずだし、受注できても協定通りに作業分割したなら、一九一一年から一二年にかけて労働力と設備に大量の遊休が発生するのは必至だったのである。作業分割の取り決め自体は作業繁閑の差を緩和する効果をもつが、一九一〇年七月のバロウ造船所にとって、それはむしろ、大型艦を受注しても雇用を確保できない危険性を意味したのだ。

したがってバロウ造船所としては、日本向け装甲巡洋艦の受注活動は本社とその代理店に任せたとしても、作業分割を日本側に明瞭に拒否させなければならない状況にあった。造船所長マッケクニがザハーロフを経由して藤井光五郎に秘密に支払った意図はここにあったと考えられよう。現地代理店三井物産への手数料支払いとは別に、造船所長が深く関与する形で、日本側の機関選定の事実上の責任者藤井に支払われた賄賂には、単なる注文獲得を超えて、作業を分割せずに独占したいという造船所側の関心が反映していたと見ることができる。イギリス造船業では商船価格の約半分が労賃コストと考えられたが、巨額とはいえ価格の数％に過ぎない手数料・賄賂を投下し、利潤を分割し、さらに超過の慰謝料を支払っても、雇用を安定化できれば、労働力調達コスト（賃金・労働条件面での譲歩、募集費用、全国自由労働登録協会・労働保護協会など未組織熟練労働者供給機関の会費など）の増加を回避できたのである。

あるいは、こうした合理的な計算の結果、作業分割を回避したというよりも、仕事のある時は労働力流出を断固防止しなければならないという、イギリス機械産業経営者の脅迫感に囚われた行為であったかもしれない。

(4) 金剛の契約報道

バロウ造船所長が金剛の建造作業を独占しなければならなかった事情は以上のとおりだが、実際の契約には作業分割を否定するどのような条項が含まれていたのだろうか。金剛の契約文書は、現在、閲覧可能な状態では発見されていない。日本側では同型艦（比叡・霧島・榛名）の建造に関する文書は残されているが、金剛のみ存在せず、ヴィッカーズ・金剛事件で軍法会議に押収されて非公開になったものと思われる。ヴィッカーズ側の契約文書も、おそらくは同社およびバロウ造船所を継承した企業から出ず、公開されていない。

ただし、契約調印（一九一〇年一一月一七日）直後にイギリスの各紙に報道された内容を参照することができる。たとえば、『ペル・メル・ガゼット』紙は契約翌日に次のように報じた。「大日本帝国政府はバロウ・イン・ファーネスのヴィッカーズ社との間に新型のド級戦闘巡洋艦（Battleship Cruiser）の契約に調印した。この新型艦の排水量は二万七〇〇〇トンから二万八〇〇〇トンとなる見込みで、価格はおよそ二五〇万ポンドとされる。／契約書には以下の点が明記されている。すなわち、船体、装甲板、武装、砲架などこの軍艦のすべての部分はイングランドでヴィッカーズ・サン・アンド・マクシム社によって建造されるものとし、同社は契約のいかなる部分も下請けに出さない義務を負う」(22)。この後に、「英国造船業の技量（workmanship）を高く評価し、英日間の同盟関係に鑑み好意を実際的な形で表する」ためにイギリスに発注したという第1章で紹介した部分が続くのだが、これとほとんど同文の記事は『イーヴニング・ニューズ』、『タイムズ』、『マンチェスタ・ガーディアン』、『ポスト』など主要紙にも掲載されていることから(23)、いずれもヴィッカーズ社の報道発表用の資料を借用した記事と推測される。

ここで際だっているのは、価格を実際の契約額よりかなり高めに報じていることと（本章第5節⑽参照）、作業分割の否定をことさらに報じていることである。文面こそ異なるが、『イーヴニング・スタンダード』は「ヴィッカーズ社が船体のみならず機関、装甲、砲、砲架も製造する」と報じ、『デイリ・メイル』も「契約は、調印されたばかりだが、装甲板や砲架を含む軍艦のあらゆる部分が同社によって製造されるべきことを定めており、作業のいかなる部分も下請けに出すことを許していない」と書いている。[24]

⑸ 新聞発表に込められた意図

艦艇は船体・機関だけでなく、装甲板、諸種の武装と電気装備など多くの要素から構成されているから、主契約者がその一部を外注するのは決して珍しいことではない。日本海軍に一四隻の艦艇を供給したアームストロング社は機関を外注していたし、戦艦富士と敷島を建造したテムズ鉄工所は装甲板も武装も製造できなかった。イギリスの艦艇建造業者で、船体、機関、装甲板、銃砲のすべてを内製できたのは一八九七年以降のヴィッカーズ社だけだから、艦艇建造では結託の有無にかかわりなく、作業が分割されることは常態であった。それにもかかわらず、金剛の契約報道がいずれもその点に触れていることから次の二点を知ることができる。まず第一に、ヴィッカーズ社が結託協定の第三条——日本側が明確に反対しない限り作業を均等に分割する——を逆手にとって、作業分割を日本政府に明確に反対させて、それを契約文書に盛り込んだということである。第二に、ヴィッカーズ社は、日本政府が作業分割に反対したために「作業のいかなる部分も下請けに出すことを許」さないという異例の契約が締結されたことを、アームストロング社に対する言い訳として公表したかったということである。発注側の明瞭な条件である以上、アームストロング社は秘密の結託協定に違反しているとヴィッカーズ社を責めることは、少なくとも公然とは、できないのである。しかも、ヴィッカーズ社発表資料の借用記事と思われる報道では、「軍艦のすべての部分」の例示して挙げられているのは「船体、装甲板、武装、砲架など」とアームストロング社が製造能力を有する部分であって、同社が製造できない機関についてはもとより触れていない。この報道は、アームストロング社向けのメッセージを込めるように、ヴィッカーズ社によって巧妙に誘導されていると見て差し支えないであろう。

なお、日本での契約報道は、海軍省が秘密としたため、当初は外電の紹介という形でなされた。しかも作業分割が否定されたことに関しては、「この注文は英国に於いて製造し得可き兵器装甲鈑其他総ての部分に就き約したるものなり」、あるいは「日本政府は更に武装の各部を英国に於いて製造せしむることを契約せり[25]」といった具合に、肝腎の「下請けの禁止」については正確に報じられなかったから、その後、贈収賄事件が露見して金剛の入札・発注に関心が集まっても、海軍の限られた当事者以外には、この契約に潜む異様な内容を知ることはなかったであろう。

(6)　アームストロング社から見た金剛受注問題

作業分割の取り決めがなされている場合、競争の戦術は次の三通りになるだろう。第一は、通常のコミッションを超えた特別な賄賂と利潤分与と若干の慰謝料（solatium）を支払うことで、取り決めに反して仕事を独占しようとする戦術である。第二は、それほどの賄賂を支出せず、どちらが受注しても作業を分割するという戦術、第三は、賄賂を支出せずに、相手の仕事・利潤の一部を座して獲得する戦術であるが、日本向け装甲巡洋艦をめぐる結託関係において、ヴィッカーズ社が第一の戦術を選択したのは確かなように思われる。アームストロング社の選択したのが第二の戦術か、第三かは判然としないが、いずれにせよ以下で見るように、アームストロング社は悪くても仕事の半分は取れると考えていた。

この日本向け装甲巡洋艦をめぐる結託関係を提案したのはヴィッカーズ社の側であった。一九一〇年七月二一日のアームストロング社取締役会では、ヴィッカーズ社からの協定素案が示され、結論は経営委員会に委ねることとされた。八月四日の同委員会は検討の結果、「予想される日本向けの仕事の利（benefit）をヴィッカーズ社と分け合う取り決めについての「ヴィッカーズ社が提案した」覚え書き」の趣旨を是認し、「ブラジルからの注文にもこの取り決めを遡及適用すべく試みること」を確認した。ところが、ヴィッカーズ社は日本との契約調印の直前になって再び、奇妙な提案をする。契約当日の一一月一七日のアームストロング社取締役会議事録は、'Japanese Business' と題して次のように記載している。「日本向け新巡洋艦の受注について、ある程度の超過額（certain extras）を支払う用意があると述べるヴィッカーズ社書簡が紹介された。結論にはいたらず、検討は延期された」。協定に規定された利潤分割を超えた金額を支払うとヴィッカーズ社側から申し出たということは、事態が協定どおりには進まなかったことを示している。

実際にアームストロング社は協定の裏でヴィッカーズ社に出し抜かれたと考えた。契約翌日の新聞報道に接した取締役の中には、訴訟も辞すべきでないと主張する強硬派もいた[26]。一九〇六年以降の結託関係に関するアームストロング社側覚え書きには、タイプ打ちの記述に付加して青鉛筆でさまざまな書き込みがなされているが、日本向け結託協定については、「Vは仕事を全部取った。それは十分の九を受け取ったことを意味する。われわれは秘密の慰謝料（solatium）を受け取ったにすぎない」と記されている[27]。この「秘密の慰謝料」とはヴィッカーズ社が申し出た「ある程度の超過額」を指していると考えられるが、この書き込みに表明されているのは、自社が受注できなかったことへの憾みではなく、当初ヴィッカーズ社が提案したとおりに作業分割が行われてしかるべきであったという不満、さらには、ヴィッカーズ社に欺かれた結果となったことから発する不信感である。「日本側の反対なき限り」作業を分割するという日本向け協定文書の但し書きは、協定案を用意したヴィッカーズ社側の周到なたくらみの一環であったとも考えられるであろう。

一九一〇年八月に日本製鋼所会長に就任した山内万寿治は、一八九〇年代以降、呉兵器製造所・造兵廠の発展とともにアームストロング社から大量に買い付け、一貫してアームストロング社の最良の友人であった。彼はヴィッカーズ社の受注内定直後に、日本製鋼所が関与したわけではない金剛受注についてコミッションを要求したのだが、山内がこうした理不尽な要求をできたのも、ヴィッカーズ社がそれを結局は受諾したのも、背景には、相手方を欺き、出し抜いたというヴィッカーズ社の弱みが作用していたからだと解釈できるのではないだろうか[28]。

以上、本章は結託協定の存在とその内容を概観し、実際には、明示された目的どおりに機能しなかった例もあることを明らかにしたが、問題はこれですべて解かれたわけではない。なぜ、ヴィッカーズ社が結託を持ち掛けたのか、なぜ、日本はヴィッカーズ社に発注した上で作業分割を拒否するというように同社の意図どおりにふるまったのか、アームストロング社は出し抜かれたにもかかわらず、なぜ、その後もヴィッカーズ社との結託関係を崩さなかったのか、こうした問題が残されているのである。

5　金剛の入札と契約

(1)　なぜヴィッカーズ社は結託を持ち掛けたのか

日本海軍の装甲巡洋艦入札におけるヴィッカーズ社の上述の行動は、結託関係がない場合より、はるかに多くの出費を強いたであろう。通常の艦艇取引における手数料の最低率は二・五%ないし五%で、トルコ向け戦艦レシャディエの場合、結託下の受注ではあったが手数料と信用保証費用――三社それぞれの取引銀行からトルコ向けになされた融資の保証――などを含めて八・九四%にも及んでいる。金剛の手数料（三井物産と日本製鋼所向け）と藤井光五郎向け贈賄の総額八・八二%は、レシャディエとほぼ同率である。しかし、金剛の場合、ヴィッカーズ社は結託協定に従って利潤分与額を支払い、さらに「超過額＝秘密の慰謝料」まで支払うことになった。

結託関係がない場合、同様にさまざまな手数料・賄賂を支出しても、受注すれば、建造の作業を他社に分与する義務はないから、日本向け装甲巡洋艦でアームストロング社に結託を持ち掛けたことは、ヴィッカーズ社にとって高くつきすぎたようにも思われる。このように一見不合理な行動の、おそらく唯一の合理的な解釈は、ヴィッカーズ社は普通の入札ではまず間違いなくアームストロング社に勝てないと予測していたというものである。アームストロング社自身が日本で培ってきた高い信用と名声に加えて、同社の日本代理店をつとめるジャーディン・マセソン商会と高田商会の強い営業力が作用し、さらにアームストロング社にとって最良の友人であった山内万寿治の存在を考慮するなら、ヴィッカーズ社がこのように予測したとしても、それは根拠のないことではなかった。

日本向けの結託の提案は、まともに競争したら勝てそうにない相手を油断させる手段であったと考えて差し支えないであろう。アームストロング社にしてみれば、どちらが受注しても仕事は折半だし、もともと機関の製造能力を欠いていて、結託下で受注したブラジル向けミナス・ジェライスの場合と同様に機関はヴィッカーズ社に委ねざるをえなかったのだから、持ち掛けられた結託協定に強い否はなかったであろう。あるいは、結託を拒否して正々堂々と競争することよりも、営業費用を最低限に節約して仕事を半分取れれば良しとする鷹揚な殿様気分が、同社経営陣を支配していたのかもしれない。

では、結託協定を利用してアームストロング社を出し抜ける可能性にヴィッカーズ社が気付いたのはいつだったのだろうか。「日本の明確な反対なき限り」という特異な一節を協定文書に挿入しているから、結託を提案した七月の時点までには、出し抜く作戦はあらかた固まっていたと考えられよう。以下では、入札から契約に至る過程と、一四インチ砲採用の経緯を振り返りながら、結託下の競争がいかにして可能であったか考えてみよう。

(2)　B46案から四七二C案へ

第1章で見たように、日本海軍は一九一〇年四月中には次期戦艦・装甲巡洋艦主砲に一二インチ五〇口径砲を選定し、装甲巡洋艦の詳細仕様は五月一三日には一二インチ砲装備のB46案として成り、五月一八日には確定している。[29] 近藤基樹、山本開蔵、藤井光五郎の三名はこの案を携えて、六月一一日にイギリスに到着し、同月二五日には加藤寛治（駐英大使館附武官兼造船監督官）より、アームストロング、ヴィッカーズの両社に対してB46案に基づく入札公告がなされた。九月二六日に日本海軍が選択したのはヴィッカーズ社の四七二C案で、[30] 若干の設計変更を経て一一月一七日に契約され、これが金剛となるのだが、それは一四インチ砲を装備する設計であった。ここで、ただちに謎にぶつかる。一二インチ五〇口径砲装備案で設計提出を求めていたはずなのに、一四インチ砲装備の四七二C案はいつ、いかなる経緯で提出されたのであろうか。また、日本海軍は一二インチ五〇口径砲装備にいったん決定しながら、いつ、いかなる経緯で一四インチ砲採用に転換したのであろうか。前者についてはこれまで何も明らかにされていないが、後者についてはいくつかの説がある。

最も流布しているのは、イギリスに駐在していた加藤寛治と武藤稲太郎が最新情報をもとに本国海軍省へ働き掛け、一九一〇年九月末に一四インチ砲へ転換させたという駐英武官主導説であろう。[31] 第二は「該巡洋艦に十四吋砲を装備したのは［軍令］部長次長協議して之を発議し、海軍省側の異論（五十口径十二吋砲を装備せんとする主張）を説破し、終に之を決定するに至った」とする軍令部主導説、[32] 第三は、「軍艦金剛の備砲を定める時十四吋にすれば日本で造っては間に合はない、それ故五〇口径十二吋として日本で造ることが主張せられたが、余［財部海軍次官］は新鋭の巡洋戦艦には十四吋でなければならぬといふ説に深く共鳴し、英国海軍に計り、英国に註文することを伊集院軍令部長に御相談し、遂にそうすることになった」とする海相・次官主導説である。[33] 金剛の一四インチ砲採用は日本海軍の「先見性」を示す、最も栄光に満ちた出来事の一つだから、誰もがその功績を主張したがっているようにも見える。

第一の説はおよそ以下のとおりである。加藤寛治は入札公告（一九一〇年六月二五日）に先立って、イギリス海軍が行った一二インチ五〇口径砲と一三・五インチ四五口径砲の比較実射試験の成績を入手し、それに基づいて前者の重大な問題点[34]を本国宛に電報で伝えていたが、「電報交渉は容易に解決を見ず、然ればとて極秘の実験成績を本国へ郵送することは、危険此上ないことであるから、自然電報交渉は隔靴掻痒の感があって、如何に交渉を重ぬるも双方の意見錯綜して接近を見ること能はず、一方に於いては金剛の注文見積問合せを各社へ発送すべき期日は目睫に迫」ってしまった[35]。そこで加藤は、部下の武藤稲太郎造兵小監にイギリス海軍の試験成績を携帯させて日本へ派遣し、一四インチ砲への転換を海軍要路に説くよう命じた。武藤は往復七週間の予定でシベリア経由にて帰朝し、ただちに砲熕兵器の選定・調達の責任者である村上格一少将（艦政本部第一部長）を説得し、さらに村上の助力もあって、財部次官や松本艦政本部長を動かすことに成功し、海軍は一四インチ砲採用を内定し、同砲の試験を実施することにした。「大至急其の試験砲を英国に注文する必要あり、尚又其の試験砲を本国射場に輸送して試験を行った上で、金剛主砲の詳細計画を決定する順序を取っては、到底金剛の工事に間に合わ」ないから、イギリス海軍のシューベリネス射場で日英共同の試験を行うことになった。「明治四十四年三月八日より二十日に亘る発射も極めて順当に終了し、其の成績により金剛主砲の詳細計画は完成し」たのである[36]。

本国では一二インチ砲で固まっていたのに、駐英武官の働きかけでそれを覆し、一四インチ砲を装備することになったというこの説は劇的な要素にも富み流布しているが、さまざまな無理をはらんでいる。第一に、「金剛の注文見積問合せを各社へ発送すべき期日」つまり入札公告が迫ってきたので武藤を派遣することにしたのに、実際に加藤寛治が武藤の派遣を本国に提案したのは、入札公告はおろか入札もすでに終わり、在英造船・造兵監督官による両社設計案の現地審査（八月一六日）が終了した翌日である[37]。一二インチ五〇口径砲が不利との決定的な情報がありながら、現地審査の後になって情報の本国伝達のために動き出すのはいかにも遅すぎる。第二に、武藤の離英が九月一日頃、東京到着が九月一八日、[38] 一四インチ砲装備への転換がその後のことであるなら、最終的に採用された四七二C案提出は早くとも一〇月末以降となるはずだが、実際には、加藤は九月二一日に次官宛電報で、以下のように、一四インチ砲に決定したか否かではなく、装甲巡洋艦の設計案をどれにしたかを問い合わせている。「装甲巡洋艦ノ製造ハ安［アームストロング］社、『ヴィッカース』ノ何レニ御決定相成ベキヤ。本件至急御電令ヲ仰度。又英国ニ軍艦注文ノ事ハ英国政府ニ於テモ多大ノ注意ヲ加フル形勢有之ニヨリ、事情ノ許ス限リ可成速ニ発表スル方関税問題ノ前途ニ対シテモ政略上多大ノ利益アルヲ認知致ス。但シ重要兵装詳細ハ極秘密ヲ保タシムルコトニ努力致スベシ」[39]。電文末尾の「重要兵装詳細ハ」のくだりはすでにそれが具体的に決まっていることを承知している書きぶりですらある。上述のように九月二六日には日本海軍では四七二C採用を決め、翌二七日には財部次官から加藤へ宛てて「装甲巡洋艦ノ計画ハ四七二ノC採用ニ内定セリ。注文発表ノ時期ハ武藤山本着英ノ上ト承知アレ」と返電されるが、ここでも一四インチ砲はすでに話題になっていない。そして、第三に、そもそもこの四七二C案はいつ、どのようにして出てきたのかという最初の疑問に戻らざるをえない。一九一一年一月には起工しているのだから、同年三〜五月の一四インチ砲公式試験を経てその採用が決まり、それから一四インチ砲装備の四七二C案が作成されて、日本海軍がその採用を決めるという順序でことが運んだのではない。

「軍令部長ノ十四吋砲ヲ主砲トシテ採用セントスルノ意見」が早くからあったことは確かだが[40]、軍令部主導説も無理がある。四月の諮問会議・将官会議に軍令部側から唯一出席していた山下源太郎の主張（第1章4(1)参照）は支持されず、いったんは一二インチ砲に決まったのに、その後軍令部がいかにしてその決定を覆すことができたのか不明だからである。海相・次官主導説も証拠は多いが、同様に、一二インチ砲の決定をいかにして変更しえたのかは不明である。以下では、残された史料・文献類を総合して、一四インチ砲採用の経緯とヴィッカーズ社受注との関係を再

表5－3　B46案と金剛の要目比較

	B46案	金剛（II）
全長／全幅／平均喫水	690'-0"/93'-0"/28'-0"（フィート－インチ）	704'-0"/92'-0"/27'-7"（フィート－インチ）
排水量	26,000t	*27,500t
機関出力	65,000hp	64,000hp
速力	27.0kt	*27.5kt
武装	12インチ50口径砲8門	14インチ45口径砲8門
	6インチ砲16門、3.1インチ砲8門	6インチ砲16門、3.1インチ砲8門
	21インチ魚雷発射管4基	21インチ魚雷発射管8基

出典：「B46案」［平賀文書 2026］，およびConway's［1985］pp. 24, 26－27, 234.

構成してみよう。従来の三つの説と異なるのは、一九一〇年四～五月時点での一二インチ砲決定はそれほど確固としたものではなく、当初からある種の自由度をもち、その後も変更可能な「決定」であったと考える点である。

(3)　不自然に大きなB46案

そのことは五月中旬に確定したB46案を見てもわかる。この案は、主砲と砲塔配置を除けば、主要寸法、装甲、機関出力、武装などすべての点で、金剛に非常に近い（表5－3参照）。金剛の排水量や最高速力（*印）は契約直前および契約後の設計微修正でいくらか増加しているが(41)、元の四七二C案はB46案どおり二万六〇〇〇トン、二七ノットであったと思われる。

つまり、B46案は一二インチ砲装備にしては不自然なほど大きく、重すぎるのである。B46案と同じように一二インチ五〇口径連装砲塔4基を備えたイギリス海軍巡洋戦艦のインヴィンシブルやインディファティガブルが全長五七〇～五九〇フィートほど、排水量一万八〇〇〇トン前後であるのと比べれば、その不自然さは明瞭であろう。もとよりこれは、B46案が一四インチ砲八門装備のB39案の流れを汲むからである。もし、B46案が一二インチ砲装備で完成したなら、無駄に大きく五〇万ポンドは高価な船になっていたであろうし、その不自然さは建艦関係者なら誰が見てもわかることである。つまり、大口径砲装備の可能性は少しも捨て去られていなかったし、B46案はいつでも大口径砲に転換できる仕様であったと考えられる。

(4)「A砲塔」と「B砲塔」

それゆえ、六月二五日にアームストロング、ヴィッカーズ両社に正式に通知された入札公告において、提出を求めた設計・見積案には、一二インチ五〇口径砲の案のほかに大口径砲装備案も含まれていた。近藤基樹・山本開蔵・藤井光五郎らによる現地審査をふまえて加藤寛治が作成した海軍大臣宛意見報告書（明治四三年八月二〇日付）の次のような一節が松本和判決書中に引用されているが、そこから、二種類の砲について設計案を徴していたことが判明する。「毘［ヴィッカーズ］社ノ計画ハ用意周到ニシテ頗ル比較研究ノ材料ヲ豊富ナラシメアリ、之ニ反シ阿［アームストロング］社ノ計画ハ大体ニ於テ周密ナラズ、比較ニ苦ムノ程度ナルモ、各種ノ点ニ於テ毘社ハ阿社ニ優レリ、而シテ製造費ハ阿社ハ概シテ、毘社ヨリ高価ニシテ、両社提出ノA砲塔艦ノ最低額比較ニ於テ八万三七三五磅、B砲塔艦ノ最高額比較ニ於テ二三万七三〇〇磅ノ増加ヲ示ス(42)」。

ここで「A砲塔」が一二インチ五〇口径連装砲塔を意味しているのは間違いないとして、「B砲塔」は一三・五インチ四五口径連装砲塔を指しているはずである。次期主力艦の基本仕様を策定する四月一八日の将官会議で、海相から「十四吋砲採否、三聯製砲塔採否等ニ付諮問(43)」があったから、「B砲塔」が一四インチ連装砲塔あるいは一二インチ三連装砲塔であった可能性もあるが、以下の理由から一三・五インチ連装砲塔と考える。日本向けの両社結託文書（七月）で、武装の単価について「砲・砲架・砲弾の価格は日本及びイギリス海軍の通常の価格とし、口頭で取り決めるものとする」と規定しているが、一四インチ砲と一二インチ三連装砲塔はいずれもこの時点で日英どちらの海軍においても正式採用されておらず、「通常の価格」は存在していない。もし、日本側が一四インチ砲案あるいは一二インチ三連装砲塔案の提出を要求していたのなら、武装価格についてこのような文言の協定にならなかったはずである。この協定で念頭に置かれているのは、したがって、一二インチ連装砲塔と一三・五インチ連装砲塔と考えられる。一二インチ五〇口径砲は両国海軍ですでに正式採用されているし、一三・五インチ砲の方はイギリス海軍が一九〇九年夏までに決めており、これを装備する巡洋戦艦ライオンは同年九月に起工していた。平賀メモにも一四インチ案や一二インチ三連装案に混じって、一三・五インチ装備案の計算が含まれている。また、すでに見たように、四七二「C」案が一四インチ砲装備案であるから、Aが一二インチ、Bが一三・五インチを示すと考えるのが自然であろう。

日本海軍は一二インチ五〇口径砲装備案に安住していたわけではない。もとより仮想敵のアメリカ海軍が早くから一四インチ砲採用を検討し、一九一〇年三月には決定しているから、日本は一二インチで充分ということになるはずがなかった。たとえば、四月一三日の会議で一二インチ五〇口径砲を支持した秋山真之もそれに先だって、「先ヅ十二吋五十口径ニテ突進シ、十四吋ハ将来ノ研究ニ」委ねるという考えを表明していたし、後で見るように、斎藤海相、財部次官、松本艦政本部長、山内万寿治、加藤寛治らは早くから大口径砲に関して情報と意見の交換をしていた。遠くない将来、大口径砲装備に進まざるをえないことは共通の了解であったが、この際一挙に一四インチ砲を採用するのか、それともそこへのステップとしてまず一二インチ五〇口径砲を採用するのかという両様の考え方があったのである。むろん、そこには、財部が回想したように、一四インチ砲の国産可能性あるいは国産化時期という要素も関わっていたであろう。

では、入札公告において、なぜB案として、一四インチ砲ではなく一三・五インチ砲装備案の提出を求めたのであろうか。後者も一二インチ五〇口径砲と同様に一四インチ砲へのステップと考えられていたのか、それとも、一四インチ砲への関心を隠蔽しようとしたのか。確実なところは不明であるが、一三・五インチ四五口径砲は長さで一四インチ四五口径砲より六〇㎝ほど短く、重量は後者の八四トンに対して七六トンと一割ほどの相違でしかない(44)。したがって、一三・五インチ砲装備の設計案を得ておけば、砲架や砲塔についても「将来ノ研究」の有効な材料になるし、若干の設計変更を施せば一四インチ砲にも応用できると考えられたであろう。

日本海軍内に底流として存在していた大口径砲への関心が、いかにして装甲巡洋艦への一四インチ砲装備方針に展開し、それが日本海軍のヴィッカーズ社への傾斜と、ヴィッカーズ社による結託提案と出し抜きの戦術にいかに関連するのか、判明した限りのことを元にして、以下で考えてみよう。

(5)　アームストロング社の脱落

一九〇九年の秋に山内万寿治は松本艦政本部長の依頼により「新十三吋半砲熕ノ要領書ト代価等ヲ内密ニ」、アームストロング社に問い合わせた。ところが同社社長A・ノウブルは、「最近ノ将来ニハ決シテ十三吋半等ヲ使用スルノ必要ナシト断言」し、大口径砲への消極姿勢を露わにしていた[45]。実は、同社のオープンショー装甲・造兵工場もエルズウィック造兵工場も施設の狭隘さと一二インチ砲の受注残のため、「口径競争（calibre race）」初期の一九〇八年から一九一〇年にかけて、一三・五インチ砲の製造能力を欠いていた[46]。それだけでなく、一九〇九年六月に、イギリス海軍がオライオンとライオンに装備する一三・五インチ砲用の砲架（the 12" Mark A［イギリスにおける一三・五インチ砲の秘匿名称］mountings）の設計提出をヴィッカーズ社のみに要求したことで、アームストロング社はイギリス海軍省に抗議し、再考を求めている[47]。同社は一二インチから一三・五インチへの転換に乗り遅れていたのだ[48]。

一九一〇年三月に海相・次官から「14"砲ノ事ニ付在英加藤ニ」問い合わせがあったが[49]、その内容は加藤寛治の四月一五日付け斎藤実宛私信から、一四インチ試製砲一門発注の価格交渉であったことがわかる[50]。この時点で次期主力艦に一四インチ砲装備を決めたわけではないが、加藤・武藤らの駐英武官主導説で説明されているよりもはるかに早く、一四インチ砲の試験に乗り出そうとしていたのである。加藤はこの私信で、「新進ノ勢ヲ以テ今ヤ造砲界ノ雄タラントスル」コヴェントリ造兵会社と比較して、「安社ハ人生ノ余年ヲ貪ル衰残ノ形勢」にあると見ていた。大口径砲について問い合わせてもアームストロング社は、ヴィッカーズ、コヴェントリ両社のように「敏活ニシテ要領ヲ」得た答えをしないばかりか、同社取締役のS・ノウブルは、大口径砲の採用は日本海軍にとってむしろ不名誉（shame）なことであるとまで言ったと海相に伝え、加藤は「安毘社一点張ノ我海軍ガ少シク開眼」してコヴェントリ社にも注目すべきであると提案している。在英武官によるアームストロング社の評価は、少なくとも大口径砲に関しては、そこまで低下していたのである。同年一月に加藤は、一三・五インチ砲についてジェリコウ少将[51]に問い合わせているが、この時点でアルバート・ヴィッカーズやT・ドーソンなどヴィッカーズ社取締役が仲介者として働いており、ジェリコウをあまり急かさない方が良いと加藤をたしなめている[52]。日本海軍の大口径砲への関心に懇切に対応した点で、同社はアームストロング社と対照的であった。

むろん、この時点で日本海軍は次期装甲巡洋艦に一四インチ砲を採用するか決めかねていたし、二七ノットを超える巨艦の設計もイギリスに発注する大きな理由であったから、斎藤海相は加藤に宛ててアームストロング社との永年の深い関係を安易に消し去ることは賢明ではないと諭して[53]、「安毘」両社の指名入札とすることを確認している。高速艦を得意とするアームストロング社の設計案を入札で得ておきたい腹づもりはあったと考えられるが、山内・加藤の両方の情報から、大口径砲についてはアームストロング社は頼りにならないという判断は、一九一〇年春までには確定していたであろう。日本海軍に一四インチ砲への未練がなければ、ヴィッカーズ社が危惧したようにアームストロング社は有力な競争相手であっただろうが、一四インチ砲がアームストロング社の躓きの石となったのだ。

日本海軍はその分、ヴィッカーズ社に傾斜した。ヴィッカーズ社日本代理店の三井物産は海軍兵器関係の顧問として松尾鶴太郎を雇用していた。松尾は総監にまで昇進した海軍造船官で、香取・鹿島の造船監督官として駐英中にヴィッカーズ社との関係が密接になった[54]。一九〇六年には病気で予備役に編入され、一九〇七年に三井に雇われた。松本艦政本部長だけでなく、近藤基樹（金剛の計画主任）や福田馬之助（艦政本部第三部長）とも旧知の間柄であった。

斎藤海相はＢ46案が確定した一九一〇年五月一八日の日記に「軍令部長以下会同、松尾鶴氏ヲ招見ス」[55]と記している。一四インチ砲採用を主張していた軍令部長同席の場所にわざわざ松尾を呼び寄せたのは、ヴィッカーズ社に発注した一四インチ試製砲の性能や納期などについて説明させるためであったと考えて大過はないであろう。

以上見てきたように大口径砲への関心は駐英武官や軍令部の独占物ではなかった。むろん一四インチ砲はまだ実際に存在している兵器ではないから、その情報収集は次のような仕方でなされざるをえなかった。第一は、やや小さい一三・五インチ砲の実射成績を入手することで、これは在英加藤武官がジェリコウ少将から、おそらく一九一〇年五月頃に極秘に入手し、武藤が九月に日本に伝達したとされている。しかし、日本海軍の関心の対象は一四インチ砲だから、一三・五インチ砲の成績を入手しただけでは砲種選定に充分な情報とはならない。したがって、一三・五インチ砲試験成績とは異なる情報は、一四インチ砲を製造しうる企業に求めるほかない。先述の山内と加藤の情報はこのルートで収集されたものである。

(6)「十四吋砲装備計画、テンダー取方」

ここまでは大口径砲への単なる関心であり、試製砲の価格交渉であったが、七月末になって一四インチ砲装備案が急浮上する。財部日記には次のような記述がある。「七月三十日 土 十四吋砲装備計画、テンダー取方ニ付キ起案セシメ、小林秘書官ヲ一之宮大臣別荘ニ派ス」。武藤の日本出張の話など出る前にすでに、本国海軍省において一四インチ砲装備計画が次官・大臣レヴェルで検討されていたのである。日曜日を挟んで八月一日月曜日には「一時過大臣邸ヲ松本中将ト共ニ訪ヒ、十四吋砲装備計画加藤監督官へ打電方ニ付打合ス」[56]と記されている。ここで「十四吋砲装備計画」と「テンダー」［＝入札］取方」とは何を意味しているのだろうか。前者は「装備」というからには現に建艦計画が進みつつある艦艇への一四インチ砲搭載を意味し、単なる試験や採否の是非を話題にしているのではない。そのことと「テンダー取方」が組み合わされているのだから、ここで検討されているのは、次のようなことであったと考えられよう。六月二五日の入札公告でアームストロングとヴィッカーズの両社に示されていた要求はA（一二インチ砲）とB（一三・五インチ砲）の二通りの設計案と見積書を提出することであったが、入札直前になって急遽一四インチ砲装備計画が浮上したため、それを搭載した設計・見積案をいかにして徴するかということである。

一四インチ砲への関心は以前からあったとはいえ、いったんは一二インチ砲で進むことに決めたのに、なぜ、七月末になって一四インチ砲装備計画が急に浮上し、それを装備した装甲巡洋艦設計案を改めて要求しようとしたのか、その事情を推し量るに足る史料はない。おそらくは、一四インチ砲の国産可能性について呉工廠（砲熕部）の判断がえられたために、こうした急展開になったのであろう。[57] いずれにせよ、八月初旬の時点で一四インチ砲装備案を要求したから、九月下旬に四七二C案に内定することができたのだ。入札公告から入札までは慣例に従って五週間であったが、今度は提出までの期日はより短かく、おそらく八月末までには提出されたであろう。

問題は、この追加提出要求が両社に伝えられたのかどうかである。入札である以上、複数企業に提出させて比較しなければ意味をなさないのだが、アームストロング社が一四インチ砲搭載の設計案を後から要求されて提出した形跡はない。同社取締役会議事録には、どの政府がどの艦種について「入札と設計」を求めているといった具合に、入札公告、設計提出要求、実際の提出などについては逐一記載されているのだが、日本向け装甲巡洋艦で追加提出要求があり、その設計案を作成・提出したとの記載はない。「テンダー取方」とは追加要求の入札期日をいつにするかということだけでなく、大口径砲に消極的なアームストロング社にもC（一四インチ砲装備）案を提出させるか、ヴィッカーズ社のみに追加要求を通知するかということだったのではなかろうか。

両社の提出した設計・見積案の審査を経て、ヴィッカーズ社案に内定したのちに、追加要求あるいは設計変更要求がなされたのであれば、それが一社だけに伝えられても不思議ではない。しかし、この「テンダー取方」は、現地審査はおろか当初の入札すら済む前に起案されている。つまり、日本海軍は入札以前にヴィッカーズ社の方に傾斜していたと思われるのである。

(7)　武藤帰朝の目的

こうした急転を受けて、八月二日に松本和艦政本部長が起案した兵器注文には、「四十五口径十四吋砲用被帽徹甲榴弾壱〇個　試験用　予量額一万一一二一円　右在英監督官ヲ経テハッドヒールド社へ」が含まれており[58]、同砲の試験のために予算措置をともなう具体的な動きが始まっている。武藤の日本出張によって日本海軍は一九一〇年九月下旬にようやく一四インチ砲採用に転換したのではなく、その二カ月前には転換していたのだ。

金剛の砲塔内部

砲の製造番号（1329A）から、3番砲塔（後部煙突寄り）の右側の砲であることがわかる。ヴィッカーズ社の社内試験（1913年4月頃）の際の写真。［バロウ・ドック・ミューズィアム（Barrow Museum Service）所蔵］

そうだとすると、武藤が携帯して日本へ届けなければならなかった重要書類とは何だったのだろうか。一二インチ砲と一三・五インチ砲の比較試験成績の伝達は急ぐし、しかも郵送できないというのであれば、両社それぞれのA・B案を携えて八月一九日に離英した近藤と山本に託しても良かったことで、わざわざその後に武藤を派遣する必要はない。山本開蔵は造兵大監だから砲熕兵器に関する文書を取り扱う資格は充分だし、武藤より階級も上だから、彼が携帯することに何の不都合もなかったはずである。それにもかかわらず武藤が一〇日ほど後（九月一日頃）に帰朝の途に就かなければならなかったのは、別の文書を届ける必要があったからだと考えられよう。武藤が携帯して持ち帰らなければならなかった文書は、近藤・山本の離英後に入手されたもの、つまり一四インチ砲装備のC案であったに違いない。加藤寛治の大臣宛報告書（八月二〇日）で、A・B二案しか比較検討されておらず、C案への言及がないことも、その証左である。四七二C案は後から出てきたのである。

実際に武藤の帰朝後数日して計ったように、加藤が電報で本国に尋ねたのは、一四インチ砲採否ではなく、装甲巡洋艦の発注先であった。つまり加藤は、武藤の持ち帰った情報が本国の砲種選定ではなく、装甲巡洋艦設計案の選定に作用すると考えていた。武藤が両砲の比較試験成績を携帯して一時帰国したとされているのは虚偽ではない――武藤は、この一時帰国中に両砲の比較について海軍省内で講演している――としても、武藤が九月一日頃イギリスを発って持ち帰らなければならなかったのは四七二C案の方である。

二〇年以上を経て回想する際になお、武藤の持ち帰ったのがC案であることを伏せなければならなかったのは、C案の追加提出要求がヴィッカーズ社だけに通知された、つまり、八月初頭の時点でこの入札は日本側がアームストロング社に追加要求を通知しなかったことで形骸化していた、さらに言い換えるなら新装甲巡洋艦の主砲選定と関連して、日本海軍――松本和や藤井光五郎といった個人にとどまらず、組織としての海軍――がヴィッカーズ社に深く傾斜していたことを隠し通さなければならなかったからではあるまいか。

(8) より広範な癒着関係

ヴィッカーズ・金剛事件には、当時から、癒着と贈収賄の関係はより広範であったとの疑いがあった。当時の検事総長平沼騏一郎は四〇年ほどのちに、斎藤海相も一〇万円ほど松本からもらっていると回想している。(59) ほかにも、疑わしい記述を見つけるのはそれほど難しいことではない。松本和と藤井光五郎は一九一〇年から翌年にかけて財部次官と実に頻繁に会っているし、藤井は金剛の契約前日（一一月一六日）とその二週間後に、二度にわたって財部に「贈物」をしている[60]。さらに一九一一年一〇月二五日の財部日記には、「今朝加藤寛治大佐ニ金弐一〇〇余円ヲ滞英中ノ補給トシテ内密ニ渡ス。大臣ノ承認ヲ得タル事勿論ナリ。本件ハ松本中将モ承知ナリ[61]」とあるが、加藤の年俸にも匹敵しそうな大金を内密に、しかし大臣と艦政本部長の承認のもとに渡さなければならなかったのはなぜか。滞英中の手当や必要経費の後払いなら内密にする必要はないし、松本和が承知する必要もない。

武藤が、おそらく四七二C案を携えて、一時帰国した二日後の九月二一日に、財部次官は「加藤中佐一時帰朝ノ事ヲ大臣等ヨリ同意を得」ているのだが、加藤は用務多忙を理由に一時帰朝の命を取り消させようとしている[62]。主砲選定に関する資料と装甲巡洋艦設計案はこの時点ですべて揃っている。加藤が言うまでもなく、契約や設計微修正、工事監督者の受入準備、起工式等々、在英武官兼造船監督長の仕事が秋以降ますます忙しくなるのは明白であったのに、海相と次官は何のために加藤を一時帰朝させなければならないと考えたのであろうか。電報や郵便では困難な微妙なことがらに違いないのだが、おそらくは入札から契約にいたる一連の経緯、殊に入札が最終的にはヴィッカーズ一社を指名する形になってしまったことの理解を関係者の間で、些かの粉飾や虚偽も含めて、統一させなければならなかったのであろう。結局、加藤は、金剛の起工式には出席せず[63]、年末年始に掛けて一時帰国した。一二月二三日に敦賀に着いた加藤は米原で東海道線の上り列車に乗り込むが、呉出張から帰京する財部と車中で落ち合って、「今回帰朝ヲ命ゼラレタル理由用件等」について言い含められている。この当時、加藤の帰国は秘密ではなく、新聞の片隅に報道され[64]、三井が加藤のために催した午餐会に財部次官や村上格一艦政本部第一部長などと同席しているが[65]、のちに編纂された彼の伝記では一時帰国の事実は抹消され、起工式にも出席していたことにされている[66]。この後の何らかの変化――おそらくはヴィッカーズ・金剛事件の露見――が加藤の一時帰国を隠す方向に作用したのだと考えられよう。

(9) 一四インチ砲公式試験とB案の意味

従来、一九一一年三月に日英海軍共同で行われた公式試験（trial）[67]を経て一四インチ砲採用が決定されたとされてきたが、一九一〇年一一月、金剛の契約の直前にすでに、「四三式十二吋砲」（一四インチ四五口径砲の秘匿名称）八門と、そのための砲架八基が卯号装甲巡洋艦（比叡、金剛型の二番艦）常備用として呉工廠に発注されている[68]。公式試験の前に事態は一四インチ砲国産までめざして確実に動いていたのである。一九一〇年四月に海相・次官からの訓令を受けた加藤が一四インチ試製砲の価格交渉を行っているが、その頃に一門急造がヴィッカーズ社に発注され、八月初旬に発注された砲弾を用いて、ヴィッカーズ社エスクミールズ射場での試射（proof）だけでも、契約以前に済ませておきたいのが日本海軍の腹づもりであった。さすがにヴィッカーズ社も初めての一四インチ砲を半年で完成させることはできず、一一月中旬の試射は無理で翌年二月以降になると、一九一〇年八月末に通告している[69]。つまり、試射すら済んでいない、実物も存在しない一四インチ砲の装備を決め、その国内製造まで発注するという、通常の建艦では到底ありえない冒険が一四インチ砲採用の実相だったのである。

翌年の日英共同公式試験は、日本側からすれば、一二インチ五〇口径砲と一三・五インチ四五口径砲の試験結果をイギリス海軍から提供されたことへの返礼だったであろうし、イギリス側からすれば自国では採用する予定はないが、今後アメリカを含めて各国が装備するであろう一四インチ砲の詳細な性能データを得る格好の機会となったであろう。なお、公式試験で、一四インチ砲に重大な欠陥が発見されても、一四インチ砲装備の設計案を一三・五インチ砲装備に変更することは、後者の方が若干小さいのだから不可能ではない。当初の入札で提出させたB（一三・五インチ砲）案は、結果として、一四インチ砲装備計画の保険の意味をもたされたことになる。

⑽　贈収賄と価格・性能

日本での営業活動を経験した欧米人の間には、日本人は賄賂を好むという言説がある。[70]それを事実無根ということは到底できないだろう。しかし、ヴィッカーズ・金剛事件に関して言うなら、「作業分割」の取り決めを無効化するマッケクニー藤井ルートの金銭授受の意味はこれまで解明されていなかった。ヴィッカーズの側にも受注するだけでなく、なりふり構わず金を用いても作業を独占しなければならない事情があったのだ。

では、多額でしかも多様なルートからの金銭授受で誘導されたこの契約で、日本は「高く、劣る」ものを買わされたのであろうか。金剛および同型艦の四隻は、世界の艦艇史上稀に見る優秀かつ長寿の船であった。第一次大戦前の船が、二度の改修を経て、第二次大戦においても日本海軍の最高速主力艦として第一線で現役にとどまっていたということは、原設計の良さを物語るものであろう。逆に言うなら、主力艦として合理的であったのはこの辺りまでであって、それ以降の大艦巨砲は肥大化しただけだったのかもしれない。

金剛は同時代に建造された同級の船と比べて劣っていないだけでなく、特に高くもなかった。ここで軍艦の価格について詳論する余裕はないが、金剛の船体・艤装価格排水量トン当たり二六ポンド五シリングは、ほぼ同級のプリンセス・ロイアルの二五ポンド七シリングより、一八シリング（三・六％）高いだけであった。プリンセス・ロイアルが艦隊行動のみを念頭に置いて設計されたため、主砲以外の武装が貧弱なのに対し、金剛は単独航海も可能なように諸種の副砲、速射砲、魚雷発射管など多数を備えていたから、その艤装に相当の工数が必要だった。また、さまざまな兵器を備えたために乗組員数も一二〇〇人と金剛の方が二割以上多く、そのための居室・食堂・厨房等の設備の艤装にも多くの工数が必要であったことから、この程度の単価の差は説明可能であろう。金剛の機関馬力単価七・〇ポンドはプリンセス・ロイアルの六・九一ポンドより一・三％ほど高いが、金剛主機の公称出力六万四〇〇〇馬力は過少表示であることが知られている——そもそもプリンセス・ロイアルより一〇〇〇トン以上重い船を、六〇〇〇馬力小さな機関で、〇・五ノット速く走らせることは、船型の洗練だけでは不可能なことである——から、価格差はほとんどないか、むしろ逆転するであろう。トルコ戦艦レシャディエの手数料等を含めた船体・艤装単価二四ポンド八シリング三ペンスよりいくらか高いものの、機関単価ではレシャディエの八ポンド一七シリング三ペンスよりはるかに安い。兵器価格の点でも、金剛がプリンセス・ロイアルやレシャディエより特に高いわけではない[71]。しかも、金剛の実際の契約額は、協定の基準単価の積算値より明らかに安く、ヴィッカーズ社は協定を守らずに低価格を提示していた疑いが強い[72]。

このように外国政府向けの軍艦価格が、各部の単価で比較するなら、イギリス海軍向けの価格とほぼ同等であるということは、軍艦の契約価格は、特にイギリス海軍向けの場合、巨大な利潤を保証していることを物語る。外国海軍向けの契約でも、手数料等を控除した製造価格から、結託関係にあるパートナーに対して利潤分与額を支払うのだから、手数料等を支出してなお利潤は保証されていたのである。

6 結託に隠された戦略——長期的要因——

(1) 追われるアームストロング

アームストロング社は外国海軍向けの建造で実績を築き、殊にチリ、日本、ブラジル、および清国など一九世紀末以降の新興海軍国の多くが同社の開拓した市場であった。商船部門（ウォーカ造船所）を有していたため、作業繁閑を緩和することが可能であったし、近隣同種企業からの労働力調達もバロウよりはるかに容易であった。しかし、海外市場での豊富すぎる実績と営業力は、一九〇〇年代中葉以降、同社にとって悩みの種でもあった。新興海軍国の大建艦期となった一九〇〇〜一〇年代に、同社は従来から得意としてきた中・小型の巡洋艦だけでなく、大型艦を大量に受注するのだが、大型艦の建造施設の制約が露呈する。最初に露呈したのは、タイン下流の混雑した立地で、進水後の艤装・仕上げを行うための埠頭の不足で、これは決定的に建造工程を制約することになり、次に主力艦、殊に巡洋戦艦の長大化はついに同社の装甲艦船台の長さを超え、新船台の獲得を必要とした。同社はようやく一九〇九年以降、これらを「造船所問題」と名付けて、解決策を模索し、最終的には新設備を獲得するのだが、そこにいたるまでは、さばききれない発注量をやむなく他社にまわすという守りの姿勢をとらざるをえなかった。

また、同社は機関製造能力をほとんどもたなかったため、商船用機関では近隣のホーソーン・レスリー社、パースンズ船用蒸気タービン社、ウォールズエンド船渠と、テムズのハンフリーズ・テナント社に、大型艦艇用機関では実績の豊富なヴィッカーズ社やジョン・ブラウン社に頼らざるをえないという弱点を抱えていた。

そのうえ一九〇八年頃から、取締役会内部では、A・ノウブルの専横と私物化、過大な役員報酬、指導者の欠如などが問題視され、このトップ・マネジメントの組織改革・体質改善は一九一〇年代前半を通じて同社取締役のエネルギーを奪い続けた(73)。これら問題をめぐって調査と解決策の模索のために膨大な労力が投入されたが、A・ノウブルの威光と彼の一族（二人の息子とJ・M・フォークナ）の存在ゆえに、改革がはかばかしく進展する前に第一次大戦に突入してしまった。それゆえ、同社は前ド級からド級・超ド級への急速な変化、艦船の大型化・高速化、大出力機関の必要性、砲の巨大化などに受け身で遅れて対応することしかできず、唯一、他社に先んじていたのは装甲板だけというありさまで(74)、加藤寛治が同社を「人生ノ余年ヲ貪ル衰残ノ形勢」と見たのは根拠のないことではなかった。

おもに海外での営業活動を担当したフォークナは、こうした状況で注文をさばくために、ヴィッカーズ社とのさまざまな結託や協同歩調に道を開いた。それに対して、「われわれがヴィッカーズ社から得るより多くを彼らに与えて

表 5－4　両社の艦艇受注実績（1889～1914年）

（単位：隻数／排水量トン）

		1889～96年	1897～1905年	1906～14年
アームストロング社	英国向け	5/ 9,575	8/ 60,228	13/ 87,293
	外国向け	23/106,799	13/ 85,576	18/159,341
	日　本	6/ 40,880	4/ 50,750	0/　　0
	その他	17/ 65,919	9/ 34,826	18/159,341
	総　計	28/116,374	21/145,804	31/246,634
	a			15/146,791
	b			12.5/108,052
ヴィッカーズ社	英国向け	18/ 62,345	70/102,067	34/132,365
	外国向け	0/　　0	4/ 58,175	8/100,541
	日　本	0/　　0	2/ 31,090	1/ 27,500
	その他	0/　　0	2/ 27,085	7/ 73,041
	総　計	18/ 62,345	74/160,242	42/232,906
	a			7/ 98,041
	b			10.5/125,502

出典：Conway's [1979], [1985] より算出。
注：a：結託関係下の受注量、b：結託関係による調整値。ヴィッカーズ社の1889～96年の数値は、同社に買収される以前のバロウ造艦造兵会社の受注実績である。

いるのは、ある意味では、かなり残念なことである」(75)といった批判は常に伏在していたし、日本向け装甲巡洋艦でヴィッカーズに出し抜かれ、ビアドモア社株式買い取り問題などを経たあとには、フォークナこそヴィッカーズ社の先棒をかついで、戦わずして譲歩する路線に自社を陥れた張本人ではなかったのかという疑念すら生まれ(76)、同社取締役会は活力を失っていた。

(2)　追うヴィッカーズ

艦艇建造業に乗り出した当初（一八九七年）から海軍省発注には恵まれたが、海外市場実績は乏しく、艦艇建造に特化したバロウの作業の繁閑ははなはだしかった。それゆえ、砲・砲架の製造でアームストロング社の実績と能力を利用しただけでなく、海外進出においても同様の行動をとってアームストロング社の開発した市場を蚕食しようとした。ヴィッカーズ社は、アームストロング社の実績と能力を利用するに際して、上述の弱点を巧みに衝いて、アームストロング社の受注した仕事の一部を獲得した。たとえば、一九〇六～一四年にアームストロング社が受注したブラジル向け戦艦二隻やトルコ向け巡洋艦二隻などの機関はヴィッカーズ製であったし、さらに、ヴィッカーズ社は、争議で納期を遅らせたブラジル向け戦艦ミナス・ジェライスの例をあげて、さらなる業務交換を提案したりもした。

(3)　作業分割の効果

かくして、利潤分割・作業分割を含む結託関係の形成は、両社の中長期的な戦略の接点に形成されたのであるが、この関係は初期条件の格差を確実に減殺する効果を有した。両社の艦艇受注実績を、①海軍国防法（一八八九年）から、ヴィッカーズ社のバロウ造船所取得（一八九七年）まで、②そこから、結託関係が始まる前まで、③第一次大戦前の結託期の三期に分けて表示したのが表5－4である。第一期・第二期を通じて海外市場ではヴィッカーズ社はアームストロング社の後塵を拝していたが、第三期（結託関係期）には受注量を大幅に増加させている。また第三期の海外からの受注量のほとんどは結託協定下の受注であり（a）、海外市場に強いアームストロング社の受注した仕事量の半分以上は、作業分割協定に基づいてヴィッカーズ社とジョン・ブラウン社に流れている。こうした作業分割によって、両社の海外向け仕事量が実際にはどれほどになったかを、排水量を基礎にして、とりあえずの目安として示すなら（b）、受注量において劣るヴィッカーズ社の仕事量がアームストロング社を凌駕していることがわかる。

7　むすびにかえて

日本向け装甲巡洋艦の受注でヴィッカーズ社がアームストロング社を出し抜いたのは、両社の結託関係の歴史の中では小さな挿話に過ぎない。それは、結託関係が本質的に脆弱な基盤のうえに成り立っていることを示してはいるが、同時にそれは日本側が一四インチ砲採用に急転するという両社にとってはいわば偶然的な事情によって発生したことでもあった。それゆえ、結託関係はこの事件によって、直ちに破綻したのではなかった。

アームストロング社とヴィッカーズ社は海外市場において、英米独仏の並み居る兵器製造業者の中で圧倒的優位を誇った。むろんそこには競争関係もあったのだが、後発海軍国の「軍器独立」傾向に対応して海外へ共同出資することにより、利害を共有する関係が新たに生まれ、それが結託関係の形成される基盤となったのだ。アームストロングとヴィッカーズの両社は、イギリスのみならず世界の艦艇・兵器製造業者の中で、最も海外市場に強い企業であったが、二〇世紀初頭においてなお、両社の立場はまったく同一というわけではなかった。一九世紀以来、世界各地で営々と実績を築いてきたアームストロング社は、受注量に製造能力が追いつかず、他社の製造能力に依存していたのに対して、ヴィッカーズ社はアームストロング社の実績を利用し、それを蚕食することで海外市場に地歩を築きつつあったのだ。

この中で、両社の戦略・戦術の交錯するところに、実際の結託関係は機能した。アームストロング社は他社の製造能力に依存しなければ営業・受注活動を維持できないから、一九一〇年に日本海軍の装甲巡洋艦に関する結託関係の裏でヴィッカーズに出し抜かれても、その関係を精算することはできなかった。艦艇と武器の専業企業であったヴィッカーズ社は、海外市場に地歩を築くために先行するアームストロング社の実績・能力を蚕食しただけでなく、立地条件に規定されて労働市場面の弱点を抱えており他社を必要とした。ヴィッカーズ以外の主要な艦艇建造業者は商船部門ももっていたし、また同種企業が近隣に立地していたから、他社を労働力のプールとして利用できたが、ヴィッカーズ社はそれができないだけに、他社の受注した仕事を分与させることで、自社の作業繁閑のバッファにせざるをえなかった。

注

(1)　山内自身も、同社取締役で手数料支払いの交渉に当たらされた松方五郎も、ヴィッカーズ社の受注について何もしていないことは認めている（山内万寿治に対する東京地方裁判所検事局聴取書（一九一四年五月八日）、および松方五郎に対する同聴取書（一九一四年五月七日）、盛［一九七六］所収）。A. Vickers to G. Matsukata 7 November 1910［VA 1006A］も参照。

（2）イギリスの技術者が自国で開発されたパーソンズ式タービンに固執したのは知られているが、それでも一九一〇年まではジョン・ブラウン社をはじめとしてカーティス式タービンに着手しており、藤井が伊吹に搭載されたタービンの情報を提供しなければ、カーティス式を採用できなかったわけではない。イギリス艦で最初のカーティス式タービンは五〇〇〇トン級軽巡洋艦ブリストル（一九一〇年一二月竣工）に搭載されたブラウン＝カーティス式二万二〇〇〇馬力である。

（3）小国や新興海軍国だけでなく、フランス、ドイツ、アメリカも性能・納期・価格の点で有利でもイギリス企業を入札に招いたりはしなかった。プロイセン海軍のフランス企業への発注は一八六〇年代が最後、ドイツ海軍のイギリス企業への発注も一八七〇年代初頭が最後である。

（4）イギリスでも国内にあまたある造船企業がすべて海軍省の入札に参加できたわけではなく、入札資格は過去の実績にもとづいて審査されたうえで付与された。第1章第5節参照。

（5）Protocole au sujet des affaires en Turquie [MM. Armstrong et Vickers et MM. Schneider et Cie. 09 Mars 1907], Secret Agreement between A and V re. Japanese Cruiser (29 July 1910), Confidential Agreement between A and V re. Portuguese Tenders (05 September 1912), Confidential [letter] from V. Caillard to Charles Ottley (13 September 1912), Memorandum of Agreement re. Extension of Spanish Naval Programme between A, V and J. B. (12 June 1913), Agreement between A and V re. Turkish and Balkan Business (31 December 1913), Confidential [letter] from V to J. M. Falkner re. Brazilian Ship and Commissions (22 January 1914), Agreement between V and A re. Brazilian Battleships or Cruisers (22 January 1914), Private and Confidential [letter] from A to V re. Brazilian Agreement (09 February 1914), Private and Confidential [letter] from V to A re. Brazilian Orders (12 February 1914), Deed between V and A re. licenses of internal combustion engines (28 Feiruary 1916), Private and Confidential [letter] from Douglas Vickers to Sir Glynn West (23 Mat 1924), [Letter] from G. H. W [est] to Douglas Vickers (26 May 1924), [Maker to Non Maker] Agreement between A and V (26 May 1924), Private and Confidential [letter] from J. P. Davison (London Office, A) to George Hadcock of Elswick

Works (29 May 1924), Private and Confidential [letter] to Thomas Thompson (02 June 1924), Telephone Message from J. P. Davison to George Hadcock (20 October 1924), Confidential [letter] from James Hawson to W. T. Cochrane (08 October 1930), Confidential [letter] from W. T. Cochrane to James Hawson (09 October 1930), [Letter] from James Hawson to W. T. Cochrane re. Maker to Non Maker Agreement (24 October 1930), [以上 TWAS 130/1519], Revised Draft Agreement between A, V and J. B. re. Turkish Contract (27 August 1912), Confidential [letter] from F. H. Barker to A re. Draft Agreement on Brazilian orders (13 December 1913), Confidential [letter] from F. H. Barker to A re. Turkish and Balkan Business (23 December 1913), Confidential [letter] from T. Dawson to A re. Turkish and Balkan Agreement (23 October 1914), A to V re.Turkish and Balkan Agreement (26 January 1914), [以上 TWAS 1027/5585], Arrangement between A, V and J. B. re. Turkish Battleship (8 August 1911), Agreement between A and V re. Artillery for Turkish Battleship (9 August 1911), Private and Confidential [letter] from Vickers House, London to Barrow Shipyard (30 November 1915), [以上 CRO BDB16/L 1218], Armstrong & Co. Ltd., Minute Book 1903-1909 [TWAS 130/1267], Board Minute 1909-1916 [TWAS 130/1268], Armstronng's Memorandum on the arrangements with Vickers (n.d. [November 1913]) [VA 551].

(6) Secret Agreement between Armstrong and Vickers re. Japanese Cruiser 29 July 1910 [TWAS 130/1519]. なおハーキュリーズは一九〇九年初夏にパーマー社が受注したド級戦艦だが、イギリス海軍艦艇の装甲板は海軍省から受注企業へ無償で引き渡されることになっていた。その装甲板を製造したのはアームストロング、ヴィッカーズ、ジョン・ブラウン、ビアドモアおよびキャメル・レアード五社に限られ、装甲板カルテル (Armour Plate Pool) が形成されていたから、価格情報はカルテル内で共有されていた。

(7) 一九一一年六月にトルコ政府とヴィッカーズ社との間で契約がなされ、起工は同年八月一一日、進水は一九一三年八月一三日であったが、第一次大戦の勃発により一九一四年八月、海軍大臣チャーチルの命令でイギリス海軍が接収し、エリン (Erin) と改名された。

(8) Arrangement between A, V and J. B. re. Turkish Battleship, 08 August 1911, Agreement between A and V re. Artillery for Turkish Battleship, 09 August 1911 [CRO BDB16/L 1218].

（9）　Revised Draft Agreement between A. V and J. B. re. Turkish Contract, 27 August 1912［TWAS 1027/5584］.

（10）　実際にはレシャディエの姉妹艦マフムード・レシャド五世（Mahmud Reşad V）をアームストロング社が受注し、この二艦を三社協定比率で分割したから、レシャディエについてはヴィッカーズ社が船体と機関のすべてと武装の半分を取り、分担量は六二％強に及ぶ。

（11）　J. M. Falkner to S.Rendel 4 August 1910［TWAS 31/7093］, Secret draught agreement on foreign tenders, August 1910［TWAS 31/7094］.

（12）　アームストロング社取締役会議事録ではチリからの入札募集や入札の報告なしに、突然、受注の報告がなされている。なお、両艦は竣工前にロシアへの転売を危惧したイギリス政府が輸出を差し押さえて買収し、スウィフトシュアとトライアンフに改名した。

（13）　J. M. Falkner to S. Rendel, 5 February 1903［TWAS 31/7044］.

（14）　この二艦は同型艦とされることが多いが、主要寸法、排水量、機関出力のいずれもアームストロング社の鹿島の方がヴィッカーズ社の香取より五％ほど大きい。Conway's［1985］p. 227.

（15）『公文備考明治三九年艦船「軍艦鹿島・香取製造」』。

（16）　Corresponndence between A.Noble and Lord Lansdowne（Foreign Office）, December 1903［TWAS 31/4208～4212］, J. M. Falkner to S.Rendel, 27 August 1903［TWAS 31/7048］. むろんアームストロング社は外国政府の入札にイギリス外務省が介入したとして強硬に抗議している。

（17）　Armstrong & Co. Ltd., Board Minute, 21 January 1909［TWAS 130/1267］.

（18）　Protocole au sujet des affaires en Turquie 09 Mars 1907［TWAS 130/1519］.

（19）　Armstrongs' Memorandum on the arrangements with Vickers［VA 551］.

（20）　イギリス造船機械産業の労働力移動については小野塚［一九九〇a］、［一九九〇b］、［二〇〇一］を参照されたい。

（21）　一九世紀末の造船機械産業使用者団体の超地域的な再編に、バロウの造艦造兵会社が一貫して意欲的であったのも、労働力移動を効果的に統御しなければならない事情が反映していると考えられる。

（22）　*Pall Mall Gazett*, 18 November 1910.

(23) *Evening News* 18 November, *The Times* 19 November, *The Manchester Guardian* 19 November, *The Post* 19 November 1910.
(24) *Evening Standard & St. James Gazette* 18 November, *Daily Mail* 19 November 1910.
(25) それぞれ『時事新報』明治四三年一一月二〇日、『東京日日新聞』明治四三年一一月二一日の報道。
(26) Gladstone to S. Rendel, 18 November 1910 [TWAS 31/7106].
(27) Armstrongs' Memorandum on the arrangements with Vickers [VA 551].
(28) 他方、山内の側は一九一二年三月になって、艦政本部に対する不満足感を財部次官に語り、また山本権兵衛によれば「山内男［爵］ハ松本、藤井光、坂本一諸氏ヲ不正危険人物トシテ、口ヲ極メ」て罵ったのだが（『財部彪日記』海軍次官時代下、二二五頁）、その背後には日本向け装甲巡洋艦の入札と結託におけるヴィッカーズ社の出し抜きに松本や藤井が関与していたとの認識があったのではないか。
(29) 明治四三年五月一三日付のB46案（タイプ打ち七枚、平賀文書二〇二六）、『子爵斎藤実伝』第二巻、一三一頁、『財部彪日記』海軍次官時代上、九二頁。なお、「B」は装甲巡洋艦案を示す記号で、戦艦案は「A」が付された。
(30) 『子爵斎藤実伝』第二巻、一四〇頁、『財部彪日記』海軍次官時代上、一四〇頁、次官より駐英加藤監督官宛暗号電文案（明治四三年九月二七日、『公文備考大正二年艦船一四「金剛回航一件」』）。「四七二」は日本向け装甲巡洋艦に付されたヴィッカーズ社内の設計番号である。
(31) 加藤寛治「十四吋砲の採用と大将」（『海軍大将村上格一伝』二六一～二六三頁）、『加藤寛治大将伝』五四七～五六一頁。小柳冨次［一九六七］七三～七五頁。
(32) 中川繁丑「藤井海軍大将逸事」『有終』第一八巻第四号（一九三一年四月）、八一頁。
(33) 財部彪「村上大将の逸事」（『海軍大将村上格一伝』二七二～二七五頁）。
(34) 発射時の砲身の振動により命中精度が低く、砲身寿命も短いという難点が判明した。
(35) 『加藤寛治大将伝』五五八頁。なお、この部分は武藤の回想である。
(36) 『加藤寛治大将伝』五五九～五六〇頁。
(37) 明治四三年八月一七日加藤監督官より艦政本部長宛電文訳、『公文備考明治四三年人事四』。
(38) 『財部彪日記』海軍次官時代上、一三八頁。

(39) 明治四三年九月二一日加藤監督官より次官宛電文訳、『公文備考大正二年艦船一四』。なお、金剛の計画の最高機密はここに示されているように主砲であったが、契約の六日後には『東京日日新聞』が「其兵装に十四吋砲を採用さるべき事は殆ど疑ひなきが如し」と暴露しており、その得失について「製砲に精通せる某将官」の談話を載せている。ヴィッカーズ受注に対する山内万寿治の意趣返しであろうか。

(40) 斎藤実墨書覚え書き（無題、装甲巡洋艦および主砲に関するもので、一九〇九年末ないし一九一〇年初頭に記されたと推測される）、斎藤実関係文書、書類の部五三-四。

(41) 艦本機密第五一九号、明治四三年一〇月五日、『公文備考大正二年艦船一四「金剛回航一件」』。

(42) 松本和被告に対する高等軍法会議判決書（花井［一九三〇］）。「比較ニ苦ム」ほど当時の両社の技術水準に開きがあったと考えるべき証拠はなく、作為の可能性がある。A、B両案の価格差も、詳細な要求仕様と基準単価設定を前提にしたらありえないほどに大きく、本章第4節注（10）および注（71）で述べるように、ヴィッカーズ社が協定の基準単価に基づいて入札していない（＝ダンピングしている）可能性がある。

(43) 『財部彪日記』海軍次官時代上、八三頁。

(44) Hodges, [1981] Appendix 1, pp. 122-126参照。

(45) 山内万寿治より斎藤実宛書簡、一九〇九年一二月二一日付。斎藤実関係文書、書翰の部一五七七-一〇七。

(46) H. H. S. Carrington to S. Rendel 4 December 1908 [TWAS 31/6182], S. W. A. Noble to S. Rendel 1 March 1910 [TWAS 31/7362], A. Vickers to B. Zaharoff 5 November 1910 [VA 1006A].

(47) Armstrong & Co. Ltd., Board Minutes, 9 June 1909 [TWAS 130/1268], A. Cochrane to S. Rendel 10 July 1909 [TWAS 31/7072].

(48) アームストロング社も一九一〇年以降、一三・五インチおよび一四インチの砲および砲架の設計と製造に乗りだしているから、技術的に劣位にあったわけではなく、チリ戦艦アルミランテ・ラトッレ型には自社製一四インチ砲と砲架を装備した（Hodges [1981] pp. 66-70）。逆に、砲塔駆動装置は、この時期には、アームストロング社製の方が高品質であったとのヴィッカーズ社側関係者の回想もある（H. de C. Falle to J. D. Scott, 6 November 1957 [VA 581]）。

(49) 『財部彪日記』海軍次官時代上、六八頁。

(50)「十四吋ニ関スル御下問不取敢電報ヲ以テ報告致置候通リニテ価格ノ稍ヤ高キハ一門丈ト速成ヲ要スルトニ依筈［後略］」、加藤寛治より斎藤実宛書簡、一九一〇年四月一五日付、斎藤実関係文書、書翰の部六二〇-一三。

(51)当時、イギリス海軍本部第三武官（Third Sea Lord）で、艦政本部長に当たる職を担当していた。一九〇五～〇七年には砲熕部長（Director of Naval Oordnance）を務めた砲熕の専門家でもあった。

(52)A.Vickers to Commander H. Kato 18 January 1910［VA 1005］.『加藤寛治大将伝』（五五〇～五五一頁）は、加藤がイギリス海軍に試験結果提供を要請した時期を明瞭にはしていないが、一九一〇年六月（武藤稲太郎の着任）以降であるかのように記している。

(53)加藤寛治より斎藤実宛書簡、一九一〇年六月九日付、斎藤実関係文書、書翰の部六二〇-一四。

(54)松尾は一九〇四年五月にヴィッカーズ社から金製のたばこ入れ（九八ポンド一五シリング）を贈られている。A.Vickers to S. Komuro 19 May 1904［VA 1004］.

(55)『子爵斎藤実伝』第二巻、一三一頁。なお、ここで「艦型」とは、主砲、弾火薬庫、汽罐・機関、艦橋、煙突などの配置を意味している。

(56)『財部彪日記』海軍次官時代上、一二一～一二二頁。

(57)財部次官は、一九一〇年七月二二日と八月二日の二回にわたって伊地知少将と会っている（『財部彪日記』海軍次官時代上）。当時、日本海軍には伊地知彦次郎少将もいたが、財部の会ったのは、呉工廠長の伊地知季珍少将であったと推測される。

(58)『公文備考明治四三年兵器六』購入注文。さらに九月下旬には試験用の火薬合計七万九〇六〇円を英国ノーベル爆薬社アーディア製造所に、砲弾一二〇発五万四〇〇円をヴィッカーズ社に注文している。

(59)平沼騏一郎（口述）「祖国への遺言」『改造』一九五三年五月号、二三〇頁。

(60)『財部彪日記』海軍次官時代上、一五六、一六〇頁。これは定例の進級会議の時期であったから、藤井が自己の少将昇進と艦政本部への栄転を工作したのだとも考えられなくないが、藤井が機関大監に昇進してからすでに五年半が経過していたから、一九一〇年末の少将昇進が目立って早いわけではないし、財部の日記には他の昇進候補者からの贈り物の記述はない。

(61)『財部彪日記』海軍次官時代上、二七七頁。

(62)『財部彪日記』海軍次官時代上、一三八頁、加藤寛治より斎藤実宛書簡、一九一〇年一〇月二九日付、斎藤実関係文書、書翰の部六二〇-一八。

(63) 加藤が帰国中、代役を果たした藤原英三郎中佐が起工式に出席した。『時事新報』明治四四年一月九日付、『東京日日新聞』明治四四年一月一二日付。

(64) 『時事新報』明治四三年一二月二四日付。

(65) 『財部彪日記』海軍次官時代上、一七五頁。

(66) 『加藤寛治大将伝』五六二頁。

(67) 公式試験（trial）とは砲の射程、命中精度、寿命などを実測するための試験で、試射（proof）とは発射によって亀裂や破壊が発生しないことを確かめる品質保証である。

(68) 一九一〇年一一月一日官房四一二八号、同月一四日官房機密第六〇七号［『公文備考明治四三年兵器六』］なお、八門中四門は翌年三月に「呉海軍工廠ヲ経テ室蘭日本製鋼所へ注文」された（一九一一年三月一六日官房八八六号）。一四インチ砲の名称や実際の製造元については、国本康文「雑学『一四インチ砲』」『扶桑型戦艦』（『歴史群像』太平洋戦史シリーズ vol. 30）、および国本「四五口径三六センチ〝一四インチ〟砲の歴史」『伊勢型戦艦』（『歴史群像』太平洋戦史シリーズ vol. 26）も参照されたい。

(69) Vickers Ltd. to Commander H.Kato, 25 August 1910 [VA 665/89] なおヴィッカーズ社が一九一〇年八月にイギリス海軍から一三・五インチ砲一四門を受注した際に、納期は一四ないし二〇カ月以内であったから（[VA 1147]）、日本向けの一四インチ試製砲が急造で一〇カ月要しても無理はない。

(70) 竹中［一九九一］、および第6章参照。

(71) 各部単価は以下の文書から算出した。Secret Agreement between Armstrong and Vickers re. Japanese Cruiser, 29 July 1910 [TWAS 130/1519], Contract for the Hull and Machinery of His Majesty's Ship "Priccess Royal", October 1909 [NMM PP], Arrangement between A, V and J. B. re. Turkish Battleship, 08 August 1911, Agreement between A and V re. Artillery for Turkish Battleship, 09 August 1911 [CRO BDB16/L 1218].

(72) 結託協定に規定された基準単価、および武藤の問い合わせに答えた一四インチ砲・砲架・連装砲塔価格（Vickers Ltd. to Commander Muto, 19 November 1910 [VA 665]）から再構成すると、船体・機関の手数料込みでおよそ二五〇万ポンド

（契約直後に報道された価格と同額）となり、実際の契約額より一三万ポンド以上（六％弱）高い。つまり、ダンピングの可能性を否定できず、報道内容はこの点でもアームストロング社向けに調整されていたと思われる。

(73) これら問題をめぐって膨大な文書が残されたが、殊に、TWAS 31/4153-4179, 6614-6679, 6680-6968 が、同社取締役たちがこの時期に経験した報われない苦労を物語っている。また Warren［1989］もヴィッカーズ社との比較でアームストロング社のマネジメント・スキルを論じている。

(74) 同社の開発したリチャードスン装甲板とその成果については TWAS 31/7595-7618 を参照。

(75) A. Cochrane to S. Rendel 18 May 1909［TWAS 31/7072］.

(76) S. Rendel to A. Cochrane 28 July 1911［TWAS 31/7127］.

第6章 イギリスにおける「ヴィッカーズ・金剛事件」認識
——一九三〇年代再軍備期の兵器産業調査委員会——

1 本章の課題

一九三五年、イギリスの国際連盟同盟が全有権者を対象に「平和に関する国民投票」を実施したところ、兵器製造国有化の是非に関して、回答率四〇%で、賛成一〇四一万七三三九(九〇%)、反対七七万五四一五(七%)、保留三五万一三四五(三%)という結果を得ていた(1)。また、それより先、一九三四年九月にはアメリカで兵器産業調査委員会(以下、ナイ委員会と略記)が設置され、それと前後して英米両国では民間兵器産業を批判する文献の出版も相次いだ。

ここでその種の文献をすべて紹介する余裕はないが、敢えて上げれば、H. C. Engelbrecht and F. C. Hanighen, *Merchants of Death: A Study of the International Armament Industry* (New York, 1934) と P. Noel-Baker, *The Private Manufacture of Armaments*, Vol. I (London, 1936) の二冊が、兵器産業批判と国有化論に関する英米両国における当時の代表的な著作と言えよう。前者はベストセラーとしてブック・オブ・ザ・マンスに選ばれ、後者は第二巻(経済・産業・技術編)が未刊のまま終ったものの、第一巻(倫理・政治編)だけでも、著者が一〇年以上を費やした調査結果だけあって、使用された資料は質量ともに類書を圧倒しており、その内容は高い信頼を得ていた。

イギリス首相マクドナルドが一九三五年に「民間兵器製造および取引に関する王立調査委員会」(以下、バンクス委員会と略記)の設置を発表した背景には、こうした世論の盛り上がりがあったのである。しかし、イギリス政府にとって民間兵器産業の国有化などとても承認しがたい議論であった。イギリスの帝国防衛は民間兵器産業に大きく依存してきたが、その兵器産業自体、軍縮と産業不況のもとで第一次世界大戦以前の水準にまで縮小してしまっていた。この危機的状況を諸外国と自国民に隠したまま、兵器産業批判・国有化論を無理なく終熄させること、これこそがすでに再軍備計画に着手していたイギリス政府の、とりわけ帝国防衛委員会の事務局長モーリス・ハンキーの最重要課題であったのである。

さて、この章では以上の時代状況を念頭において、次の三点にわたって議論を展開してみたい。第一に、兵器産業批判(いわゆる「死の商人」批判)なるものの起源とその特徴について、第一次大戦前夜まで遡って検討してみる。第二に、前章までで考察してきたヴィッカーズ・金剛事件が、はたしてその当時のイギリスではどのように取り扱われていたのか、この点を確認しておきたい。そして第三には、以上二点の検討をふまえて、再軍備期に設置されたバンクス委員会の意義について考えてみたい。

ヒトラーがドイツ再軍備の極秘指令を発したのは一九三四年四月、イギリス政府の再軍備宣言は一九三五年三月、そしてバンクス委員会が公聴会を開始したのがその二か月後であった。バンクス委員会がイギリスの再軍備計画を混乱させるような報告書を提出することなどあってはならない。政府はこのような観点より、バンクス委員会には証人喚問や資料提出の請求権限を与えていなかった。この点、前年に設置されていたアメリカのナイ委員会との決定的違いである。では、独自の調査権限を与えられていなかったバンクス委員会では、なぜ二〇年以上も前のヴィッカーズ・金剛事件が持ち出されたのか。ヴィッカーズ＝アームストロング社とバンクス委員会は、それに対してどのように対応したのか。本章では、最後にこうした点も問題にしてみたい。

2　第一次大戦前夜の「死の商人」批判

(1)　軍拡世論のもとで不発に終わった兵器産業批判

兵器産業の存在を資本主義体制下における戦争原因として追及してきた社会民主党のカール・リープクネヒト（K. Liebknecht）は、一九一三年四月一八日、ドイツ帝国議会での軍事予算の審議に際して、エッセンの巨大兵器企業クルップ（Krupp）が機密文書を入手するためにベルリンの代理人を使用して、陸海軍の役人たちに贈賄を行っていた事実を暴露した。その二日後、リープクネヒトの批判はさらにエスカレートする。ドイツ兵器産業は、(1)外国の新聞社を操作して国家間の対立を誘導している。(2)兵器の受注獲得を目的として政府に捏造情報を提供している。(3)価格操作と利潤独占を目的としてカルテルを形成している。(4)外国政府向けに無差別に大砲・艦艇を製造・輸出している。以上のような事実を列挙して、クルップをはじめとするドイツ兵器産業全般に痛撃を加えたのであった。このニュースは『タイムズ』紙のドイツ特派員報告として、ただちにイギリスでも取り上げられていく。(2)

独立労働党の機関紙『レーバー・リーダー』は、〈the Death Trust〉、〈the War Trust Scandal〉という見出しのもとに、リープクネヒトと同じ論法でイギリスの民間兵器企業を一通り批判し、その廃絶にむけて労働運動のいっそうの取り組みを呼びかけた。曰く、「兵器トラストこそは、資本主義のあらゆる害悪のなかでも最悪のものである。それは死の取引の国際的共謀である。今年度だけでも、ヨーロッパ諸国は兵器に四億ポンドを費やすであろう。万国の労働者諸君！　いまやわれわれの生き血を吸って暮らす忌わしい怪物の息の根を止める時ではないか！」このように訴えてヴィッカーズ社、アームストロング社、ジョン・ブラウン社、キャメル・レアード社、ノーベル社などイギリス兵器産業の中核企業を〈Armament Ring〉として批判したのであった。各紙は、イギリス政界と金融業界の有力者たちが、取締役として、あるいは株主として、兵器製造企業と深く関わっている事実を追求したが(3)、批判にさらされる側も黙ってはいなかった。たとえば、イギリス兵器産業の業界誌 *Arms and Explosives* などは、控えめながらクルップ批判、トラスト批判、贈賄容疑などへの反論を展開していた(4)。その種の政治的反論は、業界誌ではめずらしい記事であったが、そうした編集もやむをえないほどに兵器産業への関心は高まっていたのである。

以上のようにドイツからイギリスに飛び火した兵器産業批判は、さらに一九一四年三月、下院での予算審議の場でも労働党のP・スノウドンによって持ち出され、海軍軍備削減にむけての政府と海軍大臣チャーチルの無策を糾弾する際の格好の攻撃材料として用いられた。そこでの主な論点は、次の四点に要約できよう。第一の批判は、兵器企業による虚偽情報の流布についてである。のちほど改めて紹介するが、コヴェントリ造兵会社の取締役H・H・マリナーは、軍需の拡大を求めて、軍部と政府首脳へドイツ海軍増強計画に関する虚偽情報を流したが、この策謀こそが英独建艦競争とドレッドノート型戦艦の大規模建造計画と、それによるヴィッカーズ社とアームストロング社の利益倍増の重要契機となったのである。第二の批判は、政界との癒着に関するもので、一九一〇～一一年における軍艦建造の民間契約のすべてが以上の二社も含めたアーマメント・リングに与えられたが、それを構成する六大企業には国会議員が少なからず株主として個人的利害を有していた。これはすでに『レーバー・リーダー』などで指摘された点であった。第三には、いわゆる「天下り」、すなわちけっして少なくない政府役人が兵器企業へ移籍している事実が問題とされた。一例を示せば、一八九九年に外務省より大使館付海軍武官として日本に派遣された上級海軍士官チャールズ・オットレイは、日英同盟調印の直前にアメリカに移り、一九〇五年以降は海軍情報局、帝国防衛委員会などを経て、一九一二年には退官してアームストロング社の取締役に就任するという興味深い経歴の持ち主であった(5)。

そして第四に、アーマメント・リングの海外直接投資を取り上げ、外国海軍の増強がイギリス資本によって支援されている事実を問題とした。たとえば、アームストロング社によるイタリア・ポッオリ工場への投資やヴィッカーズ社によるイタリア・テルニ工場への投資などが引き合いに出された。日英同盟の存在に配慮してか、この両社の共同出資による日本製鋼所（一九〇七年操業開始）には何の言及もなかった。(6)

だが、それにしても、兵器産業批判の論者にとっては時代が悪すぎた。ロンドン商業会議所は、一九一三年三月に海軍大臣チャーチルのもとに陳情団を派遣して大型海軍予算支持を伝えていたが、さらに翌年二月には、イギリス海軍同盟と帝国海運同盟からの支援も受けてシティで大規模集会を開催し、イギリス海軍の海上覇権維持と帝国通商路の防衛を求めて、政府の軍備増強方針に対して重ねて支持を表明していた。(7)同年三月には全国商業会議所連合会の年次総会においても、海軍主導の軍拡予算に対する支持決議が採択されていた。(8)そして、同じ時期にはさらに、イギリス帝国全体で会員総数一〇万を誇った海軍増強運動（big-navy movement）の担い手イギリス海軍同盟が、その機関誌 *The Navy* において、ヴィッカーズ社のバロウ造船所を大きく紹介し、その卓越した兵器製造能力によって平和の維持に大きく貢献してきたことを指摘するとともに、同社が展開した兵器製造技術の民需部門へのスピン・オフ効果についてもさかんに強調していた。(9)

一九一四年四月に開催されたアームストロング社の株主総会では、経営陣が兵器産業批判を一蹴する一幕もあったが、(10)当時は平和・軍縮運動に対するイギリス労働戦線の足並みも乱れていたうえに、(11)英独建艦競争と海軍増強運動への国民的支持も頂点に達しようとしていたのであるから、アームストロング社の取締役が強気なのも無理からぬことではあった。この時代、兵器産業を批判しても、それはほとんどが不発に終る運命にあったのである。

ヴィッカーズ・金剛事件が『タイムズ』紙で紹介されたのは、まさにこのような状況下においてであった。

(2) 『タイムズ』の報じたヴィッカーズ・金剛事件

またしても火元はドイツ帝国議会で、事件を追及した議員も九か月前と同じリープクネヒトであった。ドイツ企業ジーメンス・シュッケルト社の東京支店から元社員のカール・リヒテルなる人物が極秘文書を盗み出し、その文書をネタに会社を脅迫した。リヒテルによる恐喝事件そのものは、ベルリンの地方裁判所で彼に懲役二年の判決が言い渡されたことで決着をみた。しかし、問題の文書には日本海軍高官の絡んだ贈収賄関係の事実が克明に記され、しかもその事実がロイター電によって日本国民にも知らされたのであるから、ただではすまなくなった。ロイター電の全文が『時事新報』に掲載されたのは、一九一四年一月二三日のことであった(12)。

贈収賄の構造、とりわけジーメンス事件から派生して日本の政界を揺るがしたヴィッカーズ・金剛事件の構造については、すでに本書第4章ならびに第5章でさまざまな角度から詳細に検討されているので、ここではもっぱらヴィッカーズ・金剛事件が当時のイギリス（特に『タイムズ』紙上）で、どのように報道されていたのかという点にしぼって見ておくことにする。

『タイムズ』紙に〈Japanese Naval Scandal〉という見出しでジーメンス事件が初めて報道されたのは一九一四年一月二九日のことであった。ロイター通信社のイギリス人記者プーレイとリヒテルとの共犯容疑が記事の内容であった(13)。プーレイはリヒテルがジーメンス・シュッケルト社東京支店から窃取した秘密文書を買い取り、それで同社を恐喝して五万円（五〇〇〇ポンド）を手にしており、懲役二年罰金二〇〇ポンドを言い渡された人物である。

それ以降、同年七月二〇日までのほぼ半年の間に、〈Japanese Naval Scandal〉という見出しの記事は合計二〇回掲載されることになる。当然のことながら、それらの主な内容はジーメンス事件の顛末と揺れ動く日本政界の動向に関するものであったが、二〇回のうち六回の記事ではヴィッカーズ・金剛事件に関する内容が紹介されていた。しかし、それらはあくまでも事件の傍流としての扱いにすぎなかった。以下、その六回の記事に限って内容を紹介しておこう。

まずは二月一九日、海軍少将藤井光五郎の取り調べの過程でイギリスの著名な造船会社の名前が浮上したが、実際には企業名を伏したまま事実関係だけが報道され、その後四月二七日付の続報記事で初めてヴィッカーズ社の名前も公表されるに至った。その記事では、ヴィッカーズ社の日本における総代理店三井物産の三重役（飯田義一、岩原謙三、山本条太郎）が、(1)予備海軍造船総監松尾鶴太郎を介して海軍少将松本和に四万ポンドの贈賄を行ったこと、(2)三井物産側のコミッション料を一一万五〇〇〇ポンドとした巡洋戦艦金剛の建造契約に関して、松尾と共謀して折衝経過を改ざんしようとしたこと、以上の二点により告訴された事実が報じられた。

事件へのヴィッカーズ社側の関与については、なんのコメントもない。『タイムズ』紙に〈Japanese Naval Scandal〉の記事が最後に載ったのは七月二〇日で、そこで紹介されていたのも三井の重役三名の判決内容だけであった。ヴィッカーズ・金剛事件はあくまでも〈the Mitsui Case〉として表記されていたのである。つまり、イギリス企業の関与事実は一切否定されていたのであり、「イギリス企業、無罪放免となる」（'British Firms Exonerated'）という副題の付された五月一四日掲載の〈Japanese Naval Scandal〉でも、室蘭の日英合弁企業日本製鋼所に論及して、共同出資企業アームストロング社とヴィッカーズ社と日本製鋼所に関しては、贈収賄の事実はないという調査結果を報じていた（この点の真相については第4章を参照）。イギリス側企業の事件関与を示唆する記事は一切ない。

さらに、六月五日掲載の〈Japanese Naval Scandal〉に至っては、贈収賄事件が日本市場特殊論にすり替えられようとしていた。「一等海軍国をめざす日本は、依然として軍艦建造を外国企業に依存せざるをえないが」、「イギリスではすでに過去のものとなっているコミッションの習慣が、日本社会ではいまなお広く定着しており」、「日本人企業家とビジネスを行う外国人は、この事実に十分留意しなくてはならない」という論評が加えられていたのである。贈賄の温床は日本側にあった。贈賄をイギリス兵器製造業者の海外活動における常套手段としてではなく、取引相手国の前近代的な社会慣習との関係で生起したビジネス活動として捉えようとしているのであるが、じつは、このような解釈はその後の歴史家・経営史家によっても意外に肯定的に評価されている。[14]

もっとも、当面問題にしたいのは、イギリス兵器製造企業と贈賄との一般的関係ではなく、ジーメンス事件から派生したヴィッカーズ・金剛事件が、当時のイギリスでどのように取り上げられていたのか、という点である。

一九一四年一月二九日以降に掲載された〈Japanese Naval Scandal〉は、前年の四月から批判されてきた〈the Death Trust〉や〈the War Trust Scandal〉と同じ次元の問題ではなかった。〈Japanese Naval Scandal〉の内容はイギリス兵器産業批判ではなかった。それはあくまでも〈the Mitsui Case〉に終始したのである。〈the Vickers-Mitsui case〉と表記されることはまれであった。[15] ロイター通信社のイギリス人記者プーレイも含めてジーメンス事件の容疑者に一通り判決が言渡されたのち、一九一四年七月二一日以降には、イギリス議会でもようやくヴィッカーズ社側の関与実態を追究する質問が出された。しかし、それも海軍大臣チャーチルや外相グレイによって一蹴されており、[16] その直後（七月二八日）には第一次大戦が勃発したのである。こうして、八月四日にイギリスの対ドイツ宣戦布告がなされる頃には、ヴィッカーズ・金剛事件そのものが人々の脳裏から急速に消え去っていったのではなかろうか。

にもかかわらず、一九三五年二月にバンクス委員会が設置されると、ほぼ二〇年ぶりにふたたびヴィッカーズ・金剛事件が問題とされることとなった。はたして、二〇年も前の事件がそこではどのように再評価されたのか。そもそもイギリス企業の関与はないという評価に終っていた〈Japanese Naval Scandal〉が、なぜふたたび持ち出されたのか。

以下での議論はもっぱらこの点に限定していくが、まずはそれに先立って、イギリスにバンクス委員会が設置された経緯と当時の内外情勢について簡単にふれておこう。

3　一九三〇年代の英米兵器産業調査委員会による取り組み

(1)　国際連盟の民間兵器産業批判――「深刻な反対」――

第一次大戦以降には、ヴェルサイユ条約によって敗戦国ドイツの軍備が徹底的に制限され、同時にヴェルサイユ条約の一部を構成した国際連盟規約（第八条、軍備縮小）に基づいて、いよいよ全般的な軍縮交渉がスタートした。国連創設の熱意に燃えた米大統領ウッドロー・ウイルソンは「国際連盟加盟国は、民間企業の兵器生産が深刻な反対を受けるべきことに同意する」という歴史的な一節を国際連盟規約に入れさせた。そして、軍縮案そのものの作成を担当した臨時合同委員会は、一九二一年、国連規約に書かれた「深刻な反対」（'grave objections'）を、次の六項目にまとめていた(17)。

① 兵器企業は、戦争不安を醸成し、自国が好戦的政策を採用して軍備を増強するよう説得するために活発に動いてきた。
② 兵器企業は、国内外の政府高官を買収しようとしてきた。
③ 兵器企業は、軍事費を増額させるために、各国の軍備計画について虚偽の情報をまき散らしてきた。
④ 兵器企業は、国内外の新聞を支配することによって、世論に影響を与えようとしてきた。

表6－1　英米兵器産業調査委員会の比較

	設置時期	最終報告	委員数	調査予算	聴聞回数	調査企業
U.S.A.	1934.9	1936. 6	7名	20.0万ドル	93回	50社（200人）
U.K.	1935.2	1936.10	7名	3.7万ドル	22回	8社（72人）

出典：Scroggs［1937］より作成。
注：アメリカの上記委員会に関しては、委員7名以外にも調査スタッフ70名が動員されていた。

⑤　兵器企業は、国際軍備網を作り上げ、諸国を互いに反目させることによって、軍拡競争を激化させてきた。
⑥　兵器企業は、国際軍備カルテルを組織し、各国政府に売る兵器の値段をつり上げてきた。

以上の六項目は、いずれも第一次大戦前夜にドイツ社会民主党のリープクネヒトやイギリス労働党のスノウドンが行った兵器産業批判（「死の商人」批判）のたんなる焼き直しに過ぎなかった。具体的な調査の裏づけなどは何もない。周知のとおり、国際連盟の軍縮意図はことごとく挫折したが、臨時合同委員会の報告書によって致命的打撃を被った者も、結局どこにもいなかったのである。だが、そうは言っても、以上の六項目におよぶ「深刻な反対」それ自体は、平和主義者の信念として一九二〇年代の軍縮論議のなかでたびたび持ち出された。のみならず、一九三〇年代には表6－1のような英米の調査委員会によって事実関係が追及され、兵器産業は国有化の危機にさらされることになったのである。

そこで、一九三五年二月にイギリスでバンクス委員会が設置されるまでの経緯を、英米の両調査委員会の関係に留意して、もう少し説明しておこう。

(2)　ナイ委員会とバンクス委員会の調査権限の差異

アメリカの海軍増強論者で連邦議会のロビイストでもあったウイリアム・シアラーは、新聞社の特派員を装って一九二七年のジュネーヴ海軍軍縮会議に参加し、会議を破綻に導くべく画策した。しかし、その後にシアラーと彼を雇ったアメリカ造船大手三社、ベスレヘム・コーポレーション、ニューポート・ニューズ、アメリカン・ブラウン・ボリベリとの間で契約金未払い問題が起きると、シアラー自身によって軍縮会議を破綻に追いやったロビー活動の全貌が暴露されてしまったのである[18]。この事件を契機として、アメリカ国民の関心もようやく軍備管理問題に向かい、一九三四年四月には上院に兵器産業調査委員会の設置が決定された。共和党議員ジェラルド・ナイの動議に基づいて設置され、かつ彼を委員長とした関係で、同調査委員会は既述のとおりナイ委員会と略称で紹介されることが多い。

ナイ委員会はアメリカ国民の関心を背に二〇か月にわたって活動し、その間の聴聞回数と調査対象企業は表6－1のような数におよんだ。後続のイギリスのバンクス委員会（証言記録は全体でも756pp.+index 45pp.にとどまる）よりもすべての点で大規模であり、その証言録ファイル全三九巻[19]に収録された調査結果はかつての国連臨時合同委員会の兵器産業批判の六項目をかなりの程度、事実によって裏づけるものでもあった。ナイ委員会によって、アメリカ兵器産業の不当利得行為、贈賄、そして怪しい国際的な不正活動などに関する多くのセンセーショナルな事実が明るみに出された。その資料的価値は今日でもきわめて大きい。だが、ナイ委員会自体は国内の孤立主義の高まりのなかでアメリカ兵器産業の徹底究明とその統制という本来の課題から「逸脱」しはじめ、武器輸出を規制する中立法（一九三五年八月）の制定には貢献したものの、結局、国際的な兵器販売組織の存在を示す重要資料までは発掘できずに終った。しかも、中立法そのものは、その後一九三六年に「現金自国船方式」（'Cash & Carry'）に改訂されて、海運力と外貨支払能力を持つ日本、ドイツ、イタリアへの武器輸出は事実上可能であった[20]。

なお、五〇社（二〇〇人）を対象とした九三回の聴聞会では日本との取引関係も明らかにされたが、それは唯一三井物産に関わるものだけにとどまった。直接に贈収賄の事実を示す資料などは報告されていない。たとえば一九一二年、エレクトリック・ボート社が三井物産を代理店として日本政府へ潜水艦を売却する際には、前者が後者に対して契約総額の一〇%のコミッション料を支払い、三井物産は日本政府からの受注獲得の成功報酬として、そのコミッション料の一部を同社が雇用する松尾鶴太郎に支払う、という構図が明らかにされた。[21] また、デュポン社の場合は、水素生成が武器の原材料生産とも密接に関連するにもかかわらず、国連で日中両国への武器禁輸が議論されていた一九三〇年代初頭に、水素生成工程の三井物産への権利売却交渉を進めていた。[22] こうした事実が指摘されたとはいえ、海外企業との関係では三井物産よりもヴィッカーズとの関係に批判が集中した。

一九三四年九月に行われた潜水艦メーカーのエレクトリック・ボート社の公聴会では、同社と提携関係にあったヴィッカーズ社取締役チャールズ・クレイヴンとの往復書簡が明らかにされ、緊張関係にあったチリとペルーの軍拡競争を煽る兵器製造業者の国際的策謀やジュネーヴ軍縮会議を「夢みたいな会議」と揶揄する平和運動に敵対的な体質が暴露されることとなった。[23] クレイヴンは、のちにこの点について「私とエレクトリック・ボート社の現社長コース氏とは一五年来の知り合いであり、副社長スピア氏とも二三年来の親交があり、われわれの間で交わされた書簡が通常のビジネス用語ではなく親密な口語調になっているのも、そうした事情によるものである[24]」と弁明しているが、それも事柄の本質を否定できるようなものでは到底なかった。

かくして、アメリカでの兵器産業批判（「死の商人」批判）はイギリスへと飛び火していく。イギリス労働党党首アトリーの動議に基づいて、一九三五年二月にバンクス委員会が設置され、同年五月よりイギリス兵器産業の調査が開始されることとなったのである。だが、政府が調査そのものを議会内の特別委員会（Select Committee）ではなく、議員以外の専門家メンバーで構成された王立調査委員会(Royal Commission）に委ね、その委員長に当時すでに八〇歳を越えていた元控訴院判事ジョン・バンクスを据えると発表すると、新聞各紙はきわめて冷淡かつ懐疑的なコメントを掲載して、失望をあらわにした。[25]

実際の調査はアメリカより半年遅れて始まり、ほぼ一年にわたって実施されたが、表6－1に示したように、予算、聴聞回数、調査対象企業のいずれの点でもナイ委員会をはるかに下回る規模であった。しかも、ナイ委員会が委員会

表6-2　バンクス委員会の証言者リスト

聴聞会実施日	証言者名	代表（出身）組織・機関名
第1日目　(1935. 5. 1)	K. D. コートニー、D. カーネギー他	国際連盟同盟
第2日目　(1935. 5.22)	E. H. T. ダインコート、W. A. フォスター	A=W 社、全国平和委員会他
第3日目　(1935. 5.23)	H. ポリット	イギリス共産党中央委員会
第4日目　(1935. 6.19)	C. アディソン、ランディナム卿	元軍需省、新連邦協会
第5日目　(1935. 6.20)	W. ニューボルト、F. ブロックウェイ	独立労働党
第6日目　(1935. 6.21)	C. アディソン、ランディナム卿	元軍需省、新連邦協会
第7日目　(1935. 7.17)	W. ジョウィット	民主統制同盟（UDC）
第8日目　(1935. 7.18)	R. M. ウッド、マーレイ卿	民主統制同盟（UDC）
第9日目　(1935.10.10)	スタンレイ・フォン・ドノップ他	イギリス砲兵隊大佐
第10日目　(1935.10.30)	P. J. ノエル・ベーカー	元国際連盟総会イギリス代表
第11日目　(1935.10.31)	R. ベーコン	退役海軍士官
第12日目　(1935.11.27)	W. B. ブラウン他6名	商務院、外務省、陸海空三省
第13日目　(1936. 1. 8)	H. A. ローレンス他5名	ヴィッカーズ社
第14日目　(1936. 1. 9)	C. W. クレイヴン4名	ヴィッカーズ社
第15日目　(1936. 2. 5)	H. D. マクガバン他6名	ICI
第16日目　(1936. 2. 6)	H. D. マクガバン他13名	ICI、ジョン・ブラウン、BSA 他
第17日目　(1936. 2. 7)	R. マクレーン他6名	英国航空機製造業者協会
第18日目　(1936. 5. 6)	D. ロイド＝ジョージ	元蔵相、初代軍需省大臣
第19日目　(1936. 5. 7)	T. マカラ、R. C. スティーヴンソン	新聞経営者協会、外務省
第20日目　(1936. 5. 8)	M. P. A. ハンキー	帝国防衛委員会
第21日目　(1936. 5.20)	R. G. H. ヘンダーソン	陸海空三省
第22日目　(1936. 5.21)	M. P. A. ハンキー他	帝国防衛委員会

注：第2日目のダインコートの出身企業 A=W 社とは、アームストロング＝ホイットワース社である。また15、16日の ICI とはインペリアル・ケミカル・インダストリー社、16日目の BSA はバーミンガム小火器会社を指す。

メンバー七名以外に七〇人の調査スタッフを動員していたのに対して、バンクス委員会は議員でもないアマチュアメンバー七名だけであり、彼らには独自の調査権限など一切与えられていなかった。バンクス委員会は証人喚問や資料提出の請求権を持っていなかった。たしかに、聴聞会に参加した証言者約七〇名（表6-2参照）の内のかなりが兵器産業の批判陣営に属してはいたが、ともあれ委員会メンバー七名が手にした資料は、任意・自薦の証言者から事前に提出された「都合のいい」資料（および個人と各種民間団体から寄せられた覚書）だけに限られていた[26]。調査の対象と権限は大きく制限されていた。この点がナイ委員会との決定的違いである。さらに、イギリス共産党中央委員会を代表して聴聞会に臨んだハリー・ポリットは、以上の点を批判するとともに「ナイ委員会がすでに調査したイギリス企業に関する資料も、バンクス委員会には提供しない」という政府の姿勢に対しても批判を加えていたが、(27)この点、政府も手抜かりない。民間兵器産業の擁護と再建を推進する政府側の中心人物は、帝国防衛委員会の事務局長モーリス・ハンキーであったが、あらゆる議論に対応しなければならなかった彼も、ナイ委員会の膨大な調査結果は無視することが許されていた。(28)

もともとイギリス政府にとって、調査委員会設置のねらいはイギリス兵器産業への世論の批判を鎮めること、ただこの一点にあったのである。そうである以上、バンクス委員会が入手した証言者の提出資料からセンセーショナルな事実が発見されることなどあってはならない。(29) このような政治的思惑を前提とすれば、以上のように英米両委員会の権限に決定的な差異がみられたのも至極当然のことであった。しかし、両委員会にはもう一つ大きな違いがあった。すなわちそれは、バンクス委員会の調査がイギリス政府とナチス＝ドイツの再軍備宣言の直後という最悪の国際情勢のもとでスタートした点である（後掲表6－3参照）。

(3) バンクス委員会が指摘した二つの問題事例

バンクス委員会の聴聞会は、表6－2のような日程で進んだ。調査の課題は次の三点である。

① 武器・軍需品の民間製造と取引を禁止し、その国家独占を実施することの現実性と妥当性を検討すること。
② 国際連盟規約第八条に記された民間兵器製造に対する反対事由（「深刻な反対」六項目）を除去ないし最小化するための措置を検討すること。
③ 武器・軍需品の輸出貿易の統制に関して、イギリスでの現行措置を調査すること。

これに対して一九三六年九月にまとめられた調査報告では以下のような結論が示されていた。①に対しては、現状では決して望ましい選択ではない。②に関しては、国際協定による武器制限を要請する。③に関しては、イギリスの武器輸出ライセンス制度は現行制度と異なる監視体制のもとで、いっそう厳重に管理されるべきである[30]。これが結論であった。

つまり、イギリス兵器産業の国有化は、既存の帝国防衛体制を混乱に陥らせるものであるとして否定された。すでにみたバンクス委員会の設立経緯とその権限からして、こうした結論はほぼ予想どおりのものであったが、それでは、調査権限を与えられていないこの委員会は、どのような範囲で「深刻な反対」六項目に該当するような具体的事例を指摘しえたのであろうか。実は、指摘された具体的事例はわずかに二件だけであった。しかも、そのいずれもが第一次大戦前の事例であった。そのうちの一つは、兵器企業が虚偽情報を用いて軍備計画の撹乱と軍事費の膨張を工作した、いわゆるマリナー事件（the Mulliner Incident：「深刻な反対」六項目の③に該当）であり、いま一つが国内外の政府高官の買収工作（「深刻な反対」六項目の②に該当）に属したヴィッカーズ・金剛事件（the Japanese Naval Scandal of 1914）であった[31]。

リヴァプールに近いバーケンヘッドのキャメル・レアード社とシェフィールドのジョン・ブラウン社、それとグラスゴーのクライド河畔に位置するフェアフィールド社、以上の三社は、共同出資によって一九〇五年にコヴェントリ造兵会社を創設したが、そのねらいは大砲・砲架製造への新規参入をはたして総合的軍需独占企業としての体制を整え、アームストロング社やヴィッカーズ社に対抗することにあった。だが、一九〇六年以降の自由党による緊縮財政策のもとで建艦計画は大幅に縮小され、コヴェントリの共同事業も破綻の危機に追い込まれた。そこで、コヴェントリ造兵会社の取締役H・H・マリナーは、首相アスキスや海軍大臣マッキナに接近してドイツ海軍拡張計画に関する虚偽情報を流し、『タイムズ』紙へも投稿して軍拡世論を煽り、海軍費拡大による受注獲得を目論んだのであった[32]。

このマリナーの画策（一九〇七～〇九年、虚偽情報であることは一九一二年に判明）は、第一次大戦にむけて英独建艦競争がエスカレートしていく大きな契機となったと言われている。

マリナー事件は近代イギリス兵器産業史の一大汚点と言っても過言ではなかろう。だからこそ、四半世紀以上前のこの事件がバンクス委員会の聴聞会では、たびたび引き合いに出されたのである。[33]「『兵器産業』の仕業に関して、かりにその他の現存する記録がないにしても、兵器と戦争から私的利益を得る体制全体を批判する資料を、マリナー氏の事例だけで十分に提供していると思う」。軍縮・平和運動の指導者でイギリスの国連代表でもあったノエル＝ベーカーはこのように断言しているが、この件に関しては海軍省当局も帝国防衛委員会の事務局長ハンキーも、民間兵器産業を擁護する立場からどのような答弁を用意するかで大いに腐心していた。[34]

一方、ヴィッカーズ・金剛事件に関しては、政府が直接に対応を検討することはなかった。これはあくまでもヴィッカーズ社が対応すべき問題であったが、何分にも二〇年以上前の事件である。聴聞会（一九三六年一月八～九日）に証言者として臨んだヴィッカーズ社取締役のクレイヴンにしても、入社以前の事件であって、当時の『タイムズ』紙から事情を知りえたにとどまっていた。「事件の手掛りとなる資料は会社の記録にはなにもない」と言うだけで、具体的コメントは一切していない。[35]

当時のヴィッカーズ社のバロウ造船所長ジェームス・マッケクニはすでに死亡しており、会社の議事録には海軍機関大佐藤井光五郎との契約に関する記載も見当たらない。当時からの取締役も協定や藤井に払われた金額については何も知らなかった。ヴィッカーズ社がかろうじて実行しえた対応は、大英博物館から二人の日本海軍高官松本和と藤井の裁判記録を含んだ『ジャパン・クロニクル』の抜粋を入手して、それら関連情報を調査委員会に提出することだけであった。少なくとも、バンクス委員会の報告書（一九三六年一〇月）ではこのように説明されていた。[36]だが、この説明はのちに指摘するように、事実を正確に伝えたものとは言い難い。しかも、『ジャパン・クロニクル』（一九一四年七月九日付）では、ロイター通信社のイギリス人記者プーレイの弁護人（de Becker）の東京地裁での陳述が紹介されていたが、そこでは「一九一一～一二年の間に、ヴィッカーズ社から海軍大佐藤井へ総額二一万円が送金されており」、「ヴィッカーズ社によるそのような支払いはまったく非合法なものであって、イギリス国内法である一九〇六年の贈賄禁止法（Corrupt Practices Act）に抵触する」という事実が指摘されていたのである(37)。

ところで、なぜバンクス委員会は、イギリス兵器産業の関わった問題事例として、マリナー事件とヴィッカーズ・金剛事件の二件しか指摘できなかったのか。両者はともに第一次大戦以前の事件である。その理由はすでに明らかである。そもそもイギリス政府にとってバンクス委員会設置の目的は兵器産業に対する世論の批判を鎮めることにあった。それ以外にはない。兵器産業の国有化など論外である。調査権限を大幅に制限され、しかもナイ委員会の調査資料からも隔離されているバンクス委員会にしてみれば、イギリス兵器企業が関与した問題事例は、第一次大戦前に『タイムズ』紙上やイギリス議会で議論され、一時期衆目の関心を集めたマリナー事件とヴィッカーズ・金剛事件くらいしか公表しえなかったのであろう。再軍備期のイギリス兵器産業の実態を独自に調査することは、バンクス委員会にはもともと認められていなかったのである。

(4) 再び封印されたヴィッカーズ・金剛事件

ヴィッカーズ社の経営陣がバンクス委員会の聴聞会に出席した翌月、同社会長のローレンスは調査委員会の書記E・トウエンティーマンに書簡を送り、ヴィッカーズ・金剛事件に関するクレイヴンの証言（一月九日）の補足説明を行なっている。その概要は次のとおりである。

バンクス委員会に提出する資料作成の作業は、もっぱらヴィッカーズ・グループの現在の経営状況を対象として行ってきた。事実、ヴィッカーズ社側が公開した経営資料は膨大なものであり、その作成作業に多くの時間と労力が費やされたことは明白であったが[38]、歴史的に遡求した調査は行ってこなかった。ヴィッカーズ・金剛事件に関しても、当時の会社議事録ならびに『タイムズ』紙での事実確認以外、詳細な調査は行っていない。

しかし、ローレンスによれば生存している当時の同社取締役ダグラス・ヴィッカーズとウイリアム・クラークに面談した結果、新たに次の二点が判明した。(1)ヴィッカーズ社の記録のなかに海軍大佐藤井光五郎の名前は特定できなかったものの、金剛の建造契約に際して一定額の賄賂が支払われていた事実は会社の帳簿上も確認できた。また(2)バロウ造船所長で取締役のマッケクニが賄賂の支払いに直接関与していたことも明らかとなった[39]。以上のように、ローレンスの追加報告には新たな調査結果が記されていたが、その事実もバンクス委員会の最終報告では抽象的な形で採用されるにとどまった。すでに第4章で明らかにしたように、ヴィッカーズ社はバンクス委員会に対処すべく社内調査を実施しており、その調査資料から判断して、賄賂の支払にはヴィッカーズ社が組織的に関与していた[40]。つまり、マッケクニの個人的責任においてなされたのではなかったのであるが、その種の調査結果がヴィッカーズ社側から開示されることはなかった。

なお、藤井光五郎の審理は一九一四年五~九月まで続き、九月一七日に結審したのであったが、この時点ではすでに第一次大戦が勃発（一九一四年七月二八日）しており、ヴィッカーズ社の取締役会が事件に対してどのような対応を考えていようと、軍需品生産の拡大要請のために事件に関して十分に調査する余地など残されていなかった。ローレンスはこのような補足説明も行っている。兵器産業批判がほとんど不発に終ったように、ヴィッカーズ・金剛事件に関しても事件の本質を追究することなど到底不可能な時代状況にあったと言うのであるが、実はバンクス委員会の活動時期（一九三五~三六年）も同じ状況に、すなわち大戦に備えて再軍備を焦眉の課題とする局面にあったのである。

ヴィッカーズ社と政府・帝国防衛委員会は、バンクス委員会と兵器産業批判・国有化論にいかに対応するかを検討する一方で、再軍備に向けての民間兵器産業の建て直しを図るべく、早くから議論を重ねてきていた。一九三〇年代のイギリス兵器産業批判への国民的関心は、再軍備計画が実行に移されるなかで消滅していく運命にあったのであり、バンクス委員会は事実上、その「幕引き役」を演じたに過ぎなかった、と言っても過言ではなかろう。第一次大戦前夜には兵器産業批判（「死の商人」批判）の典型事例に該当したヴィッカーズ・金剛事件も、一九三〇年代の再軍備期にあっては、そうした批判をかわすための材料として持ち出された感を否めない。

4　時代の限界——再軍備期における兵器産業批判——

(1)　イギリス再軍備計画の展開

一九三五年三月四日にイギリス政府は防衛白書において再軍備（rearmament）の開始を宣言した。しかし、これはあくまでも公式宣言であって、再軍備に向けての実際の準備はもちろんそれ以前から始まっていた。この点を関係年表に即して確認し、最後に再軍備のどの局面でバンクス委員会によるイギリス兵器産業の調査が行われたのか、その全体状況を見ておこう（表6－3の年表中の四角で囲った箇所に注目）。

ここではまず、イギリス再軍備の基点を一九三二年に求めたい。同年二月に、マクドナルド挙国一致内閣が、これまで軍事予算を規制してきた「一〇年間原則」（'ten-year rule'）、すなわち次の一〇年間は戦争がないものと想定した戦略原則の破棄を決定し、翌三三年には軍備の総点検を開始した。こうしてイギリスの再軍備計画は、ジュネーヴ軍縮会議の開催中の一九三四年七月に、ドイツを仮想敵国としつつ、極東におけるイギリス権益の防衛をも重視する「国防五か年計画」として承認されるに至ったのである。[41]一九三三年一〇月にジュネーヴ軍縮会議を脱退したドイツ

表6－3　1930年代イギリス再軍備期の関係年表

1930年3月	海外産業情報調査委員会の設置
1931年5月	武器輸出禁止令（ライセンス制度）の改訂
9月	満州事変勃発
1932年1月	上海事変勃発
2月	マクドナルド挙国一致内閣が「10年間原則」を破棄
2月	ジュネーヴ軍縮会議の開催（～1934.5.）
9月7、20日	V=A 社が輸出信用保証制度の改訂を要求
1933年2月27日	イギリスが日中両国への武器禁輸を宣言
3月2日	V=A 社がハンキー（CID）に武器禁輸撤回を要求（3月13日に撤回）
3月6日	ハンキーが首相マクドナルドにイギリス兵器産業の調査を進言
3月13日	海外兵器産業に関する調査報告
3月31日	帝国防衛における民間兵器産業の地位に関する調査報告
4月	民間兵器産業調査委員会が閣内に組織（1933. 12. 8. 報告書提出）
6月	武器輸出ライセンス制検討委員会が報告書提出
10月	ドイツがジュネーヴ軍縮会議を脱退
11月	国防要件検討委員会（DRC）の設置
12月	産業家諮問委員会（ウィアー委員会）の設置
12月20日	ライセンス制検討委員会提案（特定企業の選定）を閣議決定
1934年4月4日	ヒトラーがドイツ再軍備を極秘指令
4～5月	ヴィッカーズ社がアメリカ航空機産業に調査団を派遣
5月	ジュネーヴ軍縮会議（1932. 2.～）の破綻
7月	イギリス国防5か年計画の閣議決定
9月	アメリカで兵器産業調査委員会（ナイ委員会）を設置
1935年1月	ドイツが武器輸出規制法を撤廃（武器輸出の開始）
2月	民間兵器製造および取引に関する王立調査委員会（RC）設置を発表
3月4日	イギリス政府が再軍備宣言
3月16日	ナチス＝ドイツが再軍備宣言
5月	バンクス委員会（RC）の調査開始
7月	ヴィッカーズ・グループが全面戦争時の生産拡張能力を検討開始
1936年10月	バンクス委員会（RC）が報告書提出
1937年1月	V=A 社が日本政府と航空用固定機銃（Vickers Class E）200挺の製造契約
1938年5月	イギリス政府がアメリカ航空機産業へ視察団派遣
1939年2月	軍事物資全般の輸出に関する優先リスト（武器輸出先ガイドライン）作成
8月	軍需省の創設、ヴィッカーズ社の武器輸出に対する国家統制

注：V=A社とはヴィッカーズ＝アームストロング社をさす。

は、ヴェルサイユ条約に違反して非合法な再軍備を開始しており、ナチス＝ドイツの再軍備宣言に先行するこうした動きも、日本の中国侵略とともに、イギリス政府にとってはきわめて深刻な事態であったのである。[42]

再軍備計画の検討は、このような情勢下で、帝国防衛委員会のもとに設置された各種委員会によって進められた。イギリス兵器産業の再建に限って見れば、帝国防衛委員会事務局長ハンキーから首相マクドナルドへの調査提案（一九三三年三月六日）を契機としており、その直後には海外兵器産業に関する調査報告（一九三三年三月一三日）や帝国防衛における民間兵器産業の地位に関する報告（一九三三年三月三一日）などが作成され、軍縮期に大幅に縮小してしまった兵器産業の再建を焦眉の課題として、イギリス固有の武器輸出問題が検討された。この点については第3章で論じたとおりである。軍縮期における国内民間兵器製造基盤の維持・拡大には、海外市場の拡大が不可欠であった。このような認識に基づいて、再軍備の初期段階では、武器輸出問題とりわけ輸出信用保証制度と武器輸出ライセンス制が集中的に検討されたのである。

さらにその後、主要資材調達関係士官委員会（一九二四年創設）の諮問委員会として、一九三三年一一～一二月に国防要件検討委員会[43]と産業家諮問委員会（通称、ウィアー委員会）が設置されたことで、いよいよ再軍備全般の検討が開始されていく。国防要件検討委員会は、再軍備計画の基本方針の検討を担当した重要委員会であり、かねてより帝国防衛における民間兵器産業の重要性を強調してきたハンキーが議長に就き、国防の必要規模と優先項目が検討された。帝国防衛委員会の下部組織に属する主要資材調達関係士官委員会は、陸海空三軍の戦時物資供給体制を整備して、第一次大戦時に生じた混乱を回避し、あわせて戦時におけるイギリス産業動員の最適方法を検討することを課題として設置され、その下には兵器、一般機械、艦艇、科学機器、航空機などの生産を管理する七つの委員会が組織されていた。

イギリス産業動員の最適方法に関する検討は、諮問委員会としてのウィアー委員会に委ねられた。第一次大戦末期に軍需省の航空機生産総局長を務めたグラスゴーの機械製造業者W・D・ウィアー、シェフィールドの製鉄業者A・バルフォア、グラスゴーの造船業者J・リスゴウ、以上三名の兵器製造に関する実践的知識を備えた代表的産業経営者によってウィアー委員会は構成されていた(44)。その構成メンバーは意外に少数であった。

軍縮と産業不況のもとで、一九三〇年代前半における軍事物資の供給体制は惨澹たる状態にあった。一九三三年一二月に政府との初会談に臨んだウィアー自身、イギリス産業が多くの点で一九一四年頃よりも衰退している事実を認めざるをえなかった。しかも、大型兵器製造までをも担当しうる大企業が、いまやイギリスではヴィッカーズ＝アームストロング社一社のみとなっていたが、同社も生産能力を削減し、いくつもの工場を閉鎖してしまっていた。

このような状況のもとで、ウィアー委員会は、次の三点にわたって提言を行っている。すなわち⑴戦時物資需要を賄うために拡張可能な「影の工場」(shadow factory)の創設、⑵戦時に軍事生産に転換しうる最適企業を選定するための有力機械製造企業四〇〇社の調査、そして⑶生産の拡張ないしは軍需への転換に必要な教育的発注(educational orders)の実施、以上の三点であり(45)、なかでも「影の工場」の創設は、一九三六～三八年の間、航空省による拡張政策の中心に据えられていく(46)。

以上、武器輸出制度の改訂による民間兵器産業の輸出促進とウィアー委員会による産業動員の最適方法の提言、イギリス政府の公式宣言に先立って、これら二つの側面から実際の再軍備が追求されたのである。バンクス委員会の設置は、以上の二側面の取り組みをふまえた国防五か年計画が閣議決定された六か月後、そしてイギリス政府とナチス＝ドイツによる再軍備宣言のほぼ一か月前のことであった。帝国防衛の民間兵器産業依存を既定方針とするイギリス政府にとって、バンクス委員会に十分な調査権限を付与しうる時代状況には到底なかったのである。

(2)　バンクス委員会への政府の対応

それにしても、政府側の対応はきわめて慎重であった。バンクス委員会の設置が発表された二か月後の一九三五年四月には、帝国防衛委員会内に省庁間の対策連絡会議が設けられることとなった。参加省庁は、外務省、海軍省、陸軍省、商務院、航空省、それに大蔵省から構成され、議長にはハンキーが就いた。そこでの検討事項は、バンクス委員会に提示する政府側公式資料のあり方に関してであって(47)、そのために準備された内部資料には「イギリスの武器輸出管理体制」、「海外における政府と兵器産業の関係」、「陸海空三部門と兵器産業との協定」など、多くの貴重な情報が集められていたが(48)、国防上の機密保持に細心の注意が払われていたことは言うまでもない。ハンキー自身、第一次大戦前の水準以下にまで衰退してしまったイギリス兵器産業の深刻な現状が海外諸列強に漏れるのを最も恐れ、バンクス委員会にはそうした真相をあくまでも隠蔽するよう関係省庁に徹底しなければならなかったのである(49)。アメリカでも国防上の機密保持の問題は当初から指摘されていた。特に陸軍参謀総長ダグラス・マッカーサーはナイ委員会に対してその点への注意を強く要請していたが、結局のところ国務省を除くすべての政府部門の資料と民間企業の記録が、公開禁止の対象にはならなかった(50)。

ヒトラーのラインラント進駐の影響もあって、ハンキーが聴聞会に登場するのは大きく遅れて、一九三六年五月八日のこととなった(表6－2参照)。その前日にはイタリアがエチオピア併合を宣言している。ハンキーがバンクス委員会に提出した資料は、もちろん「民間兵器製造・取引の廃止とその国家独占への移行の問題」に限ったものであり、イギリス兵器産業の惨状は一切伏せられていた。民間兵器産業は独自の兵器開発能力を備え、国内軍需の変動にも柔軟に対応することが可能であり、帝国防衛はそれに大きく依存してきた(第3章の表3－1参照)。民間兵器製造の禁止は帝国防衛にとって致命的なものとなる。再軍備計画に着手している現局面では論外である。しかも、民間兵器製造禁止の主張は、いまだその論拠が不明確である。ハンキーが主張したのは概ね以上の三点であった。[51]

贈賄問題に関して言えば、イギリス兵器製造企業が国内で贈賄を行った事実を示す資料はない。海外では、第一次大戦以前の四年間に、イギリス企業が日本で贈賄を行った事実があったが、それはあくまでも〈the Mitsui Case〉（＝the agents' bribe）であり、この種の贈賄問題を防止する方法は、当該国の裁判所の処置にゆだねる以外にはなく、民間兵器製造の禁止といった過激な行動に走るべきではない。ヴィッカーズ・金剛事件に関して、ハンキーはこのように釘を刺した。

一方、ヴィッカーズ＝アームストロング社の方は、すでに第3章で紹介したように、政府の再軍備宣言以前より、日中両国への武器禁輸措置の撤廃、輸出信用保証制度の改訂、さらには武器輸出ライセンス制の改訂などをハンキーに対して要求しており（表6－3の関係年表も参照）、海外市場の開拓による兵器生産体制の建て直しを追求していた。この点、同社とハンキーの考えは完全に一致している。

ヴィッカーズ＝アームストロング社と政府の関係は、再軍備計画の進展とともに、さらに緊密化していく。イギリス政府のアメリカ視察団派遣に先立つこと四年、一九三四年四～五月にはヴィッカーズ（エヴィエーション）およびスーパーマリン・エヴィエーションの両社が独自に調査団をアメリカに派遣して、アメリカ航空機産業の生産水準の高さを確認しており、[52]一九三五年以降は、これら航空機製造部門も含めてヴィッカーズ＝アームストロング社の各工場が生産拡張に着手していた（第3章の表3－6参照）。[53]それがイギリス政府の国防計画に対応したものであったことは言うまでもない。

一九三六年九月一五日に開催されたヴィッカーズ社の取締役会での報告によれば、イギリス鉄鋼社一一九万五〇〇〇ポンド、ヴィッカーズ＝アームストロング社が一一万四七二二ポンド、ヴィッカーズ（エヴィエーション）社が一五万二九七八ポンド、そしてスーパーマリーン・エヴィエーション社が八万八九四六ポンド、以上総計二五五万一六四六ポンドの資本支出が、政府の国防計画との関係ですでに実行に移されていた。そして、同年一〇月一九日に開催された海軍省とヴィッカーズ＝アームストロング社取締役F・C・ヤップとの会談では、大蔵省が上記資本支出の一部負担の原則 (the principle of a contributory basis) を承認した事実が確認されていた[54]。

このように、政府とヴィッカーズ社は再軍備計画の具体化に向けて協議を進めていたが、ヴィッカーズ社はそれとほぼ同時並行的に、帝国防衛委員会が対策連絡会議を設置してバンクス委員会に対応したのと同じように、否、それ以上の時間と労力を費やしてバンクス委員会への提出資料を準備していたのであった。それは一九三〇年代前半におけるヴィッカーズ社の経営実態のほぼ全容を明らかにする内容のものであったが[55]、もちろん第一次大戦前夜と比較して戦間期におけるイギリス兵器産業全般の衰退を示すような資料は一切開示されなかった。

第一次大戦以前に遡って議論しえたのは、ぜいぜいヴィッカーズ・金剛事件くらいであったが、その場合もヴィッカーズ側代表クレイヴンは「会社の記録に一切残っていない、現在では関知しえない過去の出来事」として一蹴している。既述のとおり、その後に金剛建造契約に際しての賄賂の事実が会社の帳簿上も確認され、マッケクニのそれへの関与も明らかになったが、バンクス委員会の調査はあくまでもハンキー率いる政府側の思惑どおりに進んだ。

再軍備宣言の直後に、ヴィッカーズ＝アームストロング社は政府と設備拡張の方法をめぐって折衝を重ねていたが、その一方ではナチス＝ドイツの再軍備が急速に進展しつつあった。このような切迫した状況下において、民間兵器製造とその取引を禁止して、それを国家独占に移行させる議論は、もはや一般国民の関心を繋ぎ止めることのできるものではなくなっていた。第一次大戦前夜の「死の商人」批判と同様、一九三〇年代の兵器産業批判の場合も、いかにも時代が悪すぎた。その意味で、バンクス委員会の報告は、イギリス兵器産業批判に対する最終報告であったと考えるべきではなかろう。いわゆる「死の商人」論争（'merchant of death' controversy）の結論は、第二次大戦前夜の再軍備という時代状況のもとで、またしても先送りにされたのである[56]。

注

(1) Wiltz [1963] p. 159.

(2) *The Times*, 19 & 21 April, 1913; *The Morning Leader*, 19 & 21 April, 1913.

(3) *The Labour Leader*, 24 April, 22 May, 12 June, 1913.

(4) *Arms and Explosives: A Technical and Trade Journal*, Sept., 1913; Oct., 1913; Feb., 1914; June 1914.

(5) *Dictionary of National Biography, 1931-40*, pp. 663-664.

(6) Hansard, 5th Ser., 18 March,1914, Vol. LIX, cols. 2129-2146.

(7) London Chamber of Commerce, Guildhall Library, Ms. 16, 700, Naval & Military Defence Standing Committee, Minutes of Meeting, 22nd January 1914; *The Times*, 10th February, 1914.

(8) *The Navy*, April, 1914, p. 104.

(9) Ibid., March, 1914, p. 68.

(10) *Newcastle Daily Journal*, 20 April, 1914.

(11) Newton [1985] p. 345.

(12) 盛［一九七六］一〇〜一七頁参照。

(13) 同書、四〇〜四一頁、*The Times*, 15 July, 1914.

(14) Trebilcock [1970] pp. 15-16.

(15) バンクス委員会で証言した平和主義者アーノルド・フォースター（表6－2参照）は、〈the Vickers-Mitsui case〉という表現を用いた。Minutes of Evidence taken before the Royal Commission on the Private Manufacture of and Trading in Arms, Second Day, 22nd May, 1935, Appendix, p. 60.

(16) Parliamentary Debates, 5th Ser., Vol. LXV, 22 July, 1914, cols. 434-435, 626-627; 28 July, 1914, cols. 1090-1091; 30 July, 1914, cols. 1579-1581.

(17) Sampson [1991] pp. 65-66、サンプソン［一九九三］八二〜八三頁、横井［一九九七］一九五〜二〇三頁。

(18) Wiltz [1963] pp. 9-11.

(19) Munitions Industry, Hearings before the Special Committee investigating the Munitions Industry United States Senate, Seventy-Third Congress pursuant to S. Res. 206, Pts. 1-39.

(20) 河村［一九九八］四五、四八、五二頁。

(21) Munitions Industry, Part 1, September 4, 5 and 6, 1934, Electric Boat Co., pp. 252-253. ただし、エレクトリック・ボート社副社長スピアは、公聴会で提示された書簡の日付が一九一二年ではなく、一九〇二年であると主張。

(22) Munitions Industry, Part 5, September 12, 13, 14, 1934, E. I. Du Pont De Nemours & Co., pp. 1160-1163.

(23) Wiltz［1963］p. 85.

(24) Opening Statement by Sir Charles Craven, c. 1935［VA 624］.

(25) *The Manchester Guardian*, 18th February, 1935; *News Chronicle*, 18th February, 1935.

(26) Scroggs［1937］pp. 327-328, Anderson［1994］pp. 12-14, Royal Commission on the Private Manufacture of and Trading in Arms（1935-36）Report, October, 1936, p. 74.

(27) Minutes of Evidence taken before the Royal Commission on the Private Manufacture of and Trading in Arms, Third Day, 23rd May, 1935, pp. 73-74.

(28) Ibid., Twenty Second Day, 21st May, 1936, p. 727.

(29) Scroggs［1937］p. 328, Anderson［1994］p. 12.

(30) Royal Commission on the Private Manufacture of and Trading in Arms（1935-36）Report, October, 1936, p. 53.

(31) Ibid., pp. 98-101.

(32) *Times*, 17 December, 1909; 3 January, 1910; Noel-Baker［1936］chap. 3, 横井［一九九七］二二六～二三二、二二七～二二八頁。

(33) Minutes of Evidence taken before the Royal Commission on the Private Manufacture of and Trading in Arms, Fifth Day, 20th June, 1935, p. 138.

(34) M. Hankey to O. A. R Murray（Secretary to the Admiralty）24th June, 1935［PRO ADM 116/3340］, Letter from O. A. R Murray to M. Hankey, 26th June, 1935［PRO ADM 116/3340］.

(35) Minutes of Evidence taken before the Royal Commission on the Private Manufacture of and Trading in Arms, Fourteenth

Day, 9th January, 1936, pp. 382, 394.

(36) Royal Commission on the Private Manufacture of and Trading in Arms (1935–36) Report, October, 1936, p. 100.

(37) *The Japan Chronicle*, July 9th, 1914, p. 93.

(38) Scott [1962] p. 247.

(39) H. A. Lawrence to the Secretary,the Royal Commission on the Private Manufacture of and Trading in Arms, 19th February, 1936 [VA 59].

(40) 本書第4章第2節「ヴィッカーズ社の関与実態と藤井光五郎宛金銭提供プロセス」を参照。

(41) Ruggiero [1999] pp. 22–23.

(42) Shay [1977] pp. 11, 19–21, 28.

(43) Shay [1977] pp. 30–31. 同委員会は一九三五年七月に「防衛政策及び国防要件検討委員会」(Sub-Committee on Defence Policy and Requirements) に拡大改組され、一九三六年に国防調整相 (Minister for Co-ordination of Defence) が創設されてからは、同大臣がその議長を務めた。

(44) Peden [1984] p. 132.

(45) CID, PSOC Acceleration of Progress, May 31, 1934 [PRO SUPP 3/5] pp. 1–3; Reader [1971] p. 125.

(46) Hornby [1958] pp. 195–203.

(47) Minutes of Meetings of Inter-Departmental Committees on the procedure in regard to Official Evidence and consideration of the Report of the Royal Commission [PRO CAB 16/124].

(48) Control of the export of war material from the United Kingdom [PRO T 181/1], Relations between governments and armaments firms abroad (1936) [PRO T 181/106], Agreements between Service Departments and armaments firms (1936) [PRO T 181/109/17].

(49) Secret. Confidential Supplement on the Position of Private Manufacture Companies compares with pre-war Times. Forward, May, 1935 [PRO ADM 116/3342].

(50) Coulter [1997] pp. 36, 63.

(51) Minutes of Evidence taken before the Royal Commission on the Private Manufacture of and Trading in Arms, Twentieth Day, 8th May, 1936, pp. 586, 589.
(52) Memorandum on Vickers Supermarine technical mission to USA, 1934 [VA 322].
(53) Minutes of Meeting of Directors of Vickers Limited, 21st May, 1936 [VA 1371].
(54) Notes on Rearmament [VA 722] p. 7.
(55) Minutes of Evidence taken before the Royal Commission on the Private Manufacture of and Trading in Arms, Fourteenth Day, 9th January, 1936, pp. 400-436.
(56) Anderson [1994] p. 5.

終　章　「死の商人」の日英関係史を探る

1　兵器産業批判（＝「死の商人」批判）再考

一般に兵器産業の歴史に関しては、第一次大戦前夜のドイツ、イギリスに端を発する「死の商人」批判や第二次大戦後にアメリカで議論されはじめた軍産複合体の負のイメージが先行して、具体的な実証研究がそれに追いついていないというのが現状ではなかろうか。イギリス兵器産業史の研究についても同様である。アームストロング社やヴィッカーズ社の対日武器輸出が戦前の日英関係を大きく規定したことは周知の事実であるが、これまでの日英関係史に関する膨大な研究蓄積のなかでも、この点に焦点を当てた実証研究の成果は内外を問わずきわめて乏しい(1)。

その第一の理由は、かつての兵器産業批判（＝「死の商人」批判）を具体的に検証する一次資料（兵器会社資料や政府機密文書）へのアクセスが困難であったために、兵器産業史の実証研究がほとんど行われてこなかったことにあった。本書第6章で見たように、第一次大戦前夜にはドイツに次いでイギリスでも兵器産業の政府高官との癒着、軍拡世論への誘導、カルテル協定と利潤分割、さらには無差別な武器輸出などが批判の対象となったが、こうした兵器産業批判も英独建艦競争を支持する国民的規模での海軍増強運動によって、戦後に先送りされてしまった。その後、一九二一年には国際連盟が民間企業の兵器生産に関する六項目におよぶ「深刻な反対」を、すなわち、民間兵器企業による軍拡への政治的策動、内外政府高官への贈賄、海外軍備計画に関する虚偽情報の流布、内外新聞メディアを介した世論操作、世界的な軍拡競争の誘導、国際カルテルによる価格操作、以上の六点を掲げて、民間兵器産業の国有化を主張した。そして一九三五〜三六年にイギリスではバンクス委員会によって上記の「深刻な反対」六項目と兵器生産・取引の国家独占の妥当性、さらには武器輸出の実態が一年八か月にわたって調査された。

バンクス委員会の最終報告[2]のみならず、二二日間にわたって実施された同委員会の聴聞会での証言録（表6－2参照[3]）もたしかに貴重な歴史資料であり、これまでもたびたび引用されてきているが[4]、はたして以上のバンクス委員会資料に基づいて兵器産業批判（＝「死の商人」批判）を十分に検証することが可能なのであろうか。本書は、この点についてきわめて懐疑的である。

そもそもバンクス委員会の調査は、イギリス政府とナチス＝ドイツの再軍備宣言の直後という最悪の国際情勢のもとで開始されたのであり（表6－3参照）、帝国防衛を民間兵器産業に大きく依存してきたイギリス政府がこの期におよんで兵器産業の国有化を支持することなどありえなかった。再軍備を進めるイギリス政府・帝国防衛委員会にとっての最大の関心は、調査の過程でイギリス兵器産業の惨状を自国民と外国政府からいかに隠し通すかという国防上の機密保持にあったのであり、バンクス委員会には兵器産業批判（＝国有化支持）に傾斜しつつあった世論の鎮静化を期待したに過ぎなかった。第6章では、こうした事実をイギリス公文書館（ＰＲＯ）やケンブリッジ大学チャーチル資料センター（Churchill Archive Centre）所蔵の政府・帝国防衛委員会関係文書などに依拠してできる限り明らかにした。

兵器産業批判（＝「死の商人」批判）をめぐる論争は、十分な議論も検証もなされないままに戦後に持ち越された。封印されたままの資料もけっして少なくない。冷戦終結後を対象とした最近の研究でも、民間兵器産業基盤を維持するための武器輸出、とりわけアジアを中心とした第三世界への武器輸出や兵器企業と政府高官との癒着の構造などはたびたび指摘されている。すなわち戦前と同じ問題提起が現状分析においても繰り返されているのである。にもかかわらず、そうした問題を扱った最近の研究は[(5)]、いずれも兵器産業批判（＝「死の商人」批判）をめぐる議論の十分な総括をふまえてはいないのである。のみならず、それらの研究は資料的な制約もあってか、兵器産業に関する実証研究を前提としてもいない。このように戦後に持ち越されたはずの議論が、いまだ十分に検討されていない以上、第二次大戦前のイギリス兵器産業史研究において、兵器産業批判（＝「死の商人」批判）をバンクス委員会以外の現存する一次資料によって再検討することの意義も決して小さくはないであろう。本書では、イギリス兵器産業が展開した対日武器輸出の諸側面に検討を加えているが、それはあくまでも以上の問題意識に基づいたものである。

ヴィッカーズ・金剛事件（国際連盟の「深刻な反対」六項目の「内外政府高官への贈賄」に該当）に焦点をあてた本書の第二部では、ヴィッカーズ社がバンクス委員会の照会に対応すべく実施した社内調査の記録（ケンブリッジ大学図書館所蔵のヴィッカーズ社資料 Vickers Archives）をはじめとして、タイン・ウィア文書館所蔵（TWAS：Tyne and Wear Archive Service）のアームストロング社資料、カンブリア文書館（Cumbria Record Office, Barrow-in-Furness）の両社関連資料、さらには国内の防衛庁戦史室・国立国会図書館の日本海軍に関する所蔵資料や日本製鋼所室蘭製作所の経営資料などを駆使することによって、バンクス委員会の最終報告での指摘（the Japanese Naval Scandal of 1914）はもとより、従来わが国で紹介されてきたジーメンス事件ないしはジーメンス・ヴィッカーズ事件に関する通説にも再検討を加えている。言うまでもなく、そのねらいは日英関係史のなかでヴィッカーズ・金剛事件が占めた正確な位置を、新たな視点から新たな資料によって明確にすることにあった。

2　日英間の武器移転・技術移転に関する学際研究の重要性

日英関係史のなかでイギリス兵器産業のはたした役割が十分に解明されてこなかった第二の理由は、わが国における学際的な研究の立ち後れ、ないしはイギリス経済史家と日本経済史家との研究交流の乏しさに起因しているのではなかろうか。日英間の武器移転・技術移転の実態を分析するためには、海外戦略（武器輸出・直接投資）を展開するイギリス兵器産業とそれを容認するイギリス政府を中心としたイギリス側の事情と、「軍器独立」をめざしつつも海外への兵器技術依存から脱しきれないでいた日本側の事情について、日英双方からの構造的な分析が要求されるのであり、当然のことながら、そうした研究上の困難さを克服するためには日英双方からの学際的研究が不可欠なのである。

日本海軍は艦艇建造と技術供与の両面でイギリスに大きく依存しつつも、一九〇〇年代前半には主力艦以外では艦艇国産化を達成していた。この点は第1章で詳述したとおりである。また、その一方で日英同盟を背景として、一九〇七年にはアームストロング社、ヴィッカーズ社との合弁で日本製鋼所が設立され、さらにそれと相前後してノーベル爆薬社、チルワース火薬社、アームストロング社の直接投資と技術供与に基づいて日本爆発物会社平塚工場も建設され、日本海軍の大砲・火薬の国産化も着実に進みつつあった。第2章では、兵器国産化をめざす日本ならびに提携関係（利潤分割協定）の確立を目論む英独兵器火薬製造企業、この日英双方の視点から以上の過程に検討を加え、日英間の武器移転・技術移転に関してこれまで未解明であった領域に切り込んでいる。

とはいえ、周知のとおり日露戦争期の日本海軍の主力艦はいずれもイギリス製であった。この頃から日本海軍は「大艦巨砲主義」に傾斜しはじめたものの、主力艦に関しては世界水準の技術革新ペースについていけず、一九一〇年には最新型主力艦の海外発注に踏み切っている。これが一九一三年に竣工して巡洋戦艦金剛となるのであるが、その発注先はもちろん世界最大の艦艇輸出国イギリス、受注企業はイギリス軍艦建造業者のなかでは後発企業に属し、対日艦艇輸出でもアームストロング社の後塵を排してきたヴィッカーズ社であった。この金剛の入札・受注に際してヴィッカーズ社が展開した贈賄の実態と構造の解明が、第II部の中心テーマである。

まず第4章では、アームストロング社を出し抜いたヴィッカーズ社が日本海軍高官に支払った金剛コミッション・賄賂の実態を解明して、これまで不問に付されてきた次のような事実を確認した。第一に、ヴィッカーズ社から藤井光五郎への贈賄（「特別支払」）は、バロウ造船所長（取締役）マッケクニの依頼で、財務担当取締役ケイラードの了解と指示によって、同社代理人ザハーロフを通じて行われた、すなわちヴィッカーズ社が組織的に関与したものであった。さらに第二には、ヴィッカーズ社の金剛受注を仲介した三井物産だけではなく、日本製鋼所もアームストロング社やヴィッカーズ社との緊密な関係と両社の競合関係を利用して金剛コミッションを取得していたという事実を明らかにした（図4-1参照）。

日本製鋼所の設立以降、アームストロング社とヴィッカーズ社にとって日本市場（一国としては当時世界最大）は、製造販売の面で競争する市場から、共同出資企業で製造してリスクを分担し、利潤を分割する市場へと変化していた。これ以降、両社は中南米やヨーロッパの新興海軍国に対しても結託協定（利潤分割・作業分割）の締結を本格的に展開していく。にもかかわらず、巡洋戦艦金剛の受注に関しては、海外市場実績に乏しいヴィッカーズ社が独占しているのであるが、そこには、結託協定に反してアームストロング社を出し抜かざるをえなかったヴィッカーズ社の当時の特殊事情（バロウ造船所の労働市場要因）と、金剛の一二インチ砲装備（B46案として一九一〇年五月一八日確定）を入札公告（同年六月二五日）以降に一四インチ砲装備（ヴィッカーズ社四七二C案として同年九月二六日内定）へ急遽変更した日本海軍側の内部事情が介在していた。第5章では、以上の事実関係をイギリス側の各種協定文書と日本側の海軍高官日記や書簡類などを駆使して追及し、第4章で明らかにした金剛コミッション・賄賂の構造に、結託関係という視点から検討を加えた。以上、第4章と第5章は、兵器産業批判（＝「死の商人」批判）における「内外政府高官への贈賄」問題を日英関係史の枠内で検証した新たな、そしてバンクス委員会の調査内容をはるかに凌駕した成果、すなわち今日利用しうる関係一次資料を最大限に駆使した研究成果と言っても過言ではなかろう。

なお、本書の第1章、第2章、第4章、第5章は、いずれも武器移転・技術移転をめぐる日英双方の事情を、イギリス兵器産業と日本海軍との関係に焦点を絞って、しかも対象時期を第一次大戦前に限定して検討しているのであるが、そもそもイギリス政府は民間兵器産業の武器輸出に対してどのように対応したのであろうか。じつは第一次大戦以前には、イギリスのみならずいずれの武器生産国においても輸出規制など存在していなかった。この点は第3章で紹介したとおりである。戦間期の軍縮・造船不況の時代には、兵器製造業者の結託協定も経営維持に何ら貢献しえず、国内軍事生産基盤（熟練工と生産設備）の維持は国家的課題となった。つまり、民間兵器産業の武器輸出は帝国防衛上の重要課題となったのであるが、日本における艦艇国産体制の確立を背景として、戦間期には対日武器輸出も小火器や航空機にシフトしていた。イギリス兵器産業にとって日本市場はなおも重要市場ではあったが、第二次大戦前夜には対日武器輸出そのものが遂に規制から禁止へと変化していった。かくして幕末以降の日英間の武器移転は一九三七年頃に終焉を迎えたのであるが、それは真の意味での日本の「軍器独立」を意味するものではなかった。第3章で論及したように、戦時下の日本にとっては同盟国ドイツからの武器移転が戦争継続上決定的な重要性を持つに至ったのである。

3　成果と課題

本書では以上のとおり、従来の歴史研究では解明が不十分なままに残されてきた領域に、可能な限り一次資料に基づいて詳細な検討を加えた。贈収賄、結託協定そして武器輸出、これらの問題はいずれもバンクス委員会に至る兵器産業批判（＝「死の商人」批判）のなかで指摘されてきた事項であり、またすぐれて今日的課題でもあるが、その実態については十分に解明されずにきた。

現代に持ち越された以上の問題をイギリス兵器産業の世界戦略との関係から再検討すること、本書ではこれを課題とし、第Ⅰ部では日英間の武器移転と日本の「軍器独立」を、そして第Ⅱ部ではヴィッカーズ・金剛事件に注目して、結託・競争・贈収賄の構造を考察した。そこでの一応の結論が兵器産業批判（＝「死の商人」批判）に対してのみならず、日英関係史研究に対しても、新たな議論を提供しうるものであることを期待したいが、もちろんその一方ではいくつもの重要な問題が十分議論できないままに残された。

その一つは、兵器産業批判（＝「死の商人」批判）のなかでもいろいろなかたちで指摘されてきた「政府と兵器製造企業との関係」についてである。本書の対象領域に限って言うならば、日英同盟締結以降、日本海軍は「優勢海軍維持の義務」を抱え込んで艦艇の増強を目指し、その直後には日本政府（海軍）の全面的支援を受けて日英合弁の日本製鋼所が設立されているが、そのいずれにも大きく関与したアームストロング社とヴィッカーズ社は、イギリス政府・帝国防衛委員会によってどのように評価されていたのか。また、両社は帝国防衛政策に対してどの程度の影響力を持ちえたのか。第3章で見たように、戦間期には武器輸出問題に関してヴィッカーズ＝アームストロング社がイギリス政府・帝国防衛委員会に対してかなりの圧力を行使していたことが明らかであるが、それ以前の上記の関係については資料的な制約もあって、ほとんど論及できなかった。

さらにいま一つ、「日英間の技術移転」の実態解明が課題として残った。これは日本の「軍器独立」の問題とも関連しているが、はたして日英間の技術移転はどのようなかたちで展開したのか。金剛獲得時の製造権と図面の同時購入、ヴィッカーズ社バロウ造船所での金剛建造期における日本人技術者・職人の大量渡英、そして日本爆発物会社と日本製鋼所の設立によるイギリスからの技術供与、これらは日本の「軍器独立」にどの程度貢献したのか。イギリス兵器産業のスピン・オフ効果は指摘されて久しいが、(6)その意義と限界の実証も今後の課題として残されている。なお、本書でたびたび言及してきた武器移転は、その実態はもとより用語それ自体も、これまでの歴史研究ではごく一部を除いて、(7)ほとんど紹介されてこなかった。とはいえ、すでに序章で指摘したように、それは武器輸出のみならず武器援助やライセンス供与、さらには技術移転をも包摂しうる広義の上位概念なのであり、日英間における武器移転の歴史研究も技術移転を射程に入れて、国際的視点より多角的に追究されることが望まれるのである。本書がその一契機となりえれば幸いである。

注

（1）日英関係史のなかでのイギリス兵器製造企業の歴史的位置を日英合弁の日本製鋼所に注目して追究した実証研究として、ここでは奈倉［一九九八］、同［二〇〇二］、Nagura［二〇〇二］を紹介しておきたい。なお、その成果は本書第2章でも紹介されている。

（2）Royal Commission on the Private Manufacture of and Trading in Arms（1935-36）Report, October,1936, Cmd. 5292.

（3）Royal Commission on the Private Manufacture of and Trading in Arms: Minutes of Evidence taken before the Royal Commission on the Private Manufacture of and Trading in Arms. なお、この資料はイギリス公文書館（PRO:Public Record Office）CAB16/125 ないし ADM116/3339 などで検索可能。

（4）Trebilcock［1977］, Davenport-Hines［1986］, Sampson［1991］, サンプソン［一九九三］などを参照。

（5）Ohlson［1988］, Cooper［1997］, Phythian［2000］.

（6）Trebilcock［1973］.

（7）Krause［1992］.

あとがき

本書は内容・タイトルともにややユニークなものと言えよう。

本書第Ⅰ部は、イギリス兵器産業の対日輸出の諸側面（対日投資を含む）を日本の海軍および兵器産業との関係に注意を払いながら明らかにし（兵器産業の日英関係史の解明）、第Ⅱ部は、それをふまえて、日本政治史上の一大事件であるジーメンス事件ないしヴィッカーズ・金剛事件を日英兵器産業関係史の視点から再検討した。本書のタイトルは、それらの内容を包括的に表すために「日英兵器産業とジーメンス事件――武器移転の国際経済史――」とした。そのより詳しい含意はすでに序章・終章で述べてあるとおりである。

本書執筆者三名はいずれも厳密な意味では軍事史や兵器の専門家ではなく、さまざまな分野のイギリスおよび日本の経済史を専攻しているのだが、以下のような経過でこのような類書のない本を書こうと思い立った。

本書執筆の直接的なきっかけとなったのは第七一回社会経済史学会全国大会パネル・ディスカッションにおける報告「イギリス兵器産業と日英関係――一九〇〇～三〇年代――」（報告者、奈倉文二・小野塚知二・横井勝彦）であった（二〇〇二年五月一九日、和歌山大学）。その報告は、一九九九年度から三年間の共同研究「第二次大戦前の英国兵器鉄鋼産業の対日投資に関する研究――ヴィッカーズ・アームストロング社と日本製鋼所：一九〇七～四一――」（文部科学省科学研究費、基盤研究A2、代表者奈倉文二）の成果を、ごく一部ではあるが、とりあえず発表しようとの趣旨に基づくものであった。共同研究メンバーは、前記三名のほかに安部悦生（明治大学経営学部教授）、鈴木俊夫（東北大学大学院経済学研究科教授）、千田武志（広島国際大学医療福祉学部教授）、クライヴ・トレビルコック（Clive Trebilcock, ケンブリッジ大学教授［ペンブルック・カレッジ］）である。

パネル報告の後、報告者三人が期せずして、この際本にまとめようと言い出した。報告が好評だったとわれわれに伝わってきたことにうぬぼれたのか、自己陶酔的になっていたのか、とにかくその時の「勢い」で共著の構想がねられた。

パネル報告は第一報告「『ヴィッカーズ・金剛事件』におけるヴィッカーズ社及び日本製鋼所」（奈倉）、第二報告「武器製造業者の結託と競争――二〇世紀初頭のアームストロング社とヴィッカーズ社――」（小野塚）、第三報告「再軍備と武器輸出の同時展開の構造――一九三〇年代ヴィッカーズ・アームストロング社の対日武器輸出――」（横井）というものであった。そのままの構成で共著書として刊行するのはやや統一性に欠けるので一工夫が必要であった。パネルの横井報告は直接ジーメンス事件ないしヴィッカーズ・金剛事件に及んではいなかったが、横井は以前に「民間兵器製造および取引に関する王立調査委員会」（略称バンクス委員会）について検討したことがあったので（横井［一九九七］二〇五～二三七頁）、その部分のより本格的考察を加えて、三人がそれぞれジーメンス事件ないしヴィッカーズ・金剛事件について考察することとし、共著の「目玉」とすることにした（本書第Ⅱ部に相当する）。しかし、われわれの共同研究は「兵器産業の日英関係史」として一つの重要な特徴があるのだから、いきなりジーメンス事件ないしヴィッカーズ・金剛事件について叙述するのではなく、まずは「経済史」として「兵器産業の日英関係史」を論じようということになった。横井の「武器輸出」に関するパネル報告は正にそのテーマにピッタリであったのでそのまま生かして文章化することとし、小野塚は以前に書いた日本海軍の軍艦とイギリス造船業に関する論文（小野塚［一九九八］）を元に執筆することとし、奈倉はイギリス兵器産業の対日投資の結果成立した日英合弁の兵器鉄鋼会社・日本製鋼所を中心に叙述することとした（奈倉［一九九八］を元にして）。こうして本書第Ⅰ部の構想と執筆分担もほぼ固まった。パネル報告約一カ月後のことである。

ところが、そこから少しばかり「迷走」が始まった。

われわれは当初、できるだけ広い読者層を念頭に置いて、最新の研究成果を取り入れつつも、あまり詳細な専門書・学術書をめざすのではなく、「コンパクトな専門書」（このような表現が適切か否かわからないが、やや啓蒙書的なもの）を書こうと考えていた。しかし、他方で、従来の見解を越えるものを出したいという以上、研究史をふまえるだけでなく、新資料に基づく実証分析がどうしても必要であった。

また、第Ⅰ部は第Ⅱ部を述べる前提なのだからなるべく簡潔にしようということであったが、第Ⅰ部各章それぞれの検討課題も広く知られている諸事実を示すというわけではなかったから、単なる第Ⅱ部の「お膳立て」では済まなかった。いきおい当初予定枚数を超えた原稿が用意されることとなった。しかも、第2章は、イギリス兵器産業の対日投資として、日本製鋼所だけでなく、まったく研究史がないと言えるほど未開拓の日本爆発物会社をも扱うことになったため、予想外に時間を費やすこととなった。

われわれ執筆者は、出版社に対しては原稿はほとんどできているのだから、構想から数カ月もあれば最終原稿を提出できると「豪語」して、提出期限を二〇〇二年一〇月と自ら設定していたのだが、予定枚数を大幅超過したり、執筆過程で新資料に基づく新たな発見を次々と挿入したり、さらには第2・4章執筆者の個人的事情も加わって、最終原稿提出は年をはるかに越えてしまった。

当初は注記の方法についても必要最小限の「典拠注」にして「補足注」は少な目にしようと考えていたのだが、実際に持ち寄った原稿ではそうした「約束」は無視されていた。問題によっては本論で諸説・諸資料に言及しながら論を進めるのがどうしてもやりにくかったのである。われわれの原稿を見た出版社編集担当者は、即座に当初判型予定の「四六判」を「A５判」に変更した。

そして、何よりも本書は単なる論文集ではなく、共同研究の成果として刊行する以上、表記の統一など形式的なことだけでなく、内容的な統一も可能な限り図ろうと考えていたので、さまざまな調整に努力した。

すでに本書構想前からの共同研究の過程で資料情報の相互提供を行っていただけでなく、イギリス経済史研究者も日本経済史研究者もともにイギリスおよび日本の一次資料の検討を行うことにより、本書全体を通してだけでなく各章それぞれが文字通り「日英関係史」にふさわしい分析ができるように心がけた。これは大変労多い仕事であったが、それだけに実りあるものになったと自負している。また、各章の内容で相互に見解が異なる部分は意見交換を繰り返したが、特に序章・終章の内容については意見交換を通じて共同理解を深めた上で執筆した（もちろん最終的な執筆責任は執筆者にあるが）。

同一資料を異なる視点から利用・分析している場合も多く、したがって、内容上の調整・統一だけでなく、表記の統一も相当手間取った。ジーメンス事件、ヴィッカーズ・金剛事件という呼称・表記の統一ももちろんだが、英文の人名・地名・組織名など固有名詞のカタカナ表記の統一は予想以上に難航した。特に通常使われている表記がふさわしくないと思う場合には慎重を期した。

類書が少ない分野の研究のいっそうの進展のために、「文献リスト」および「史料解説」にも多大な配慮をした。挿入写真や表紙装丁なども容易には得難いものを収集して掲載した。

共著を文字通りの共著にすべくさまざまな努力を続けてきたが、文体は最後まで調整不可能な領域として残された。もしも時間的余裕がかなりあって、しかも編集者がすべての執筆者の文体にメスを入れるという作業を編集者・執筆者ともに許容するのであれば、かなりの程度文体の統一も可能かもしれない。しかし、およそ個性のない文体があり得ないように、文体は個々の執筆者の資質・性格とも切り離せない。平易な概説書ならばともかく、各章が独自の調査・分析に基づく執筆によるものである以上、無理な文体の統一までは求めないことにした。読者諸氏の御了解を願う次第である。

当初「安産」に思われていた本書は、結局相当な「難産」になってしまった。しかし、今ようやく「産みの苦しみ」を終えようとして、感慨深いものがある。

本書執筆の直接のきっかけは前記のごとく、二〇〇二年五月のパネル報告だが、三名の執筆者はある種の偶然から知り合い、共同研究を開始した。奈倉と横井は、一九九〇年のイギリスでの海外研究の際に、奈倉が初めて「ヴィッカーズ史料」を検討している時に知人の紹介を通じて知り合い、以後親しく交流を深めてきたが、本格的な共同研究を開始したのは前記一九九九年度からの科研費共同研究である。それに先立ち、横井は「死の商人」に関するコンパクトな名著をまとめ（横井［一九九七］）、奈倉は日本製鋼所とイギリス兵器産業との関係を一書にまとめたが（奈倉［一九九八］）、ちょうどその頃、小野塚もまた、別個にイギリス造船業と日本海軍に関する論文をまとめていた（小野塚［一九九八］）。それを知った奈倉は小野塚に前記共同研究への参加を勧めた。小野塚自身は「このようなきな臭い研究」には気が向かないなどと言いながらも「快諾」した。横井と小野塚は共同研究会で初めて知り合った。

その研究会は、前記のようにほかに安部、鈴木、千田、トレビルコックのメンバーで二〇〇一年度まで三年間の共同研究を続けてきたが、二〇〇二年度からは新たな課題（「イギリス帝国政策の展開と武器移転・技術移転に関する研究――第二次大戦前の日英関係を中心として――」代表者横井）のもとに再編成して再び文部科学省科学研究費の助成を得て共同研究を続行している。二期にわたる共同研究の成果の第二弾もいずれ世に問わなければならないと考えている。

本書の評価はもちろん読者諸氏に委ねることになるが、われわれ執筆者としては以下のような諸点を自負している。何よりもこうした類書のないテーマを経済史研究者として日英両国に「眠っている」厖大な一次資料を丹念に掘り起こすことにより追求したこと、必ずしも軍事・兵器の専門家ではない研究者がこのようなテーマに取り組んだことについては、もちろん、そのことから誤りや不十分さが生じ得ると危惧しているが、同時に他方では、逆に従来は照射しにくかった事態が明らかになった面もあろう。すなわち、日英兵器産業史を「武器移転の経済史」として描くという試みを行ったこと、ジーメンス事件ないしヴィッカーズ・金剛事件を日英兵器産業史という視点から描き、新たな解明を行ったことである。こうした分野の研究の一層の進展のためにも読者諸氏の忌憚のない御批判を乞う次第である。

本書ができあがるまでには、多くの方々や諸機関に負うところ大であった。

われわれ執筆者の構想や草稿にさまざまな形でコメントをしてくれた共同研究会同僚諸兄は言うに及ばず、前記パネル・ディスカッションのコメンテーターを引き受けて適切なコメントをいただいた石井寛治東京経済大学教授（東京大学名誉教授）および前記共同研究会メンバーでもある鈴木教授には特に記して謝意を表したい（石井教授からは本書第2章第1節の草稿にもコメントをいただいた）。同じく共同研究のメンバーでもあるが、イギリスでの資料収集にさまざまな便宜を図っていただき、研究交流も行ってきたトレビルコック教授には、われわれの見解が彼の著作（Trebilcock［1977］,［1990］etc.）とは異なるところが生じているにもかかわらず、寛容に処していただいている。また、明治大学大学院商学研究科博士後期課程の山下雄司氏にも、共同研究の当初からの協力者として、その該博かつ確実な知識でわれわれを助けてきてくれたことに謝意を表しておきたい。

また、「史料解説」欄に記したイギリス各種所蔵機関には資料収集に際して各種の便宜を図っていただき、日本国内でも防衛研究所図書館、昭和館図書室、国立国会図書館、国立公文書館、外務省外交史料館、平塚市中央図書館、東京大学史料室、日本製鋼所本社および室蘭製作所、呉市史編纂室、入船山記念館、呉市海事博物館（仮称）「収蔵展示施設」、三菱重工業㈱長崎造船所史料館などには多大なお世話になった。個人的にも日本製鋼所本社特機本部の国本康文氏には資料情報だけでなく、兵器技術の知識などで御教示を得た。また、呉海軍工廠などの史料編纂を精力的に続けて居られる山田太郎氏からも貴重な情報を得た。奈倉［一九九八］刊行後、今度は是非平塚の火薬廠についても調べて欲しいと奈倉に要請されたのも山田氏であった。

なお、本書刊行前に（二〇〇二年一一月二七日）本書第Ⅱ部に当たる部分を獨協大学大学院経済学研究科および同大学経済学会共同主催の研究会でわれわれ執筆者三名揃って発表させていただく機会を得たことにも謝意を表したい。そのほか、獨協大学新宮譲治講師にも斎藤実関係文書の難解な草書文字の解読のために貴重なお時間を割いていただいたことに感謝したい。

最後に、末尾ではあるが、厳しい出版事情の折、本書の刊行を御快諾いただいた日本経済評論社栗原哲也社長および面倒な編集業務を担当いただいた谷口京延氏には深甚の謝意を表するとともに、本書の刊行が出版社の予告より大幅に遅延した原因はひとえに執筆者側にあることをお断りしておきたい。

二〇〇三年六月

執筆者を代表して　　奈倉文二

Thorne, C. [1970], "The Quest for Arms Embargoes:Failure in 1933", *Journal of Contemporary History* 5-4.

Thorne, C. [1972], *The Limits of Foreign Policy:The West,the League and the Far Eastern Crisis of 1931-1933*, London（クリストファー・ソーン著、市川洋一訳『満州事変とは何だったのか』（上・下）草思社 , 1994年）.

Trebilcock, C. [1969], "'Spin-Off' in British Economic History: Armaments and Industry, 1760-1914" , *Economic History Review*, 2nd Ser., 22-3.

Trebilcock, C. [1970], "Legends of the British Armament Industry 1890-1916:A Revision", *Journal of Contemporary History* 5-4.

Trebilcock, C. [1973], "British Armaments and European Industrialization, 1890-1914", *Economic History Review*, 2nd Ser., 26-2.

Trebilcock, C. [1977], *The Vickers Brothers: Armaments and Enterprise 1854-1914*, London.

Trebilcock, C. [1990] "British Multinationals in Japan, 1900-41: Vickers, Armstrong, Nobel, and the Defence Sector", in T. Yuzawa & M. Udagawa eds., *Foreign Business in Japan before World War II*, Tokyo.

Warren, K. [1989], *Armstrongs of Elswick: Growth in Engineering and Armaments to the Merger with Vickers*, London.

Whaley, B. [1984], *Covert German Rearmament,1919-1939: Deception and Misperception*, Maryland.

Whittaker & Co. [1909], *The Rise and Progress of the British Explosives Industry*, London.

Wiltz, J. [1963], *In Search of Peace:The Senate Munitions Inquiry, 1934-36*, Louisiana.

official correspondence of Admiral of the Fleet Earl Jellicoe of Scapa, 2vols, The Navy Records Society.

Payne, P. L. [1967], "The Emergence of the Large-scale Comppany in Great Britain, 1870-1914", *Economic History Review*, 2nd Ser., 20-3.

Peden, G. [1984], "Arms, Government and *Businessmen,1935-1945", in J. Turner ed., Businessman and Politics: Studies of business activity in British politics, 1900-1945*, London.

Peebles, H.B. [1987], *Warshipbuilding on the Clyde: Naval Orders and the Clyde Shipbuilding Industry*, 1889-1939, Edinburgh（H. B. ピーブルス／横井勝彦訳『クライド造船業と英国海軍――軍艦建造の企業分析 1889-1939年――』日本経済評論社、1992年）.

Phythian, M. [2000], *The Politics of British Arms Sales since 1964*, Manchester.

Pollard, S.& P. Robertson [1970], *The British Shipbuilding Industry 1870-1914*, Cambridge.

Pollock, D. [1905], *The Shipbuilding Industry: Its History, Science and Finance*, London.

Reader, W. J. [1970], *Imperial Chemical Industries: A History*, Vol.1, London.

Reader, W. J. [1971], *The Weir Group: A Centenary History*, London.

Ruggiero, J. [1999], *Neville Chamberlain and British Rearmament: Pride, Prejudice, and Politics* (London).

Sampson, A. [1977], *The Arms Bazaar, The Companies, The Dealers, The Bribes: From Vickers to Lockeed*, London（アンソニー・サンプソン／大前正臣訳『兵器市場』上・下, TBSブリタニカ, 1977年）, New edition [1991], *The Arms Bazaar in the Nineties: From Krupp to Saddam, London*,（アンソニー・サンプソン／大前正臣・長谷川成海訳『新版　兵器市場』TBSブリタニカ, 1993年）.

Sanderson, M. [1972], "Research and the Firm in British Industry, 1919-39", *Science Studies* 2.

Scott, J. D. [1962], *Vickers: A History*, London.

Scroggs, W. O. [1937], "The American and British Munitions Investigation", *Foreign Affairs* 15-2.

Shay Jr., R.P. [1977], *British Rearmament in the Thirties: Politics and Profits*, Princeton.

Simonson, G.R. [1968], *The history of the American aircraft industry*, Cambridge, Mass.（シモンソン／前谷清・振津純雄訳『アメリカ航空機産業発達史』盛書房, 1978年）.

Stone, D. R. [2000], "Imperialism and Sovereingty: The League of Nations' Drive to Control the Global Arms Trade", *Journal of Contemporary History* 35-2.

Bowring R. ed., *Fifty years of Japanese at Cambridge: 1948-98*, Faculty of Oriental Studies, University of Cambridge.

Krause, K. [1992], *Arms and the State: Patterns of Military Production and Trade*, Cambridge.

Leitz, C. M. [1998], "Arms exports from the Third Reich 1933-1939: the example of Krupp", *Economic History Review* 51-1.

McCormick, D. [1965], *Peddler of Death: The Life and Times of Sir Basil Zaharoff*, New York（マコーミック／阿部知二訳「死の商人ザハロフ」,『現代世界ノンフィクション全集6』筑摩書房、1967年）.

McNeill, W. H. [1982], *The Pursuit of Power; technology, armed force, and society since A.D. 1000*, Chicago
（マクニール／高橋均訳『戦争の世界史――技術と軍隊と社会――』刀水書房, 2002年）.

Mitchel, H. M. [1996], *Political Bribery in Japan*, Honolulu.

Nagura, B. [2002], "A Munition-Steel Company and Anglo-Japanese Relations before and after the First World War: Corporate Governance of the Japan Steel Works and its British Shareholders", in J.Hunter & S.Sugiyama eds., *The History of Anglo-Japanese Relations 1600-2000*, vol. 4：Economic and Business Relations, London.

Neumann, R. [1938], *Zaharoff: the Armaments King*,（translated from the German by R.T.Clark in 1935）London.

Newton, D. J. [1985], *British Labour, European Socialism and the Struggle for Peace 1889-1914*, Oxford.

Nish, I. [1966], *The Anglo-Japanese Alliance: The Diplomacy of Two Island Empires, 1894-1907*, London.

Nish, I. [1972], *Alliance in Decline: A Study in Anglo-Japanese Relations, 1908-23*, London.

Nobel's Explosives Co.Ltd. [1908], *Nobel's High Explosives*, second edition, Glasgow.

Noel-Baker, P. [1936], *The Private Manufacture of Armaments*, Vol.I, London.

Ohlson, T. ed. [1988], *Arms Transfer Limitations and Third World Security*, Oxford.

Parker, Geoffry [1988], *The Military Revolution: military innovation and the rise of the West,1500-1800*, Cambridge, second edition in 1996（ジェフリ・パーカー／大久保桂子訳『長篠合戦の世界史：ヨーロッパ軍事革命の衝撃 1500-1800年』同文舘, 1995, 1995, 2001年）.

Parkinson, J. R. [1960], *The Economics of Shipbuilding in the United Kingdom*, Cambridge.

Patterson, A.T. ed. [1966, 68], *The Jellicoe Papers; Selections from the private and*

Davenport-Hines, R. P. T. [1986b], "Vickers as a multinational before 1945", in G. Jones ed., *British Multinationals: Origines, Management and Performance*, Cambridge.

Dictionary of National Biography: from the earliest times to 1900 [1917 edited by Sir Leslie Stephen & Sir Sidney Lee] Oxford.

Dictionary of National Biography: supplement January 1901-December 1911 [1920 edited by Sidney Lee] Oxford.

Dictionary of National Biography: 1912-1921 [1927 edited by H. W. C. Davis & J. R. H. Weaver] Oxford.

Dictionary of National Biography: 1922-1930 [1937 edited by J. R. H. Weaver] Oxford.

Dictionary of National Biography: 1931-1940 [1949 edited by L. G. Wickham Legg] Oxford.

Dougan, D. [1970], *The Great Gun-Maker: The Life [Story] of Lord Armstrong*, Newcastle upon Tyne.

Edgerton, D. [1991], *England and the Aeroplane: An Essay on a Militant and Technological Nation*, London.

Engelbrecht, H.C. & F.C.Hanighen [1934], *Merchants of Death: A Study of the International Armament Industry*, New York.

Foot, M. R. D. ed. [1973], *War and Society : historical essays in honour and memory of J. R. Western, 1928-1971*, London.

Goldsmith, D.L. [1994], *The Grand Old Lady of No Man's Land: The Vickers Machinegun*, Coburg.

Green, J.C. [1937], "Supervising the American Traffic in Arms", *Foreign Affairs: An American Quarterly Review* 15-4.

Haber, L.F. [1971], *The Chemical Industry 1900-1930: International Growth and Technological Change*, Oxford Univ., Press (L.F.ハーバー／鈴木治雄監修, 佐藤正弥・北村美都穂訳『世界巨大化学企業形成史』日本評論社, 1984年).

Hancock, W. K. & M. M. Gowing [1949], *British War Economy*, revised edition, London.

Hodges, P. [1981], *The Big Gun: Battleship Main Armament 1860-1945*, Annapolis.

Hornby, W. [1958], *Factories and Plant*, London.

Imperial Chemical Industries Limited [1938], *Imperial Chemical Indutries Limited and its Founding Companies*. Vol. I, (*The History of Nobel's Explosives Company Limited and Nobel Industries Limited*), London.

Jeremy, D. J. [1984-86], *Dicitionary of Business Biography*, Vols1-5 & Supplement, London.

Koyama, N. [1998], "Japanese Students in Cambridge during the Meiji Era", in

刷.

Allfrey, A. [1989], *Man of Arms: The Life and Legend of Sir Basil Zaharoff*, London.

Anderson, G. D. [1994], "British Rearmament and the 'Merchant of Death':The 1935-36 Royal Commission on the Manufacture of and Trade in Armaments", *Journal of Contemporary History* 29.

Armstrong, W. G. [1889], "The New Naval Programme", *The Nineteenth Century* 147.

Ashworth, W. [1953], *Contracts and Finance*, London.

Atwater, E. [1939], "British Control over the Export of War Materials", *American Journal of International Law* 33.

Birn, D. [1981], *The League of Nations Union, 1918-1945*, Oxford.

Brown, D. K. [1983], *A Century of Naval Construction: The History of the Royal Corps of Naval Constructors 1883-1983*, London.

Checkland, O. [1989], *Britain's Encounter with Meiji Japan 1868-1912*, London（O. チェックランド／杉山忠平・玉置紀夫訳『明治日本とイギリス』法政大学出版会, 1996 年）.

Cochrane, A. [1909], *The Early History of Elswick: A lecture delivered before the Elswick Foremen and Draughtsmen's Association*, Newcastle-upon-Tyne.

Conte-Helm, M. [1989], *Japan and the North East of England: From 1862 to the Present Day*, London（マリー・コンティヘルム／岩瀬孝雄訳『イギリスと日本』サイマル出版会, 1990年）.

Conte-Helm, M. [1994], "Armstrong's, Vickers and Japan", in I.Nish ed., *Britain and Japan: Biographical Portraits*, Kent（イアン・ニッシュ編／日英文化交流研究会訳『英国と日本――日英交流人物略伝――』博文館新社, 2002年）.

Conway [1979], *Conway's All the World's Fighting Ships 1860-1905*, London.

Conway [1985], *Conway's All the World's Fighting Ships 1906-1920*, London.

Cooper, N. [1997], *The Business of Death: Britain's Arms Trade at Home and Abroad*, London.

Coulter, M.W. [1997], *The Senate Munitions Inquiry of the 1930s: Beyond the Merchants of Death*, Westport.

Cuniberti, V. [1903], "An ideal battleship for the British Fleet", *Jane's Fighting Ships 1903*.

Davenport, G. [1934], *Zaharoff: High Priest of War*, Boston（ダベンポート／大江専一訳『世界軍需王ザハロフ秘録』サイレン社, 1935年）.

Davenport-Hines, R.P.T. [1986a], "The British marketing of armaments 1885-1935", in Davenport- Hines ed., *Markets and Bagmen: Studies in the History of Marketing and British Industrial Performance 1830-1939*, Cambridge.

宮下弘美［1994］,「日露戦後北海道炭礦汽船株式会社の経営危機」北海道大学『経済学研究』43-4.
村田勉［1985］,「日本と英国の火薬交流史」海軍火薬廠追想録刊行会［1985］（村田［1990］にも収録）.
村田勉［1990］,『私の研究余録――海軍12年・会社45年――』石川印刷.
室山義正［1987］,「日露戦後の軍備拡張問題」井上光貞・永原慶二・児玉幸多・大久保利謙編『日本歴史大系 4 近代 1』山川出版社.
盛善吉［1976］,『シーメンス事件　記録と資料』徳間書店.
山家信次先生遺芳録刊行会［1986］,『山家信次先生遺芳録』同刊行会.
山崎志郎［1990］,「太平洋戦争後半期の航空機関連工業増産政策」福島大学『商学論集』59-2.
山崎志郎［1991］,「太平洋戦争後半期における航空機増産政策」『土地制度史学』130.
山田太郎・堀川一男・冨屋康昭［1996］,『呉海軍工廠製鋼部史料集成』同編纂委員会.
山田太郎・石井寛一・坪田孟［2000-01］,『呉海軍工廠造兵部史料集成（上・中・下）』同編纂委員会.
山田盛太郎［1934］,『日本資本主義分析』岩波書店.
山内万寿治［1914］,『回顧録』［1914年 3 月稿，私家版］.
山本条太郎伝記編纂会［1942］,『山本条太郎伝記』同会（復刻版 1982年，原書房）.
山本四郎［1982］,『山本内閣の基礎的研究』京都女子大学.
山本四郎［1984］,『寺内正毅関係文書（首相以前）』（京都女子大学研究叢刊 9）同大学.
横井勝彦［1997］,『大英帝国の＜死の商人＞』講談社.
横井勝彦［2000］,「世紀転換期イギリス帝国防衛体制における日本の位置」『明大商学論叢』82-3.
横井勝彦［2002］,「1930年代イギリス再軍備期における武器輸出問題――ヴィッカーズ＝アームストロング社を中心として――」『明治大学社会科学研究所紀要』41-1.
横須賀海軍工廠会編［1991］,『横須賀海軍工廠外史』改訂版，同会.
横山久幸［2000］,「陸海軍の遣独視察団に見る技術交流の実態――日本における初期のレーダー開発との関係において――」『戦史研究年報』3.
吉松正博［1983］,「海軍中将山内万寿治――海軍造兵の功労者――」森松俊夫編『頼れる指揮官』芙蓉書房.
吉村道男［1975］,「シーメンス事件の国際的背景」國學院大學『国史学』97.
吉村道男［1996］,「シーメンス事件と重光葵」『外交史料館報』9.
吉本誠一編［1934］,『楠瀬先生』楠瀬先生記念会.
若林欽［1917］,『今昔船物語』洛陽堂.
和田良助［1977］,「海軍火薬廠の歴史」創価学会青年部.
和田良助［1987］,『海軍火薬廠会計部――その歴史とこれを支えた人々――』神奈川印

35-1.
長谷部宏一［1988］,「1910年代の株式会社日本製鋼所」『経営史学』22-4.
波多野貞夫編［1933］,『海軍大将村上格一伝』編者発行.
花井卓蔵［1930］,『訴庭論草――軍艦金剛の建造請負に関する事件を論ず――附　詒凝符』春秋社，同復刻1997年大空社，なお無軒書屋版は1929年刊.
林克也［1957］,『日本軍事技術史』青木書店.
坂野潤治・広瀬順晧・増田知子・渡辺恭夫編［1983a, b］『財部彪日記（海軍次官時代上・下）』山川出版社.
平塚市企画室市史編纂委員室編［1976］,『平塚市郷土誌事典』平塚市.
平塚市中央図書館目録委員会編［1993］,『海軍火薬廠小年表』同図書館.
平塚市博物館［1986，89］,『新聞記事目録』第１～３集，同博物館.
平塚市博物館市史編纂係［1995］,『平塚市史６資料編近代⑵』平塚市.
平沼騏一郎［1953］,「祖国への遺言」［口述］『改造』1953年５月号.
平沼騏一郎回顧録編纂委員会編［1955］,『平沼騏一郎回顧録』同会.
福井静夫［1956］,『日本の軍艦――わが造艦技術の発達と艦艇の変遷――』出版協同社.
福井静夫［1992］,『日本戦艦物語〔Ⅰ〕』（福井静夫著作集第１巻）光人社.
福井静夫［1993］,『世界戦艦物語』（福井静夫著作集第６巻）光人社.
福井静夫［1994a］,『世界巡洋艦物語』（福井静夫著作集第８巻）光人社.
福井静夫［1994b］,『写真日本海軍全艦艇史』別冊（資料篇）K.K. ベストセラーズ.
富士製鉄㈱［1958］,『室蘭製鉄所五十年史』同社.
藤村瞬一［1971］,「軍産複合体の起源をめぐって」小原敬士編『アメリカ軍産複合体の研究』日本国際問題研究所.
防衛庁防衛研修所戦史部［1979］,『戦史叢書　潜水艦史』朝雲新聞社.
北海道炭礦汽船㈱［1939］,『五十年史』同社.
北海道炭礦汽船㈱［1958a］,『七十年史・縦観編』上巻（第一次稿本）、同社.
北海道炭礦汽船㈱［1958b］,『七十年史』同社.
堀川一男［2000］,『海軍製鋼技術物語』アグネ技術センター.
堀川一男・小野寺真作［1992］,「旧陸海軍鉄鋼技術史の覚書（Ⅰ～Ⅳ）」日本防衛装備工業界『兵器と技術』543-547.
前田裕子［2001］,『戦時期航空機工業と生産技術形成――三菱航空エンジンと深尾淳二――』東京大学出版会.
増田知子［1982］,「海軍拡張の政治過程」『近代日本研究』４.
松岡俶躬先生遺芳録刊行会［1986］,『松岡俶躬先生遺芳録』同刊行会.
真継雲山（義太郎）［1914］,『海軍収賄事件 政友会罪悪史』憲政青年会.
松原宏遠［1943］,『下瀬火薬考』北隆館.
黛治夫［1977］,『艦砲射撃の歴史』原書房.

鳥居民［1996］,『首都防空戦と新兵器開発――４月19日～５月１日――』（昭和20年第１部＝6）草思社.
内藤初穂［1987］,『軍艦総長・平賀譲』文芸春秋社, 文庫版 1999年中公文庫.
中川清［1995］,「兵器商社高田商会の軌跡とその周辺」『軍事史学』30-4.
中川繁丑［1931］,「藤井［較一］海軍大将逸事（三）」『有終』18-4.
長坂金雄［1936］,『類聚伝記大日本史第13巻海軍編』雄山閣.
長島要一［1995］,『明治の外国武器商人――帝国海軍を増強したミュンター――』中公新書.
永村清［1957］,『造艦回想』出版協同社.
永村清［1981］,「『筑波』『生駒』『伊吹』の新造艦」史料調査会海軍文庫（土肥一夫）監修『海軍Ⅶ　戦艦・巡洋戦艦』誠文堂.
奈倉文二［1984］,『日本鉄鋼業史の研究』近藤出版社.
奈倉文二［1998］,『兵器鉄鋼会社の日英関係史――日本製鋼所と英国側株主：1907～52――』日本経済評論社。
奈倉文二［2001］,「日本製鋼所のコーポレート・ガバナンスと日英関係」杉山伸也, ジャネット・ハンター編『日英交流史 1600-2000』（第４巻経済）東京大学出版会.
奈倉文二［2002］,「第１次大戦前後の日本製鋼所と日英関係――拙著『兵器鉄鋼会社の日英関係史』書評に答えつつ――」『茨城大学政経学会雑誌』72.
奈倉文二［近刊］,「日本経済史研究と英国企業資料」石井寛治・原朗・武田晴人編『日本経済史』第６巻、東京大学出版会.
新美政義・和田良助編［1974］,『「海軍火薬廠の跡」建碑の由来と火薬廠あれこれ』海軍火薬廠跡の碑建立の会.
イアン・ニッシュ［1982］,「イギリス戦間期（1917-37）国際体制観における日本」細谷千博編『日英関係史 1917-1949』東京大学出版会.
日本化薬㈱［1967］,『火薬から化薬まで――原安三郎と日本化薬の50年――』同社.
日本工学会［1929］,『明治工業史　火兵・鉄鋼篇』同会.
日本航空協会編［1975］,『日本航空史：昭和前期編』同会.
日本産業火薬史編集委員会［1967］,『日本産業火薬史』日本産業火薬会.
㈱日本製鋼所［1968a，b］,『日本製鋼所社史資料（上・下）』同社.
日本鉄鋼協会［1990］,『戦前軍用特殊鋼技術の導入と開発（旧陸海軍鉄鋼技術調査委員会報告書）』同会.
日本鉄鋼史編纂会（小島精一）［1945］,『日本鉄鋼史 明治編』千倉書房.
日本鉄鋼史編纂会（小島精一）［1984］,『日本鉄鋼史 大正前期編』［復刻版］文生書院。
野村實［2002］,『日本海軍の歴史』吉川弘文館.
長谷川治良［1969］,『日本陸軍火薬史』桜火会.
長谷部宏一［1985］,「明治期陸海軍工廠研究とその問題点」北海道大学『経済学研究』

篠原宏［1990］,『日本海軍お雇い外人』中公新書.
志摩不二雄［1943］,『日本海軍名将伝』洛東書院.
商工省商務局貿易課［1928］,『各国ニ於ケル輸出信用保證及保険制度ノ概況』同課.
商工省商務局貿易課［1929］,『英国政府ノ輸出信用保険及輸出金融制度ノ概説』同課.
白柳秀湖［1930］,『続財界太平記』日本評論社.
杉浦昭典［1978］,『帆船史話』舵社.
杉浦昭典［1979］,『大帆船時代』中公新書.
鈴木淳［1996］,『明治の機械工業――その生成と展開――』ミネルヴァ書房.
戦時下の県立平塚高女を記録する会［1997］,『火薬廠のある街で――戦時下の県立平塚高等女学校――』同会.
専修大学今村法律研究室編［1977］,『金剛事件（一）』（今村力三郎訴訟記録第1巻）ケイエムエス印刷.
専修大学今村法律研究室編［1978］,『金剛事件（二）』（今村力三郎訴訟記録第2巻）ケイエムエス印刷.
専修大学今村法律研究室編［1979］,『金剛事件（三）』（今村力三郎訴訟記録第3巻）ケイエムエス印刷.
千藤三千造（福井静夫ほか）［1952a］『造艦技術の全貌』（わが軍事科学技術の真相と反省1）興洋社.
千藤三千造ほか［1952b］『機密兵器の全貌』（わが軍事科学技術の真相と反省2）興洋社.
千藤三千造［1966］,『回顧六十年』同出版祝賀会.
千藤三千造［1967］,『日本海軍火薬史』同刊行会.
創価学会青年部反戦出版委員会［1977］,『硝煙の街・平塚――空襲と海軍火薬廠――』第3文明社.
造船協会［1911］,『日本近世造船史』弘道館.
造船協会［1935］,『日本近世造船史 大正時代』造船協会.
竹中亨［1991］,『ジーメンスと明治日本』東海大学出版会.
田中恵子［1998］,「英国ケンブリッジ，リーズ・スクールへの明治大正期日本人留学生――その1――」『青葉学園短期大学紀要』23.
辻三郎［1992］,『シーメンス事件を突く』水交社.
寺谷武明［1990］,「海軍造船官の考察」中川敬一郎編『企業経営の歴史的研究』岩波書店.
寺谷武明［1996］,『近代日本の造船と海軍――横浜・横須賀の海事史――』成山堂書店.
徳江和雄［1974］,「第1次大戦前のイギリス軍需産業における独占資本4社の行動」『茨城大学人文学部紀要（社会科学）』第7号.
床井雅美［1983］,『恐るべき武器と死の商人』青年書館.
豊田由登［1985］,「海軍火薬廠の開庁と歴代廠長の追想」海軍火薬廠追想録刊行会.

笠井雅直［1991］,「高田商会とウエスチングハウス社――1920年代『泰平組合』体制その破綻（試論）」福島大学『商学論集』59-4.

ジークルン・カスパリ［1996］,「陸・海軍航空史と独日技術交流」『軍事史学』31-4.

加藤寛治大将伝記編纂会（代表 安保清種）編［1941］,『加藤寛治大将伝』同会.

川田侃・大畠秀樹編［1993］,『国際政治経済辞典』東京書籍.

川畑弥一郎［1913］,『軍艦金剛回航記』画報社.

河村哲二［1998］,『第二次大戦期アメリカ戦時経済の研究――「戦時経済システム」の形成と「大不況」からの脱却過程――』御茶の水書房.

紀脩一郎［1979］,『史話・軍艦余録――謎につつまれた軍艦「金剛」建造疑獄――』光人社.

岸本肇遺芳録刊行会［1977］,『岸本肇遺芳録』同刊行会.

北沢満［2003］,「北海道炭礦汽船株式会社の三井財閥傘下への編入」名古屋大学『経済科学』50-4.

工藤章［1992］,『日独企業関係史』有斐閣.

国本康文［2000a］,「45口径36センチ“14インチ”砲の歴史」『伊勢型軍艦』(『歴史群像』太平洋戦争シリーズ，Vol. 16）学習研究社.

国本康文［2000b］,「四十五口径四三式十二吋砲」『伊勢型軍艦』.

国本康文［2001］「雑学『14インチ砲』」『扶桑型戦艦』（『歴史群像』太平洋戦争シリーズ，Vol. 30）学習研究社.

小池猪一［1985］,『図説総覧海軍史事典』国書刊行会.

小池重喜［2003］,『日本海軍火薬工業史の研究』日本経済評論社.

上坂酉三［1936］,『輸出信用補償論』改造社.

小林啓治［1987］,「日露戦後の日英同盟の軍事的位置」『日本史研究』293.

小林啓治［1988］,「日英関係における日露戦争の軍事的位置」『日本史研究』305.

小林啓治［1994］,「日英同盟論」井口和起編『日清・日露戦争』吉川弘文館.

小柳冨次［1967］,『日本海軍の回想とアメリカ海戦史の批判』著者発行.

小山騰［1999］,『破天荒の明治留学生列伝』講談社.

小山弘健［1941］,『近代軍事技術史』三笠書房.

小山弘健［1972］,『日本軍事工業の史的分析』御茶の水書房.

小山牧子［1968］,『死の商人の館＜シーメンス事件考＞』のじぎく文庫.

㈶斎藤子爵記念会編［1941］,『子爵斎藤実伝』第１，２巻，同会.

産業政策史研究所［1976］,『わが国大企業の形成・発展過程――総資産額で見た主要企業順位の史的変遷――』［中村青志執筆］，通商産業調査会.

志鳥學修［1995］,「武器移転の研究」日本国際政治学会『武器移転の研究』（国際政治108）有斐閣.

篠原宏［1986］,『海軍創設史――イギリス軍事顧問団の影――』リブロポート.

岡倉古志郎［1951］,『死の商人』岩波新書（改訂版 1962年, 同復刻 1999年新日本出版社）.
奥宮正武［1989］,『大艦巨砲主義の盛衰』朝日ソノラマ.
小栗孝三郎［1909］,『帝国及列国海軍』丸善.
小栗孝三郎［1910a］,『最新海軍通覧』海軍通覧発行所.
小栗孝三郎［1910b］,『海軍趨勢』海軍通覧発行所.
鬼塚豊吉［1968-69］,「ICI の発展とイギリス化学工業（1-13）」『化学経済』15-11～16-14.
小野塚知二［1990a, b］,「労使関係におけるルール――19世紀後半イギリス機械産業労使関係の集団化と制度化――」（中・下）東京大学『社会科学研究』41-5, 42-1.
小野塚知二［1998］,「イギリス民間造船企業にとっての日本海軍」『横浜市立大学論叢（社会科学系列）』46-2・3.
小野塚知二［2001］,『クラフト的規制の起源――19世紀イギリス機械産業――』有斐閣.
小原直回顧録編纂会編［1966］,『小原直回顧録』同会.
海軍火薬廠前史刊行会［1990］,『海軍火薬廠前史［日本火薬製造株式会社］』同刊行会.
海軍火薬廠追想録刊行会［1985］,『海軍火薬廠追想録』同刊行会発行.
海軍造船会［1988］,『海軍艦政本部第四部系造船官の主要配置の系譜』造船会会員業績顕彰資料第 2 号, 海軍造船会会員業績顕彰会.
海軍砲術史刊行会［1975］,『海軍砲術史』（三栄印刷）.
海軍有終会［1935］,『幕末以降帝国軍艦写真と史実』丸善.
海軍有終会［1938］,『近世帝国海軍史要』同会, 原書房復刻 1974年.
海軍歴史保存会［1995］,『日本海軍史』全11巻, 第一法規出版.
外務省編［1981］,『日本外交文書 満州事変 第三巻』外務省.
外務省編［1988］,『日本外交文書 国際連盟一般軍縮会議報告書 全三巻』外務省.
イアン・ガウ［2001a］,「英国海軍と日本――1900-1920年――」平間洋一, イアン・ガウ, 波多野澄雄編『日英交流史 1600-2000』（第 3 巻軍事）東京大学出版会.
イアン・ガウ［2001b］,「英国海軍と日本――1921-1941年――」平間洋一, イアン・ガウ, 波多野澄雄編『日英交流史 1600-2000』（第 3 巻軍事）東京大学出版会.
笠井雅直［1986］,「海軍工廠の需用構造――明治 21・22年横須賀造船所需用物品購買調の分析――」名古屋大学『経済科学』33-2.
笠井雅直［1987］,「明治前期兵器輸入と貿易商社――陸軍工廠との関連において――」名古屋大学『経済科学』34-4.
笠井雅直［1988］,「明治前期海軍兵器生産と民間資本の動向――明治 21, 22年海軍兵器製造所の需用構造――」名古屋大学『経済科学」35-3.
笠井雅直［1989］,「日清戦争と砲兵工廠――軍器素材国産化の一齣――」名古屋大学『経済科学』36-4.

The Manchester Guardian.
Newcastle Daily Journal.
News Chronicle.
Pall Mall Gazett.
The Post.
The Times.
The Morning Leader.
The Labour Leader.
The Navy.
Arms and Explosives: A Technical and Trade Journal.
The Naval Annual, Portsmouth, 1894-1914.
League of Nations, *Statistical Year-Book of the Trade in Arms and Ammunitions*, Geneva, 1934, 1938.

二次文献（同時代に刊行された図書類を含む）

芥川哲士［1985-88］,「武器輸出の系譜」『軍事史学』21-2，21-4，22-4，23-1，23-4.
安保清種［1943］,『武将夜話 明日の海』東水社.
荒井政治［1981］,「イギリスにおける兵器産業の発展――第１次大戦前のヴィッカース社を中心に――」関西大学『経済論集』31-4.
石井寛治［1984］,『近代日本とイギリス資本』東京大学出版会.
石井寛治［1991］,『日本経済史［第２版］』東京大学出版会.
石井寛治［1994］,『情報・通信の社会史――近代日本の情報化と市場化――』有斐閣.
市原博［1983］,「第一次大戦に至る北炭経営」『一橋論叢』90-3.
伊藤裕人［2002］,『国際化学工業経営史研究』八朔社.
井上角五郎［1933］,『北海道炭礦汽船株式会社の十七年間』(1933年10月，井上角五郎手記，井上没後の1940年刊，私家版)．野田正穂・原田勝正・青木栄一編『明治期鉄道史資料』第２集の(8)（日本経済評論社，1981年）にも収録.
井上洋一郎［1990］,『日本近代造船業の展開』ミネルヴァ書房.
浮田信家［1942］,『軍艦金剛艦齢三十年の記録』［防衛研究所図書館所蔵］.
江藤淳［1982-83］,『海は甦える』第３～５部，文芸春秋社（初出は『文芸春秋』1977年３月号～83年12月号、文春文庫版1986年).
NHK 取材班 新延明・佐藤仁志［1997］,『消えた潜水艦イ52』日本放送出版協会.
大澤博明［2001］,『近代日本の東アジア政策と軍事――内閣制と軍備路線の確立――』成文堂.
大島太郎［1969］,「シーメンス・ヴヰッカース事件」我妻栄編『日本政治裁判史録』第一法規出版.

文献リスト

一次史料［本書が用いた主要な外国語史料については前掲史料解説を参照されたい］

『海軍省年報』各年版（年度により「極秘」版もあり）［防衛研究所図書館、昭和館図書室等、所蔵］.

『公文備考』［防衛研究所図書館所蔵］.

『公文別録』［国立公文書館所蔵］.

『公文類聚』［国立公文書館所蔵］.

斎藤実関係文書［国立国会図書館憲政資料室所蔵］.

戦前期外務省記録［外務省外交史料館所蔵］.

日本製鋼所『研究報告』1913年〜［日本製鋼所室蘭製作所所蔵］.

『日本製鋼所五十年史資料』（稿本資料集）［日本製鋼所本社所蔵］.

平賀譲文書［東京大学史料室所蔵］.

『兵器購入契約書綴・在独武官室』1940年［防衛研究所図書館所蔵］.

『兵器購入に関する書類綴・在独武官室』1941年［防衛研究所図書館所蔵］.

『兵器（造兵廠）購入に関する書類綴・在独武官室』1943年［防衛研究所図書館所蔵］.

北海道炭礦汽船株式会社『親展書類，重役附』［北海道開拓記念館所蔵］.

U. K. House of Commons, Parliamentary Debates.

U. K. Royal Commission on the Private Manufacture of and Trading in Arms, Report, October 1936.

U. K. Royal Commission on the Private Manufacture of and Trading in Arms, Minutes of Evidence, 1 May 1935–21 May 1936.

U. S. Senate, Munitions Industry , Hearings before the Special Committee investigating the Munitions Industry, Seventy-Third Congress pursuant to S. Res. 206, Pts. 1–39, 4 September 1934–20 February 1936.

同時代の新聞・雑誌・年鑑

『時事新報』.

『東京日日新聞』.

『横浜貿易新報』［マイクロフィルム版，国立国会図書館所蔵］.

Daily Mail.

Evening News.

Evening Standard & St. James Gazett.

The Japan Chronicle:Weekly Edition.

ッカーズ＝アームストロング社）が同委員会の調査に応ずるために用意した事前検討史料などをも含み，貴重である。なお，ヴィッカーズ本社文書について詳しくは奈倉［近刊］を参照されたい。

［WEIR］：ウィア文書

同資料は，ケンブリッジ大学チャーチル・カレッジの文書館（Churchill Archives Centre）が所蔵する約570点のコレクションのうちの一つ。グラスゴーの機械製造業者ウィアー（William Douglas Weir, 1st Viscount, 1877-1959）は，第一次大戦期より政府の航空機生産計画に大きく関与し，1930年代のイギリスの再軍備計画でも政府委員会の中心的存在として大きな影響力を持った。1930年代の再軍備に関する資料は，帝国防衛委員会（防衛政策小委員会）関連資料［WEIR 17/-］，帝国防衛委員会（主要資材調達関係士官委員会）関連資料［WEIR 18/-］，航空省関連資料［WEIR 19/-］，軍需省関連資料［WEIR 20/-］というように分類されている。館内に備えられている資料ファイルで検索可。閲覧は要予約。

11/661, 56/18, 60/61/4, 103/236 等］および日本爆発物会社［BT 31/17617/86730, 102265］，武器輸出ライセンス制度の検討資料［CAB 16/187, 60/26, WO 32/3338 等］，兵器産業調査資料［T 181/1, CAB21/399, 27/551 等］，兵器産業調査委員会（バンクス委員会）関連資料［CAB16/124, ADM 116/3339 等］を利用した。資料検索は，日本からでもインターネット（PRO Online Catalogue）である程度可能。

［TWAS］：アームストロング社文書

アームストロング社関係の文書を最も大量に所蔵するのがタイン・ウィア文書館（TWAS, Tyne and Wear Archives Service, Newcastle-upon-Tyne）である。そこには，同社取締役会議事録，その他の社内委員会の議事録，株式・財務・会計文書，契約書，協定文書，諸種の製造記録，図面・写真，その他膨大な文書が含まれており，ヴィッカーズ社に吸収された後のエルズィック造船所・造兵工場関係の文書も大量にある。ただし，それらすべてが同時に同館に寄贈されたわけではないため，分類上は，［130/］，［450/］，［1027/］，［1990/］，［D/VA/］，［DF/A/］，［DS/VA］などに分かれている。また，［31/］には，ながらく同社取締役を務めたS. レンデル（Stuart Rendel）の受信・発信した書簡（発信書簡のほとんどは写し）が収められており，その時期は，彼が同社の業務に加わった1860年代から，没する1913年にまで及んでいる。会社あるいは取締役としての業務書簡だけでなく，私信も含むため，この膨大な書簡からは，同社トップ・マネジメント内部での意志決定のありさまや，微妙な意見分布，外部との折衝，根回しなど，さまざまなことを知りうる。このレンデル書簡の閲覧は事前に文書で許可を申請する必要がある。その他のアームストロング社文書については事前許可は不要。

［VA］：ヴィッカーズ本社文書

元ヴィッカーズ本社（Vickers PLC）所有史料で，現在はケンブリッジ大学図書館（Cambridge University Library）に寄託され，同館の手稿・マイクロフィルム閲覧室（Manuscripts and Microfilms Reading Room）で保管されている。19世紀半ばから1960年代に至る約百年間にわたるヴィッカーズ社およびヴィッカーズ＝アームストロング社に関する最も大規模で整理された史料である（後者が継承したアームストロング社関連の文書も含む）。議事録・経理決算関係書類等の重要な企業文書のほかに，膨大な書簡類，回想録なども所蔵されている。それらの概括的な内容と請求番号はケンブリッジ大学図書館作成のGuide to the Vickers Archives［通称Vickers Catalogue, 上記閲覧室で利用可能］で知ることができるが，必ずしも正確とは言えず，特にマイクロ・フィルム史料（［VA R］のように史料ナンバーの前にアルファベット記号が付されたもの）の インデクスは不備である。本書で頻繁に使用している The Royal Commission on the Private Manufacture of and Trading in Arms 1935－36（民間兵器製造および取引に関する王立調査委員会，通称バンクス委員会）関係史料は，ヴィッカーズ社（およびヴィ

史料解説および史料略号

本書では以下の史料略号を用いる。

以下の史料解説で「閲覧は要予約」となっていない場合も，臨時休館や開館時間の短縮は随時ありうるし，人手不足等もろもろの事情でサービスが低下していることもあるので，事前に何らかの仕方で利用希望を伝えておくのが望ましいことは言うまでもない。

[CRO BDB]：ヴィッカーズ社バロウ製造所文書

バロウ・イン・ファーネス市にあるカンブリア文書館の主館（Cumbria Record Office, Barrow-in-Furness）に所蔵されている。これには，ヴィッカーズ社の艦船建造関係文書［BDB16/NA］，バロウ製造所関係［BDB16/L］，バロウ製造所徒弟および養成学校関係文書［BDB17/TD］，バロウ製造所兵器製図室関係文書［BDB16/ADO/1］が含まれている。製造現場の文書が多く，写真・図面等も膨大にある。このほかにも，同館は艦船・海事，バロウ技師協会などに関連するさまざまな文書を所蔵している。

[NMM PP]：イギリス海軍艦艇詳細仕様および契約書

国立海事博物館（National Maritime Museum, Greenwich）の分室（Plans and Photos Section, Woolwich）に保存されている。同分室はテムズ右岸のウリッジ造兵廠跡地にあり，イギリス海軍艦艇の詳細仕様書（specifications）や民間発注分の契約書などのほか，近世から現代にかけてのさまざまな船舶の図面，写真などを所蔵している。閲覧は要予約。

[PRO ADM]：イギリス海軍省文書
[PRO BT]：イギリス商務院（枢密院通商委員会）文書
[PRO CAB]：イギリス内閣文書
[PRO FO]：イギリス外務省文書
[PRO T]：イギリス大蔵省文書
[PRO WO]：イギリス陸軍省文書

イギリス公文書館（Public Record Office（PRO), Kew, Richmond, Surrey）には11世紀以来現代までの政府関係文書が所蔵されている。今回とくに利用した資料は，内閣［ＣＡＢ］，外務省［ＦＯ］，商務院［ＢＴ］，大蔵省［Ｔ］，海軍省［ＡＤＭ］，陸軍省［ＷＯ］等のファイルである。具体的には，帝国防衛委員会関係資料［CAB 21/371, 48/1－5 等］，武器禁輸措置の関連資料［FO262/1916 等］，輸出信用保証関連資料［BT

33
ロイアル・ソヴリン（Royal Sovereign、戦艦、1889/91/92） 21, 30, 33
ロード・ネルスン（Lord Nelson、戦艦、1905/06/08） 21, 30, 33

[ワ行]

ワイオミング（Wyoming、戦艦、1910/11/12） 37, 60

[ナ行]
長門（戦艦、1917/19/20）　33, 40
浪速（防護巡洋艦、1884/85/86）　24, 49
ナポリ（Napoli、戦艦、1903/05/08）　33
二号装甲巡洋艦（榛名の仮称艦名）　97
日進（装甲巡洋艦、1902/03/04、アルゼンチン向けにRocaとして起工、Mariano Morenoに改名、竣工前に日本が購入）　29
日本丸（練習船、1929/30/30）　57
ニューヨーク（New York、戦艦、1911/12/14）　33, 38, 60
野間（特務運送艦、1918/19/19）　57

[ハ行]
ハーキュリーズ（Hercules、戦艦、1909/10/11）　198, 238
橋立（防護巡洋艦、1888/91/94）　24-25
初瀬（戦艦、1898/99/1901）　50
榛名（巡洋戦艦、1912/13/15）　38, 97-98, 211
盤城（砲艦、1877/78/80）　24
比叡（装甲コルヴェット、1875/77/78）　22, 45
比叡（Ⅱ、巡洋戦艦、1911/12/14）　97-98, 161, 189, 211, 230
常陸丸（貨客船、1896/98/98）　28
ヒドラ（Hydra、砲艦、?/1873/?）　48
日向（戦艦、1915/17/18）　97
ヒンダスタン（Hindustan、戦艦、1902/03/05）　54
富士（戦艦、1894/96/97）　21, 30, 33, 55, 212
扶桑（甲鉄艦、1875/77/78）　17, 22, 45
扶桑（Ⅱ、戦艦、1912/14/15）　33, 39, 97-98
フッド（Hood、巡洋戦艦、1916/18/20）　33
ブラックプリンス（Black Prince、装甲巡洋艦、1903/04/06）　55
プリンセス・ロイアル（Princess Royal、巡洋戦艦、1910/11/12）　209, 231-232
ベレロフォン（Bellerophon、戦艦、1906/07/09）　33

[マ行]
マジェスティック（Majestic、戦艦、1894/95/95）　33
マフムード・レシャド５世（Mahmud Reşad V）　239
摩耶（帆装砲艦、1885/86/87）　23
三笠（戦艦、1899/190/02）　21, 33-34, 40, 60, 113
ミナス・ジェライス（Minas Gerais、戦艦、1907/08/10）　52, 216, 235
武蔵（Ⅲ、戦艦、1938/40/42）　40

[ヤ行]
八重山（非防護巡洋艦、1887/89/92）　23, 25
八島（戦艦、1894/96/97）　21, 30, 50, 55
山城（戦艦、1913/15/17）　97
大和（コルヴェット、1883/85/87）　23
大和（Ⅱ、戦艦、1937/40/41）　40
吉野（防護巡洋艦、1892/92/93）　50, 65, 106

[ラ行]
ライオン（Lion、巡洋戦艦、1909/10/12）　33-34, 166, 222
ライトニング（Lightening（TB1）、水雷艇、?/?/1876）　56
ラミリーズ（Ramillies、戦艦、1890/92/93）　54
ランカスタ（Lancaster、装甲巡洋艦、1901/02/04）　50
リヴァダヴィア（Rivadavia、戦艦、1910/11/14）　52
リヴァプール（Liverpool、防護巡洋艦、1909/09/10）　209
リオ・デ・ジャネイロ（Rio de Janeiro、戦艦、1911/13/未成）　210
リベルタード（Libertad、戦艦、1920/03/04）　203-204 ⇒トライアンフ
レイナ・レヘンテ（Reina Regente、防護巡洋艦、1886/87/?）　54
レジーナ・マルゲリータ（Regina Margherita、戦艦、1898/01/04）　32-33, 59
レシャディエ（Reşadiye、戦艦、1911/13/14、竣工直前にイギリスに接収されてエリンに改名）　53, 200-201, 215, 232, 239
レナウン（Renown、巡洋戦艦、1915/16/16）

204, 224, 239
神威（特務運送艦、1921/22/22）　57
江風（駆逐艦、1913/14/16、竣工直前にイタリアへ譲渡、Intrepido と命名、進水時に Audace に改名）　27
河内（Ⅱ、戦艦、1909/10/12）　33-34, 39, 166
ガンマ（Gamma, Fei Ting、1875/76/77）　48
紀伊（戦艦、起工せず）　40
霧島（巡洋戦艦、1912/13/15）　211
クイーン・エリザベス（Queen Elizabeth、戦艦、1912/13/15）　33
鞍馬（装甲巡洋艦／巡洋戦艦、1905/07/11）　166
コロッサス（Colossus、砲塔艦、1879/82/86）　21
金剛（装甲コルヴェット、1875/77/78）　22, 45
金剛（Ⅱ、巡洋戦艦、1911/12/13）　9-11, 14, 17, 33, 35-41, 52, 61, 93, 96, 98, 120-121, 161, 164-168, 171-172, 175-178, 180-181, 184-185, 187, 193, 210-212, 215, 220, 227, 231-232
コンスティトゥシオン（Constitucion、戦艦、1902/03/04）　50 ⇒スウィフトシュア

[サ行]
薩摩（戦艦、1905/06/10）　29, 32-33, 59, 81, 166
三景艦（松島、厳島、橋立の総称）　25
三号甲鉄戦艦（扶桑（Ⅱ）の仮称艦名）　97
三号装甲巡洋艦（霧島の仮称艦名）　97
サンダラー（Thunderer、戦艦、1910/11/12）　55
サン・パウロ（São Paulo、戦艦、1907/09/10）　209
サン・パレイユ（Sans Pareil、砲塔艦、1885/87/91）　55
敷島（戦艦、1897/98/1900）　30, 33-34, 55, 212
春洋丸（客船、1907/11/11）　58
スウィフトシュア（Swiftsure、二等戦艦、1902/03/04）　50 ⇒コンスティトゥシオン
ストーンチ（Staunch、砲艦、?/1867/68）　48
スーパーブ（Superb、戦艦、1907/07/09）　50
須磨（防護巡洋艦、1892/95/96）　25
清輝（スクリュー・スループ、1873/75/76）　22
摂津（Ⅱ、戦艦、1909/11/12）　39, 61, 166
蒼龍（宮内省内海御召船、1869/71/72）　57

[タ行]
第五号戦艦（伊勢の仮称艦名）　97
第四号戦艦（山城の仮称艦名）　97
第六号戦艦（日向の仮称艦名）　97
高尾（Ⅱ、非防護巡洋艦、1886/88/89）　24-25
高千穂（防護巡洋艦、1884/85/85）　24, 49
ダートマス（Dartmouth、1910/10/11）　209
千早（Ⅱ、水雷砲艦／通報艦、1898/1900/01）　27
鳥海（帆装砲艦、1885/87/88）　23
地洋丸（客船、1905/07/08）　58
超勇（Chao Yung、防護巡洋艦、1880/80/81）　61
千代田（Ⅱ、装甲巡洋艦、1888/90/90）　25, 54
千代田形（砲艦、1861/63/66）　57
鎮遠（Chen Yuen、装甲砲塔艦、1880/82/84）　24
筑紫（非防護巡洋艦、1879/80/83）　24, 48, 61 ⇒アルトゥーロ・プラット
筑波（Ⅱ、装甲巡洋艦／巡洋戦艦、1905/05/07）　29, 32-33, 81, 166
定遠（Ting Yuen、装甲砲塔艦、1879/81/84）　24
デヴァステイション（Devastation、砲塔艦、1869/71/73）　21
テキサス（Texas、戦艦、1911/12/14）　38
天洋丸（客船、1905/07/08）　58
トライアンフ（Triumph、二等戦艦）　239 ⇒リベルタード
ドレッドノート（Dreadnought、戦艦、1905/06/06）　21, 30, 32-33, 35

ロウズヴェルト、シオドア（Theodore Roosevelt） 37
ロウズヴェルト、フランクリン（Franklin Roosevelt） 152
ロバートソン（E. L. Robertson） 99-100
ローレンス（General Sir Herbert Alexander Lawrence） 135, 257, 261-262

[ワ行]
渡辺専次郎 93
渡辺千冬 86, 88, 91, 93

●艦船名

（艦船名のあとの括弧内のローマ数字「（Ⅱ）、（Ⅲ）」は、同名艦船の第2代、第3代を示す。また「1906/08/10」はそれぞれ、起工年 / 進水年 / 竣工年を示す。）

[アルファベット]
C型潜水艦 209
D型潜水艦 209

[ア行]
赤城（帆装砲艦、1886/88/90） 23
安芸（戦艦、1906/07/11） 33-34, 81, 166
秋津州（防護巡洋艦、1890/92/94） 24-25
朝日（戦艦、1898/99/00） 54-55
浅間（Ⅱ、装甲巡洋艦、1896/98/99） 50
愛宕（帆装砲艦、1886/87/89） 23
天城（スクリュー・スループ、1875/77/78） 22
天城（Ⅱ、巡洋戦艦 / 未成、1920/23/ 航空母艦への改造工事中、震災で破損未成） 40
アルトゥーロ・プラット（Arturo Prat）⇒筑紫
アルファ（Alpha, Lung Hsiang、1876/76/76） 48
アルミランテ・ラトッレ（Almirante Latorre、戦艦、1911/13/15, 1914 年イギリスに売却されて、カナダに改名） 52, 241
アーント（Ant、砲艦、?/1870/?） 48
生駒（装甲巡洋艦 / 巡洋戦艦、1905/06/08） 166
和泉（Ⅱ、防護巡洋艦、1894 年チリより購入） 49, 57 ⇒エスメラルダ
出雲（装甲巡洋艦、1898/99/1900） 50
伊勢（戦艦、1915/16/17） 33, 39, 97
伊吹（装甲巡洋艦 / 巡洋戦艦、1907/07/09） 32-34
イプシロン（Epsilon, Cheng Tung、鎮東、?/1879/?） 48
インヴィンシブル（Invincible、巡洋戦艦、1906/07/09） 32-33, 50, 220
インディファティガブル（Indefatigable、巡洋戦艦、1909/09/11） 220
ヴァンガード（Vanguard、戦艦、1908/09/10） 209
ヴィクトリア（Victoria、砲塔艦、1885/87/90） 50, 55
卯号装甲巡洋艦（比叡の仮称艦名） 97-98, 161, 230
畝傍（防護巡洋艦、1884/86/86） 24-25
海風（駆逐艦、1909/10/11） 27
浦風（駆逐艦、1913/13/15） 27
エスメラルダ（Esmeralda、防護巡洋艦、1881/83/84） 49 ⇒和泉
エスメラルダ(Esmeralda Ⅱ、装甲巡洋艦、1893/94/96) 50
エドワード７世 (King Edward Ⅶ、戦艦、1902/03/05) 21, 33
エリン（Erin、戦艦） 238 ⇒レシャディエ
オライオン（Orion、戦艦、1909/10/12） 33-34, 37, 166

[カ行]
海王丸（練習船、1929/30/30） 57
加賀（戦艦→航空母艦、1920/21/28） 40
鹿島（戦艦、1904/05/06） 21, 30, 33, 59, 204, 224, 239
春日（装甲巡洋艦、1902/04/04、アルゼンチン向けに Mitra として起工、Rivadavia に改名、竣工前に日本が購入） 29
香取（戦艦、1904/05/06） 21, 30, 34, 40, 59,

[サ行]

[タ行]

[ナ行]

[ハ行]

●人名（研究者・著述家は除く。カナ表記の後の（　）内は日本で用いられた別の表記、［　］内は原語発音に近いカナ表記、[?] は原綴りを確認できていないもの。爵位･尊称、肩書き等は本書言及時のものを基準にして表記することを原則とした。）

『メカニクス・マガジン』(Mechanics' Magazine)　48
メリニット(Mélinite)　106
綿火薬　106
木造船体　20, 22-23, 28
モディファイド・コルダイト(MD［C］)　66, 69, 77, 113
元込め砲(breech loading gun)　21, 47

［ヤ行］
焼き嵌め　47
八幡製鉄(株)　84
八幡製鉄所(官営)　84
山内体制(日本製鋼所山内会長時代)　92-95, 205
山本権兵衛内閣(第一次)　162-165, 185
ヤラヤラ(ＪＪ)　78, 113
ヤーロウ社(Yarrow & Co. Ltd.)　14, 26-27, 45-46, 56, 199
優先リスト(Priority List)　143, 145-146, 264
輸出信用保証制度(Export Credits Guarantee Scheme)　125, 130-131, 134-137, 141, 264-265, 268
用兵思想　19, 30, 35, 38, 40, 58
横須賀(海軍)工廠　23, 27, 29, 38-39, 81, 98, 161, 166-167
——造兵部　150
横須賀製鉄所　22, 57
四カ国条約　103
四三式十二吋砲(14インチ45口径砲の秘匿名称)　98, 230
472C案　38, 161, 196, 217, 219-220, 226, 228

［ラ行］
リヴァプール(Liverpool, Lancashire)　208
立憲同志会　162, 164-165
リヨン(Lyon, Rhône, France)　173
ル・アーヴル鋳造所(Forges et chantier du Havre)　24-25
レアード兄弟社(Laird Brothers Ltd.)　204
レーダー　41
『レーバー・リーダー』(The Labour Leader)　247-248
ロイター(通信社、Reuters)　120, 162-164
労働組合会議(Trade Union Congress, TUC)　132
労働市場　207-208, 236
労働保護協会(Labour Protection Association)　210
労働力移動　208, 239
ロシア　41, 50, 54, 83, 165, 173, 190, 239
——バルチック艦隊　31
——向けの艦艇建造　48
ロッキード社(Lockheed Aircraft Corporation)　149, 152
露砲塔艦(barbette ship)　21
ロンドン　71, 83, 102, 108, 168, 174, 190
ロンドン海軍軍縮条約(London Naval Treaty, 1930年)　125
ロンドン商業会議所(London Chamber of Commerce)　249

［ワ行］
賄賂(贈収賄)　9-11, 159, 162-167, 170, 174, 183, 188, 195, 201, 207, 210, 231
ワシントン会議(Washington Conference, 1921-22年)　103
ワシントン海軍軍縮条約(Washington Naval Treaty, 1922年)　21, 103, 125
輪西鉱山　84
輪西製鉄(株)　84, 105
輪西製鉄組合　84
輪西製鉄所［場］(北海道製鉄)　84-85, 102-103, 116
輪西製鉄所合併　84, 102-104
輪西製鉄所分離　84, 105
ワルラス水陸両用機(Walrus, Amphibian)　146

[ハ行]

[ナ行]

［サ行］

索　引

●事項（地名、官署名、企業名・事業所名を含む。）

〔著者略歴〕

奈倉文二（なぐら・ぶんじ）

1942年　生まれ
1974年　東京大学大学院経済学研究科博士課程単位取得
現　在　独協大学経済学部教授，茨城大学名誉教授
主　著　『日本鉄鋼業史の研究』（近藤出版社，1984年），『兵器鉄鋼会社の日英関係史』（日本経済評論社，1998年）

横井勝彦（よこい・かつひこ）

1954年　生まれ
1982年　明治大学大学院商学研究科博士課程単位取得
現　在　明治大学商学部教授
著　書　『アジアの海の大英帝国』（同文舘，1988年），『大英帝国の〈死の商人〉』（講談社，1997年）

小野塚知二（おのづか・ともじ）

1957年　生まれ
1987年　東京大学大学院経済学研究科第二種博士課程単位取得
現　在　東京大学大学院経済学研究科教授
著　書　『クラフト的規制の起源――19世紀イギリス機械産業――』（有斐閣，2001年），『西洋経済史学』（東京大学出版会，2001年，馬場哲と共編著）

日英兵器産業とジーメンス事件――武器移転の国際経済史――

Japanese and British Armament Industry in the Naval Race: Economic History of Arms Transfer and the Vickers Kongo Case in 1910

2003年7月30日　第1刷発行　定価（本体3000円＋税）

著者　奈倉文二
　　　横井勝彦
　　　小野塚知二
発行者　栗原哲也

発行所　株式会社日本経済評論社
〒101-0051　東京都千代田区神田神保町3-2
電話03-3230-1661　FAX03-3265-2993
nikkeihy@js7.so-net.ne.jp
URL：http://www.nikkeihyo.co.jp
印刷＊文昇堂・製本＊美行製本
装幀＊渡辺美知子

乱丁本落丁本はお取替えいたします.

Printed in Japan　ISBN4-8188-1504-7

D・R・ヘッドリク著　原田勝正・多田博一・老川慶喜訳

帝国の手先

—ヨーロッパ膨張と技術—

A5判　三二〇〇円

十九世紀ヨーロッパの帝国主義列強は、いかなる技術を用いてアジア、アフリカ進出を果たしたか。技術と帝国主義のかかわりを社会史の観点から克明に分析する。

高橋泰隆著

中島飛行機の研究

四六判　二五〇〇円

ゼロ戦など数々の名機を製作した中島飛行機は、西の三菱と並ぶ巨大航空機会社であった。多くの資料を駆使してその実態と創立者中島知久平の素顔に迫る。

浜渦哲雄

世界最強の商社

—イギリス東インド会社のコーポレートガバナンス—

二二〇〇円

十七世紀初頭から二五〇余年、インドの統治と貿易を担った会社の組織（総督・官僚の選抜・軍）と運営を、本国やオランダとの関係を混じえながら豊富な資料で描く。

小池重喜著

日本海軍火薬工業史の研究

A5判　六〇〇〇円

爆薬製造における官民体制、陸軍との関係、工場管理体制などの実証的検討を中心として、明治期～日中戦争後期に至る海軍火薬工業発展の歴史的特徴を解明。

黒瀬郁二著

東洋拓殖会社

A5判　三四〇〇円

国策会社＝東拓事業の全貌を、その資金・投資構造、組織の実際に踏み込み、創設前史から朝鮮半島・旧満州そして南米南洋での活動を実証的に分析する。

（価格は税抜）